住房城乡建设部土建类学科专业"十三五"规划教材
"十二五"普通高等教育本科国家级规划教材
高等学校建筑学专业指导委员会规划推荐教材

建筑美学

（第二版）

Architecture Aesthetics

曾　坚　蔡良娃　曾穗平　著

中国建筑工业出版社

图书在版编目（CIP）数据

建筑美学 = Architecture Aesthetics / 曾坚，蔡
良娃，曾穗平著 . —2 版 . —北京：中国建筑工业出版
社，2021.1（2024.11 重印）
住房城乡建设部土建类学科专业"十三五"规划教材
"十二五"普通高等教育本科国家级规划教材　高等学校
建筑学专业指导委员会规划推荐教材
ISBN 978-7-112-25464-4

Ⅰ.①建…　Ⅱ.①曾…②蔡…③曾…　Ⅲ.①建筑美
学—高等学校—教材　Ⅳ.① TU-80

中国版本图书馆 CIP 数据核字（2020）第 177926 号

责任编辑：陈　桦
文字编辑：柏铭泽
责任校对：张　颖

　　为了更好地支持相应课程的教学，我们向采用本书作为教材的教师提供课件，
有需要者可与出版社联系。
　　建工书院：http://edu.cabplink.com
　　邮箱：jckj@cabp.com.cn　电话：（010）58337285

住房城乡建设部土建类学科专业"十三五"规划教材
"十二五"普通高等教育本科国家级规划教材
高等学校建筑学专业指导委员会规划推荐教材

建筑美学（第二版）
Architecture Aesthetics

曾　坚　蔡良娃　曾穗平　著
*
中国建筑工业出版社出版、发行（北京海淀三里河路9号）
各地新华书店、建筑书店经销
北京雅盈中佳图文设计公司制版
北京中科印刷有限公司印刷
*
开本：787毫米×1092毫米　1/16　印张：19¼　字数：405千字
2021 年 3 月第二版　2024 年 11 月第十七次印刷
定价：59.00元（赠教师课件）
ISBN 978-7-112-25464-4
　　　（36452）

建筑美学是构成建筑理论的重要组成部分，是建筑理论中的一个子系统。建筑美学包涵了建筑的艺术哲学、建筑的美学史以及建筑的审美心理学等内容，它直接影响建筑艺术的态度，并引导建筑艺术的发展方向。

本教材涉及内容十分广泛，主要包括了建筑美学的基本概念、建筑美学的发展史纲以及建筑美学的理论体系三部分。其中第一部分是建筑美学的基本概念，主要阐述了建筑美学的定义与范畴、建筑美的哲学定位与形态特点；第二部分为建筑美学的发展史纲，它包括西方古代建筑与现代建筑的美学发展史；第三部分为建筑美学的理论体系，包括传统建筑美学与现代建筑美学理论，并针对当今建筑领域日新月异的发展趋势，着重增加了当代建筑美学理论及其流派、当代建筑的审美变异以及数字技术与生态技术影响下建筑美学理论等内容。

为避免建筑美学理论对于本科学生的枯燥乏味与艰涩难读，本教材中结合大量的建筑实例进行图文并茂的分析解读，力图使读者更直观地理解建筑美学概念与理论。本次再版，在前一版的基础上，保持教材的体系结构，增补了新的建筑实例，并对部分文字与插图进行更新与调整。

由于编者的水平有限，加之建筑领域不断发展，书中内容难免有疏漏或不妥之处，敬请有关专家和读者提出宝贵意见，予以批评指正，以便今后不断充实、提高、完善。

著者

2021 年 1 月

建筑美学是构成建筑理论的一个重要组成部分，是建筑理论中的一个子系统。建筑美学包含了建筑的艺术哲学、建筑的美学史以及建筑的审美心理学等内容，它直接起到表明建筑艺术态度和引导建筑艺术发展方向的作用。

本教材涉及内容广泛，包括了建筑美学的基本概念、建筑美学的发展史纲以及建筑美学的理论体系三部分。其中第一部分是建筑美学的基本概念，主要阐述了建筑美学的定义与范畴、建筑美的哲学定位与形态特点；第二部分为建筑美学的发展史纲，它包括西方古代建筑与现代建筑的美学发展史；第三部分为建筑美学的理论体系，包括传统建筑美学与现代建筑美学理论，并针对当今建筑领域日新月异的发展趋势，着重增加了当代建筑美学理论及其流派、当代建筑的审美变异以及信息与生态技术影响下的建筑美学理论等内容。

为避免建筑美学理论的枯燥乏味与艰涩难读，本教材中结合大量的建筑实例进行图文并茂的分析解读，力图使读者更直观地理解建筑美学概念与理论。本书参考了大量国内外相关文献，同时也包括第一作者所指导的博士、硕士论文部分研究成果。

由于作者的水平有限，加之建筑领域不断发展，书中内容难免有疏漏或不妥之处，敬请有关专家和读者提出宝贵意见，予以批评指正，以便今后不断充实、提高、完善。

著者

2009 年 8 月

目录

第 2 部分　建筑美学的发展史纲
Part 2　Development History of Architecture Aesthetics

第 3 部分　建筑美学的理论体系
Part 3　Theoretical System of Architecture Aesthetics

现代建筑美学及相关流派

当代建筑美学理论及其流派

信息与生态技术影响下的建筑美学理论

第 1 部分
建筑美学的基本概念

Part 1
Fundamental Concept of
Architecture Aesthetics

第1章

建筑美学的定义与范畴

　　要弄清建筑美学的基本定义与研究范畴，必须首先界定它与其他学科的关系。其中建筑美学与一般美学的关系、与其他门类美学的关系，以及它在建筑理论中的定位等，都是必须加以界定的重要的理论问题。

1.1　建筑美学与美学

1.1.1　建筑美学与一般美学

　　美学作为一门社会科学，是在社会的物质生活和精神文化生活基础上产生和发展起来的。这门科学的渊源可以追溯到古代奴隶社会，古代思想家对美与艺术问题所作的哲学探讨，对艺术实践经验的总结与研究，这就是美学思想的起源与萌芽。

　　西方古代美学思想的形成和发展与文艺实践有着密切的联系。古希腊的美学思想中，柏拉图的文艺《对话录》、亚里士多德的《诗学》和《修辞学》等都是建立在总结古希腊史诗、戏剧、雕刻、神话等文艺实践基础上的。艺术的理论中涉及大量艺术美的本质特征和根源问题的探讨。而在中国的历史上，审美意识早就存在。我们从"美"字的含义，就可以探讨美的产生。关于"美"，一种解释是大羊为美。在《说文解字》中记载："美，甘也。从羊从

大。羊在六畜主给膳也。美与善同意。"说明美的事物起初是和实用相连，也就是和善的意义相同。羊在古代是六畜之一，是人们的衣食来源。在日常生活中，"养""羹""羞"等字都与"羊"有关。而老子提出了审美意识的理论，诸如"道""气""象""有""无"等概念。以孔子为代表的儒家美学，探讨审美和艺术在社会生活中的作用。孔子提出了最高的人生境界是"天地境界"，也就是"天人合一""万物一体"的境界。还有诸如庄子的"游"的境界、魏晋的"意象""风骨"等艺术理论，都是中国古代美学思想的体现，但当时美学尚未形成独立的科学。

　　美学作为一门独立的科学却是近代的事情，是近代科学发展的产物。最早使用美学这个术语作为一门科学名称的，是被称为美学之父的德国理性主义哲学家鲍姆嘉通（Baumgarten，1714—1762）在1750年提出来的。此后，美学作为一个独立的学科发展起来。鲍姆嘉通认为，既然人类的心理活动分为知、情、意三个方面，那么就应该有三门学科去研究它们："知"的方面有逻辑学在研究，"意"的方面有伦理学在研究，那么"情"的方面也应建立一门学科去研究它。为此，他提出"埃斯特锡卡"（Äesthetics）这一命名，

Ästhetik 希腊文的原意就是感觉的意思。在美学史上，鲍姆嘉通由于第一次提出了"美学"这一名称，被后人推尊为美学之父。

自鲍姆嘉通提出"美学"这一名词后，人类对美和美感的研究就由粗浅、零散而不系统的状况转向了系统化，由非科学的状态转变为科学的状态，并且作为一门母体学科产生了分化。至 20 世纪止，在美学的研究领域中，除传统的研究内容外，还拓展到许多相关领域，形成了"心理分析美学""完形心理学美学""新自然主义美学""现象学美学""分析美学""符号论美学""系统论美学""信息论美学""实验美学"等分支学科，这些分支学科的一个共同特点是试图从各个方面、各个角度对美和美感这个古老的问题进行全方位的研究。

建筑美学是建筑科学与美学相互结合的一门交叉学科，与基本美学有着千丝万缕的联系，这种联系表现为特殊与普遍，个别与一般之间的关系。从研究方法来说，上述用于研究基本美学的各分支学科其及研究方法，都可以用来研究建筑美学。

1.1.2 建筑美学与其他美学的关系

建筑学是一门涵盖内容广泛的学科，建筑美学除了与基本美学存在着具体与普遍的关系之外，它与其他的具体美学分支，也有着千丝万缕的关系。

首先，建筑美学是一门实用美学。按我国美学家的分类，建筑美学属于科学美学中的实用美学部分，与它相并行的有文艺美学、社会美学、科技美学、装饰美学、教育美学等。[①]

其次，由于建筑学是一门技术性很强的学

科，建筑是技术与艺术的结晶，因此，无论审美观念、价值体系、艺术方法，还是评判标准，建筑美学与技术美学均有密不可分的关系。

1.2 建筑美学与建筑理论

在明确建筑美学与建筑理论的关系时，同样必须对建筑理论有一个清晰的界定。在齐康院士主编的《中国土木建筑百科辞典》一书中，邹德侬教授将建筑理论定义为："以科学的方法，对建筑设计创作实践所涉及的各种因素及其运动规律做理性的研究，并提出相应结论的科学。是建筑教育的重要内容和进行建筑创作及建筑评价的基本依据，它科学地总结过去、指导现在并预测未来。"

他还认为，建筑理论可分为基本理论、应用理论、跨学科理论和评价理论四个层次。其具体含义为：

（1）建筑基本理论，是关于组成建筑的基本要素本身以及与相关要素之间运动的基本规律的学说。建筑的基本要素，涉及自然、社会和人，以及营造和由此衍生出来的重要组成要素，如建筑本体、建筑价值、建筑环境、建筑创作等。

（2）建筑的应用理论，是建筑设计和创作操作层面上的知识和理论，是把无形的建筑概念转化成有形建筑物的思想、方法、工具、知识和理论，如建筑设计方法论、建筑构图原理、建筑设计原理等。

（3）建筑跨学科理论，是建筑学和相关学科之间的边缘理论或交叉理论，包括建筑行为学、建筑人类学、建筑现象学、建筑语言学、

---

① 李泽厚 . 美学四讲：中国文库 [M]. 北京：生活·读书·新知三联书店，2004.

建筑智能学、建筑生态学、建筑心理学。

（4）建筑评价理论，由价值论、建筑评价原理、建筑评价方法、建筑评价模式以及建筑评价准则等系统组成。

按邹德侬教授的划分，他把建筑美学划分到建筑跨学科理论中。作者认为，他的划分有一定的道理。

实际上，不管如何划分，建筑美学都是构成建筑理论的一个重要组成部分，是建筑理论中的一个子系统。建筑美学是对建筑的真、善、美及其相互关系的哲学思考，是艺术哲学在建筑方面的理论拓展与深度延伸。它包含建筑的艺术哲学、建筑的美学史以及建筑的审美心理学等内容，是对古往今来人类所创造的一切优秀审美文化进行融合、转化和发展的产物，起到了决定艺术态度和引导建筑艺术发展方向的作用。

1.3　建筑美学的定义

"建筑美学"的概念经常出现在建筑理论文章中，但对其精确的定义及研究内容，学术界却一直众说纷纭，莫衷一是。我们将建筑美学定义为："建筑美学是研究建筑及其环境美的本质及其规律，分析建筑相关要素之间的审美关系，以研究建筑审美经验为中心内容，并且探索建筑艺术实践方法的一门学科。"①

1.4　建筑美学的研究范畴

根据建筑美学的基本定义，建筑美学的研究范畴应包括四个层次的内容（图1-1）：

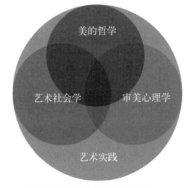

图1-1　建筑美学理论体系的四个层次

第一层次：属于"美的哲学"层面。它的主要回答建筑美的本体是什么？如建筑美的起源、本质、构成要素和发展规律，建筑里的"美"与"真"、"善"之间的关系以及三者间的相互关系等哲学内容。

第二层次：属于"艺术社会学"层面。它的主要研究内容有：建筑艺术与地理、气候、生态等物质环境的相互关系，与历史、文化、经济、技术等社会人文环境的相互关系；建筑艺术与审美主体（人）之间的相互关系；建筑的使用价值与审美价值之间的相互关系；建筑的形式与构成要素（如建筑的结构、材料、色彩）之间的相互关系；建筑的内容与表现形式之间的相互关系等。

第三层次：属于"审美心理学"层面。即从心理学层面研究建筑与人的审美关系，它可以从审美客体和审美主体两个角度去研究和探索美学内涵。从审美客体角度出发，主要研究各历史时期建筑美感特征以及各种环境、空间形式和建筑类型给人的审美感受；从审美主体角度出发，主要研究人在欣赏建筑艺术时的审美感知、审美理解、审美想象、审美情感等的

---

① 曾坚，尹海林. 对建立有中国特色的建筑美学体系的思考 [J]. 建筑学报，2003（1）：25-27.

发生、发展和反馈过程。

第四层次：属于"艺术实践"层面。即研究如何将建筑美学理论付诸建筑创作和建筑评论等实践中。从艺术实践的美学研究内容出发，它包括建筑形式美学、建筑环境美学、建筑结构与材料美学、建筑群体与空间美学、灯光夜景美学等内容。

1.5　建筑美学的研究方法、体系与发展趋势

1.5.1　研究方法

建立科学的建筑美学体系，必须有一套科学合理的研究方法，从目前来说，建筑美学的研究大致有如下的方法：

1）逻辑推理法

逻辑推理是人们认知客观事物及其相互联系的一种思维形式。而从一般性的前提得出个别性结论的演绎推理，就是从某种既定的哲学体系出发，对建筑美的本体、认识的方法以及审美现象作哲学的分析，抽象出建筑美的基本定义，进行逻辑推理，建立相应的美学理论体系，并论证其正确性与合理性，这是一种传统的研究方法。

2）经验归纳法

这种研究方法是从大量的建筑作品、建筑创作、建筑艺术活动和相关的审美现象中，运用科学的方法加以总结和归类，揭示美的本质，发现美学规律，建构建筑美学体系。

经验归纳法有两种倾向，一种是针对侧重于对审美客体如建筑、环境因素等客观事物的描述和归纳；另一种则侧重于对审美主体即人

的审美行为与内在体验的分析。前者依靠直观经验和理性分析，从建筑审美对象的外表属性，如比例、尺度、韵律、均衡、色彩等构成要素入手，来探索建筑美的规律；后者运用内省经验的研究方法，分析审美主体的行为与环境的关系，阐述美的本质等问题。

3）历史学与社会学的方法

该方法从历史学的角度，对建筑艺术的风格演变，审美观念和审美理想的变化历史加以总结、归纳和分析，并找出某些美学规律。

社会学即联系建筑艺术产生的社会背景，去探索建筑艺术形态、特征、风格变化、功能价值和意义的一种美学研究方法。该方法主要研究社会、经济以及时代变化的文化模式如何影响各时代的建筑艺术及审美观念，以及建筑艺术与审美观念又是怎样反映不同时代和不同社会的文明模式等问题。

4）心理学方法

该方法借助心理学的理论知识，研究建筑的审美感知、审美理解、审美想象和审美愉悦等产生和发展的问题，也强调运用心理实验的手段，去发现人类的审美规律。例如，利用实验心理学和精神分析的方法，去研究建筑的审美现象等。

在建筑美学中，比较常用的有格式塔心理学。如 R. 阿恩海姆（R.Arnheim）出版于1964 年的代表作《艺术与视知觉》，1977 年发表的《建筑形式的动态》，就是应用对象和知觉同形论，去分析对象的审美形式与心理知觉的同构关系的一个佳例。阿恩海姆认为把感觉活动与意识活动分开是有害的，并强调脑的机能特征，他提出心理力和力"场"的概念，并

将它推演至动感和艺术作品中力场的分析。除了格式塔心理学外，还有实验心理学和精神分析的建筑美学的研究方法。

在当代，运用其他理论体系来研究建筑美学的现象十分普遍，如现象学、解释学和系统论、信息论、控制论等科学方法论也经常用于研究建筑美学问题。

1.5.2　建筑美学的理论框架体系及其中国特色

按照上述观点，我们可以建立相应的理论体系，并将建筑美学分为基础美学与应用美学两类（图1-2）。

而要建立具有中国特色的建筑美学体系，则应立足我国国情，以中国建筑为主要研究对象，在尊重民族审美习惯的基础上，运用民族的思维方式，从哲学美学、艺术社会学、审美心理学和美学史等方面，去建构和完善建筑理论体系。

其中，基础美学理论又可以分为哲学美学、艺术社会学、审美心理学和美学史四个方面，而有中国特色的建筑基础美学则主要包括如图1-3所示的内容。

同样，我们又可以将哲学美学细分为：建筑美的本体论、建筑美的认识论和建筑美的方法论三大部分。而有中国特色的哲学美学，主要由反映民族特色的建筑美的本体论，符合民族认知特点的建筑美的认识论和适应中国国情的建筑美的方法论构成（图1-4）。

具有中国特色的建筑艺术社会学主要包括：适应民族价值取向的审美价值论、符合民族认知特点的建筑美的认识论，以及适应中国国情的建筑美的方法论（图1-5）。

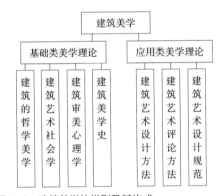

图1-2　建筑美学的类别及其构成

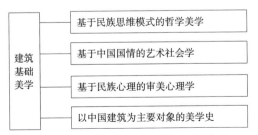

图1-3　有中国特色的建筑基础美学理论的构成

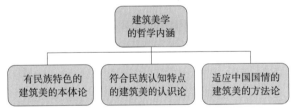

图1-4　有中国特色的建筑美学之哲学内涵

图1-5　有中国特色的建筑艺术社会学基本内容

具有中国特色的建筑美学史主要包括：建筑审美思想史、建筑艺术史和建筑风格史（图 1-6）。正如图 1-6 所反映的那样，符合国情、符合民族心态、符合我国历史发展规律是反映中国特色的重要方面。

图 1-6　有中国特色的建筑美学史的基本内容

对于应用类建筑美学理论，它与建筑创作理论有很多的交叉之处，我们可以将它归为若干子项目，而建立符合中国实际的建筑创作方法，针对中国创作现实的建筑评论和建构符合中国技术水平的建筑创作规范，这是有中国特色的应用类建筑美学理论的重要标志之一（图 1-7）。

图 1-7　有中国特色的应用类建筑美学理论构成略举

1.5.3　当代建筑美学的研究趋势

建筑美学的研究趋势与一般美学的研究趋势是一致的。古典美学采用的是自上而下的研究方法，即从美的定义出发，运用演绎的方法，论证美的本质和探索美的来源。20 世纪以来，西方舍弃传统的自上而下的思辨方法，而采取自下而上的经验主义方法，美学研究的主题也从对"美"的形而上学探索，转变到审美经验，以及艺术的一些专门问题的研究。

同时，从哲学思辨式的美学，走向科学美学，也是一种重要的研究趋势。世界著名的美学家托马斯·门罗（1897—1974）提出了"科学美学"的学说，认为美感和艺术是生物性个体对环境适应的产物，也同自然生物界发展一样，有一个从低级到高级的过程；这样美学就是一种自然现象（而不是一种社会现象），那么就可以用研究自然科学的方法去研究美学。

移植各类自然科学成功的研究方法，探索建筑美的本质，明确参与审美活动的各种心理要素的性质和作用，这是建筑美学走向科学化的重要方法。

20 世纪初，人们摆脱了古典传统美学的束缚，使建筑美学逐渐脱离造型艺术的窠臼，进而研究建筑审美和建筑艺术活动本质的美学理论，开始向实验的、具体的、实证的科学方向发展，从"合感觉"走向"合目的"，形成技术美学，为建筑挖掘出新的审美内涵。

对于许多技术产品而言，"合目的性"实际上是"功能"的同义语，因此，可以说技术美学是以功能为逻辑起点的实用美学。随着技术美学的日益完善，人们不仅发展了对技术产品审美领域的感性思维，也推进了审美的理性思维。同样，在这种思潮的影响下，建筑的审美机制已超越直观的感觉，并在物质功能体验的同时，进入理性思维的境界，表出以"合规律性"为基本特点。

20 世纪后半叶，出现"后现代"与"晚期现代"建筑思潮，前者强调商业主义美学，提倡民俗和地域文化，后者则进一步探索技术美学，走向高科技美学，而解构主义建筑美学则推崇反理性的偶然机遇，强调对以往美学法则的反叛。可以说，在 20 世纪，建筑美学已打破传统美学的条律，摒弃"美是什么"的形而上的哲学课题，转向探究形而下的美学现象，以及研究建筑领域审美形态及美的塑造规律，实现了审美领域的观念变革。

在上述美学研究的背景下，当代建筑美学的研究实现了三个转向：

1）语言中心主义的转向

语言中心主义又称为逻各斯主义（Logos），它来源于希腊语的 legein（说）。在现代哲学当中，逻各斯被理解为万物显现的方式和根据。但是自 20 世纪 60 ~ 70 年代开始，语言中心主义就遭到不断的批判和颠覆，尤其是解构主义思潮突破传统建筑美学的限制，不仅促使建筑去挑战新老传统，而且不断超越自我。

当代建筑美学认为，在建筑中存在着比建筑本身的表意更为深层次的东西，将语言强加于建筑身上也未免过于武断。如解构主义强调建筑的意义不在自身，而蕴含于观赏者和使用者与建筑接触时的体验和领悟。由于消解了建筑当中的语言中心主义，建筑给人的不再是某种预设的意义，而是在于对话与心灵的交流。

2）视觉中心主义的转向

视觉中心主义即以视觉思维为中心，在哲学当中表现为"反映论"，在艺术中则把各种各样的感觉最后都转化为视觉术语，在建筑欣赏中尤为如此。美国耶鲁大学教授罗蒂认为，西方文化是一种视觉中心主义的文化。但是视觉中心主义把一种视觉感知作为其他感觉方式的基础，忽视了其他感觉方式的作用，无视人以多种感官与自然进行信息交流。由于人与自然的交流不单纯是视觉表象，因此，这种把人与物都作为固定不变的本质是不真实的。

20 世纪 70 年代以来，越来越多的人摒弃"视觉中心主义"的模式。在建筑领域，建筑师也纷纷强调听、触、动感等各种审美体验，并进行了多样化的审美尝试。这种对视觉中心主义的否定，在表面上似乎只是人们审美趣味的变化，但在深层次上，却是建筑美学观念的更新，是人们对建筑本质更深入、更高层次的追求的体现。

当代建筑的视觉中心主义的消解，使建筑所追求的不单纯是视觉冲击，而是多种审美信息体验；它不是基于视觉上的美学量变，而是建立在认识论和伦理学变化上的美学质变。例如，生态建筑就是如此，它可能采取一种极其平淡的造型，可能在建筑中体现一种生态智慧，使人的身体和精神获得一种超越感官享受的审美体验。

3）主题中心主义的转向

千百年来，"主题"以各种方式出现在艺术当中：古典建筑中，不仅存在着明显的主题，且用轴线对称、对比的手段去创造主题性的时空系列；现代建筑尽管打破了古典建筑的美学观念，但主题依然是它们所要表达的重要内容，如起居室、中庭之于住宅单体，广场、商业中心之于城市；后现代建筑师吸收了现代艺术中种种非理性的手法，用破碎的"片段"和历史的"构件"拼凑建筑，借助支离破碎的形象阐述"没有主体的故事"。而解构主义反对建筑作品中具有中心含义，通过"意义消解"的手段，强调读者与作者的平等地位。

在当代建筑美学中，出现强调"主题消解"的倾向，目的是放弃长期以来一直强加到建筑头上的表层的意义，从而使建筑能够对更为深刻的意义进行追问。如生态建筑美学只有在体现明确的生态功利的情况下，才是真实的、可能的，[①] 其真正的"主题"蕴含在体验当中，对主题的消解，使当代生态建筑具有了体验美学的特征。

在当代，建筑美学理论研究成果包括如下几方面的内容：20 世纪 50 年代，托伯特·哈姆林撰写了《建筑形式美的原则》，主要从人的视觉感受和心理反应为基础，对建筑的形式美作了详细的论述。1978 年，英国建筑美学家罗杰·斯克鲁顿出版的《建筑美学》，侧重对建筑的美学本质进行了讨论，并对审美对象、审美感受、审美趣味等内容作了精辟的分析，同时，把注意力集中于审美的主体和研究人的审美取向等问题上。由于受到当代西方社会潮流的影响，当代西方美学出现多元化的现象，各种美学流派纷呈，比较有影响的如接受美学、解释学美学、存在主义美学、现象学美学、结构主义美学等学派。

我国在建筑美学研究方面，除了翻译了形式美法则和建筑美学等国外论著外，建筑师也进行了深入的美学思考，撰写了不少美学专著。例如，彭一刚院士长期研究建筑美学和空间构成理论，取得众多的研究成果。他在建筑美学上的思考涉及建筑形式美、中国古典园林美学、地域性建筑美学乃至当代建筑审美变异。

其中，影响最大的是他撰写的《建筑空间组合论》。该书是改革开放以来我国第一部建筑创作方法论，他融汇建筑形式美法则，以功能关系为设计出发点，详尽介绍了各种空间组合的方法，并辅以美妙的手绘插图，截至本书出版已重印 50 多次，发行量达 40 多万册。成为建筑学专业必不可少的教学参考书。

侯幼彬先生的《中国建筑美学》，从木构架体系的历史渊源和发展推力方面，扼要论述了木构架建筑体系所呈现的重要特性。同时，阐释了中国建筑的构成形态和审美意匠，并对庭院式组群的审美特色和审美意匠作了细致的分析。他还论述了中国建筑所反映的理性精神：中国建筑的"伦理"理性精神和"物理"理性精神。最后，他论述了中国建筑中的建筑意境问题。该论著是近年来中国古代建筑美学代表性研究成果。

汪正章先生的《建筑美学》则从建筑美的产生、建筑美的意义、建筑美的特性、建筑美的进展、建筑美的原则、建筑美的形态、建筑美的机制七部分建立了建筑美学理论体系。

万书元教授的《当代西方建筑美学》一书，对当代西方建筑的美学背景、美学观念的变化、美学理论的建构等内容进行了详尽的论述，并对当代西方美学的精神及其表现出来的悖论进行了科学的分析。

赵巍岩博士的《当代建筑美学意义》则以当代世界的建筑文化为考察对象，对当代建筑的美学意义进行了深入的分析与研究，其中对图像和数码时代的建筑美学意义作了独到的分析。实际上，中国建筑师所撰写的美学论著远非仅仅这些，限于篇幅不再一一列举。

---

① 万书元. 当代西方建筑美学 [M]. 南京：东南大学出版社，2001：190.

1.5.4　美学研究的方法论比较

如上所述，建筑美学的研究具有不同方法，由于思维方法和文化观念的差异，东西方在这一方面表现出不同的方法论特征。

1）西方美学的方法论特色

西方美学，源于三个基础：一是对事物本质的追求；二是对心理上知、情、意的明晰划分；三是对各艺术门类的统一定义。

在古希腊，一方面，人们认为，在千差万别的具体事物后面有一个本质，把握住了这个本质就能够说明一切具体的东西。对事物的本质追求，是西方文化形成美学的最早和最重要的基础。当古希腊人们视一朵花为美、一位小姐为美或一个坛罐为美的时候，就会追问使这些不同的事物成为美的共同本质是什么？寻求这一本质，并以它为基础来理解一切具体的美，这就是西方古典美学的研究任务。

另一方面，从表述的手段来看，他们认为，事物的本质是可以用明晰的语言表达出来的，这就是"定义"。柏拉图和亚里士多德都认为，定义就是关于事物的本质性认识。区分现象与本质，认为语言可以明晰地表述本质，这两点构成了西方追求本质的一种模式。在追求本质这一思维模式背景中，柏拉图在《大希庇阿斯》里提出美的本质问题。有了柏拉图之问，西方才有了美学，理论家们通过对美的本质的追求，来理解各种具体的美。正是由于这一原因，美国 1992 年出版后一再重印的《美学词典》说柏拉图是"哲学美学的创立者"。这一思路形成了西方以美的本质为核心来研究审美对象的美学。可见，正是在对美的本质哲学式追问的过程中，西方美学产生了。[①]

西方美学的第二个基础是古希腊人对人的心理所作的几何学式的知、情、意的划分。知，研究真，与之相应的是逻辑学；意志与善相关，与之相应的是伦理学；情感呢？也应该有一门学科，这就是美学。可以说，美学是研究情感或感性认识的完善的学科。[②]

西方美学的第三个基础是各门艺术的统一性。在古希腊，艺术和技术是不分的，绘画、建筑是艺术，裁缝和剃头的技术也是艺术。它们都遵循一定的规律、法则和技巧。在中古，艺术又与高雅的科学相关联。塔达基维奇的《西方美学概念史》讲了艺术一词在古代和中古的复杂演化，到文艺复兴时期，建筑、雕刻、绘画、音乐、舞蹈、戏剧、诗歌开始了脱离技术和科学的运动。到 18 世纪，查里斯·巴托《论美的艺术的界限与共性原理》（巴黎，1747）把这些艺术与技术和科学相区别，称为美的艺术（Fine Art），被普遍接受。

正是由于上述特点，西方古典美学表现出推崇逻辑演绎和数理推理法等特征。

（1）推崇逻辑演绎

在古希腊晚期，亚里士多德就认识到方法对于科学研究的重要性，他写成了欧洲第一部逻辑学著作《论工具》。在其美学著作《诗学》和《修辞学》里，他采用了严谨的逻辑方法，把所研究的对象和其他相关的对象区分出来，找出它们的异同点，然后再就这对象本身由类到种的逐步分类，逐步下定义和找规律。

到了 15 世纪下半叶，欧洲自然科学便在收集材料的基础上，逐步进行分门别类的研究，通过实验分析、比较和归纳，把自然界的各种

---

①② 张法 . 美学导论（第二版）[M]. 北京：中国人民大学出版社，1999：4，5.

事物和过程加以分解，把具体问题从总体中分离出来，把极复杂的问题划分为比较简单的形式和部分，然后一个部分一个部分地进行研究。这种逻辑分析方法面向现实世界，对客观事物作实证性考察，深入解剖、分析，然后运用逻辑的归纳、演绎等推理手段，去认识和掌握事物的本质和规律。它侧重于对一个事物进行具体考察，这种分析、解剖，是对事物机械的分割；它的综合、归纳，是从个别事物中抽象出共性、共同点，是一种机械性的综合。正是在这种机械性思维方式的指导下，形成了西方与东方迥异的美学观。①

该方法推崇理性思维，贬低感觉经验，认为只有运用逻辑推理的方法，才能认识真理，在 17 世纪，受笛卡儿哲学观念的影响，更是强调推理和演绎作为美学和艺术的研究方法。笛卡儿认为，真理的认识只能来自直觉和演绎。因此，他概括了当时数学和逻辑学的新成果，把前提可靠、推理严密、结论确实的演绎法作为认识真理的唯一工具。这种思想影响到美学观与艺术观，形成了唯理论为特征的美学。

（2）重视数理方法

西方建筑美学认识论的另一特征是重视数理推理，讲究比例尺度。比例理论在西方建筑形式美学理论中占有重要的地位。古罗马维特鲁威将"实用、坚固、美观"作为建筑的三要素，后来，人们又以三要素论为指导，从美学上发展成为六个方面，即：秩序、布置、韵律、对称、装饰以及分配，并形成以强调比例、尺度等数学推理的方法为中心内容的形式美学。

古典形式美学将建筑艺术视同音乐，认为建筑的美来自和谐的秩序，即通过各部分合乎比例的组合，产生的和谐的视觉效果来实现。事实上，某些经过处理的形状和线条看起来很合适、很和谐，而另一些则表现出不合比例或产生不稳定感。建筑师就是从这些简单而又和谐的形状中，去努力发现产生和谐的数学规律，并且推断出所有派生的和谐关系。

在建筑设计中，数理美学往往是通过一种比例系统或一组规则体系如黄金分割的应用，来实现艺术塑造的目的。通过一些基本的度量或模数，推导出建筑中所有的尺寸和形式，根据这一规律设计建筑，从而实现可以由数字证明的美感，用数学关系来预示视觉上的和谐。

古希腊的毕达哥拉斯最早应用这种用数学方法来说明和谐产生的原因。他提出了宇宙和谐的观点，用他所擅长的数学方法加以论证，并推广到各个方面。

在中世纪，一些追随者又把这种数学宇宙观进行了提炼与传播。在这种观念的影响下，形成了以数学方法为特征的建筑美学，如法国的沙特尔，它寻求一种隐藏于各种建筑美的形式背后的神秘的数学和谐，并一直流传至今。在现代建筑运动中，勒·柯布西耶就极力推崇建筑设计的比例、尺度，并用人体模数来加以论证，在信息技术的影响下，当代更形成以数字化为特征的建筑美学研究方法。

参数化建筑设计运用计算机的运算能力解决在设计创作及实践过程中所面临的复杂问题，借助参数化软件构建出数学关系的三维模型。参数化设计工具与方法本质上的改变，影响建筑设计的思维方式与审美趋向，建筑的审美价值观、审美情趣、审美时空观和创作观等

① 张岱年，成中英.中国思维偏向[M].北京：中国社会科学出版社，1991：223，258.

都发生着不同以往的变革。参数化设计思潮正指引着新锐设计师，从旧有的建筑设计模式中解脱出来，运用更加灵活、更加富有想象力、更加精确的方法进行建筑设计。

数学和建筑艺术的确有内在的联系，在建筑中，当各部分符合一定的数理比例时，人们可以得到一种美的视觉感受，而运用数学方法研究建筑美，便于深刻地反映美的内在规律。人类在长期实践中发现，数学和谐与建筑和谐之间有着类似的关系，因此，使我们能够用数学的方法来理解、观察及解决建筑艺术的问题。

（3）强调经验归纳

在文艺复兴时期，为了抵制宗教神权和追求人文主义，有部分人提出要重视理性和经验，提出了从经验中认识自然及其规律，并按照这一规律办事的思想，拒绝盲从古典权威。

到 16 世纪，在英国出现了经验主义美学。经验主义者认为，感性经验是一切知识的来源，否定有所谓先天的理性观念。同时他们也否定亚里士多德偏重演绎法的形式逻辑，推崇由个别事例上升到一般原则的归纳法，认为它更有助于科学发明。他们把感性认识看作知识的基础，信任根据观察和实验的归纳法，以及强调认识的实践功用。如霍布士认为：一切人类思想都起源于感觉。经验论者则竭力抬高归纳逻辑的地位和作用，他们认为，理性要以特定的方式去接受过去经验的指导，从而对理性进行了经验论解释。

采用经验主义的方法研究建筑美学，就是从大量的建筑创作、建筑艺术鉴赏活动和相关的审美现象中，运用归纳的方法加以总结和归类，揭示美的本质，发现美学规律，建构建筑美学体系。

经验归纳法有两种倾向：一种是针对审美客体，如建筑、环境因素等客观事物的描述和归纳；另一种则针对审美主体，如人的审美行为与内在体验的分析。前者依靠直观经验和理性分析，从建筑审美对象的外表属性，如比例、尺度、韵律、均衡、色彩等构成要素入手，来探索建筑美的规律；后者运用内省经验的研究方法，分析审美主体的行为与环境的关系，以回答美的本质等问题。

2）中国美学的方法论特色

中国美学基于这样一种哲学基础，这就是强调整体思维和辩证思维，华夏先民不仅认为天人合一、万物的普遍联系，而且也反对知、情、意的明确划分。在他们哲学思维模式中，表现整体的时空统一观，反对精确的逻辑分析，善用具象表达，疏于严谨的抽象梳理。在表达上，则推崇文字精练而含义丰富。

对于中国美学而言，它更关心的不是天地间万物的艺术规律，它所重视的努力发现是自然和艺术中所包含的人道、社会之道和立国之道。因此，中国的美学与其说是美的哲学，不如说是基于人学的艺术论、建立在伦理学基础上的艺术哲学。

作为建筑艺术更表现出强烈的伦理特点，正如侯幼彬先生所指出，"建筑是起居生活和诸多礼仪活动的场所，是最基本的物质消费品；建筑以庞大的空间体量和艺术形象，给人以深刻感受，也是与生活关联密切的精神消费；再加上建筑需要耗费大量的人力物力，自身构成触目的社会财富；建筑又可以存在几十年、几百年，能相对稳定、持久地发挥效用。这些使得建筑成为标志等级名分、维护等级制度的重要手段。辨贵贱、辨轻重（尊卑）的功能成了中国建筑被突出强调的社会功能。这种情况至迟在周代已经出现。周代王侯的都城、宗庙、宫室、门阀都有等级差别。"① 因此，中国的建筑美学更多地体现了伦理观念的内容。

在方法论上，中国美学表现出如下的特点：

（1）强调心物一体

心物一体论是中国传统哲学的特征。儒家、道家、佛家直至宋朝理学，都对"心物一体"的观念进行了充分的论述。心物一体论强调心理和物理的统一，一体两用。强调心与物不能完全截然分开，并不认为意识就是完全非物质的、完全彻底的空。中国人觉得心和物是一个整体，只不过它存在的状态有差别；心和物本来就是阴阳互转，互为主次的。因此，中国的美学理论体系是未经分化的，宗教、哲学、科学乃至日常意识都融合在一起，形成包罗万象的体系。

如住宅在中国古代人的眼里，正如古《宅经》所言："夫宅者，乃阴阳之枢纽，人伦之楷模……人宅相扶，感通天地。"在这里，客观存在的住宅和人，通过人情感和思维相互作用，构成一个美妙的居住场所。"当人们接近一栋中国建筑时，总会有一种安宁的舒适及协和感"。② 这就是因为中国的建筑是和环境融为一体的，而人又融入建筑和自然共同营造的环境之中。这点在中国园林的营造中更是发挥得淋漓尽致。

实际上，顺乎万物自然之性，不加以人工矫饰之力，从有限达到无限，从"虚、静、明"之心达到清明澄澈的世界……"物我同一""心物一体"……这是中国人追求的最高的美学境界。

（2）注重直觉顿悟

所谓直觉顿悟，就是一种理智的交融，这种交融使人们把自己置于对象之内，以便与其中独特的、无法表达的东西相符合。③ 中国传统的思维模式强调整体性，即"大全"，这种"大全"既难用概念去分析，也不能用语言表达，无论是老庄的"道"，玄学家的"自然"，还是理学家的"太极"，以至理、气、心、性等都是如此。因此，对这个整体的把握，只能靠直觉顿悟。中国古代的道家、佛家以及儒家的理学都特别重视直觉。老子提出"致虚极，守静笃"，要加强身心修养，保持内心的安宁，不受任何情感欲望的影响，在静观中认识事物的真相；庄子提出"心斋""坐忘"的方法与道合一。所谓心斋，就是保持心的虚静，只有保持心的虚静，才能得道。"心斋"作为一种认识事物的方法，要求排除一切思虑和欲望，保持心境的清静纯一。在这种精神状态下，才能产生直觉，直接与道契合。这种直觉顿悟的思维认识方法经魏晋玄学，发展到唐代禅宗时更上一步台阶。禅宗吸收了庄子和玄学的方法，并与佛性本体论相结合，提出"不立文字，以心传心，明心见性，顿悟成佛"的修行法，把直觉思维发展到了极限。

在这种思维体系的长期熏陶下，中国人对

① 侯幼彬.中国建筑美学[M].哈尔滨：黑龙江科学技术出版社，2000：163.
② 范文照.中国建筑之魅力[M]// 王明贤，戴志中.中国建筑美学文存.天津：天津科学技术出版社，1998：223.
③ （法）柏格森.形而上学导言[M].刘放侗，译.北京：商务印书馆，1963：3-4.

艺术追求的最高境界是"意境"，而意境通过"直觉"和"顿悟"这一审美行为而获得。它超越物质功利欲念，不谋求占有，而着眼于欣赏以得美感，从生理快适达到心理愉悦。这种心境的获得，必须通过饱含观点、趣味、理想和意志的形象，欣赏能给人耳目声色之娱，其内容符合人类进步理想的艺术作品，它不仅有愉人情意的形式，更有象外之象、味外之旨的深层意蕴，从而使人获得从生理到心理的愉悦美感。

（3）坚持辩证系统观

中国的传统哲学是一种朴素的辩证唯物主义思想。中国传统哲学肯定自然存在并强调自然之道的作用，把世界视为一个普遍联系的有机整体，表现出重整体、着眼于运动的辩证思维特点，从而建立起一系列关照自然的哲学范畴，并产生影响的审美思维。

古代先民"仰则观象于天，俯则取法于地。取近诸身，取远诸物。"应用类比、推演、尚象、定数、寓理等方法，追求从宏观整体上把握"天人之际"，并应用类比性方法研究宇宙与人生万物的关系。它重实用，轻玄思，视事物为整体而探究其普遍联系，不将心与物截然分离或对立，也反对为将客体分解而加以认识。无论是微观还是宏观、具象还是抽象的事物，都试图从整体的角度去把握事物的本质特征。

在对待世界的本体问题上，他们还提出"太极""道"等概念，将世界万物视为一个整体。例如，"太极生两仪，两仪生四象""道生一，一生二，二生三，三生万物"等论点，就是典型的一例。这些均在建筑艺术观念中有充分的反映。

中国传统艺术观念中也充分体现了哲学中的五行观，即用金、木、水、火、土相生相克关系反映物质基本属性。认为环境的五行方位、时序及其对生命有不同作用；事物间和机体内部有五行矛盾，其要素的不均衡都会引发生命体的变异，因此，在把握自然和艺术规律时，要注意利用生克关系的平衡和变异作用。

此外，还提出一系列相关的哲学概念，如将"阴阳"视为世界万物运动变化的两种原动力，并视"气"为阴阳之根本，认为阴阳二气相互作用生化万物；道则显示为事物作用变化的根本规律；八卦象数是规律所显示的象、数、理关系等。它们各自不能被当作孤立和静止的对象，而是彼此联系和运动变化的统一整体。

因此，中国建筑注重建筑与自然地形的关系，努力表达场所性质，重视阴阳之气的适应，发挥五行作用，从而产生了有别于西方的建筑美学体系。

（4）关注伦理和谐

我国早在春秋末期，楚国大夫伍举就给美下了一个定义，《国语·楚语》对此作了记载："夫美者，上下、内外、大小、远近皆无害焉，故曰美。"这个定义道出了美的本质特征——和谐。不论是儒、道说，还是风水观，都以和谐为美，可以说，和谐美，深深地蕴含在中国传统的艺术哲学中，也体现在建筑的每一方面。

追求和谐之美是东西方文化的一个共同之处，但实际上又各有特色。正如周来祥先生指出："在素朴和谐的古代，西方偏于人神以和，有更多的宗教意味，中方偏于人人之和，有更浓的人间气息；西方偏于物理、感性形式的和谐，中方更重心理、伦理理性的和谐；西方偏于分解对立，相生相克，中方更重均衡和谐，相辅相成；西方更重壮美，有更多的悲剧因素，中方更重宁静优美，崇尚大团圆；西方偏于模仿再现，中方则偏于抒情表现；西方偏于创造艺术典型，中方则偏于创造艺术意境；西方偏于美真统一，有更大的认识价值，中方则强调美善相合，寓教于乐。"[1]

可以说，中国建筑首先追求的是人与自然的和谐统一，在这个前提之下，再追求建筑单体之间和各要素的和谐美。

同处于东方文化圈的日本，和谐也是其文化所追求的一个美的本体。无论是在政治、经济、社会文化上的"和"，还是心理、精神上的"和"，均与日本人的美意识所追求的"和"相同，这也是他们所认定的最高的美。

日本的艺术也是如此，以"和"作为美的理想，认为最高意义上的美，存在于和谐之中。日本人对自然美的表达，以人与自然的和谐作为其象征；对色彩美的创造，以柔和的中间色作为其基调；对精神美的追求，以调和作为其目标。可以说，调和、中庸是日本人性格中基本的、主导的一面，也是日本文明赖以统一和生存的精神基础。[2] 另一方面，日本人对和谐美的追求，也有独到之处。由于处在温和的自然环境的包围之中，其地理环境无大陆国家那种宏大严峻的自然景观，多接触小规模的景物，由此养成了纤细的感觉和细腻的感情。

---

① 周来祥 . 和谐美学的总体风貌 [J]. 文艺研究 . 1998（5）：7-10.

② 叶渭渠，唐月梅 . 物哀与幽玄——日本人的美意识 [M]. 桂林：广西师范大学出版社，2002：16-17.

第2章

建筑美的哲学定位

2.1　建筑美的本体辨析

在建筑历史中，人们对建筑美的本质存在不同的看法，这些看法包括认为美是和谐，美是建筑功能的完善表达，美为主体与客体和谐关系的产物等；在当代，受系统论、信息论、生态学等科学理论的影响，对建筑美的认识又有新的发展。

2.1.1　美是和谐统一

自古至今，美是和谐统一这一观点得到人们的广泛赞同，在建筑美学中也是如此。早在古希腊时期，柏拉图、亚里士多德等哲学家就提出"美是和谐"这一概念。两千多年过去了，"美是和谐"一说仍保持着其迷人的魅力。正如恩培多克勒（Empedocles）所言，和谐使自然界统一起来，也许，对和谐的追求源于人类本性。"所以，它总是人类梦寐以求的理想，当人去探求美时，首先总想到它，这就是它的永恒价值"。[①]

在美是和谐这一理论体系中，包括形式和谐、数理和谐、对立和谐、社会和谐以及生态和谐等观点：

1）形式和谐论

这种美学观念认为，建筑之美是形式上的特殊关系所造成的感觉效果，是高度、宽度、大小或色彩这些要素相互协调的结果，是依靠形式本身来激发人们的情感，而与建筑的内含及外来的概念无关。

文艺复兴时期著名建筑理论家阿尔伯蒂在他的著作《论建筑》中认为，美就是各部分的和谐，不论是什么主题，这些都应该按这样的比例关系协调起来，以致既不能再增加什么，也不能减少或改动什么，除非有意破坏它。

亚里士多德在《诗学》中写道："一个美的事物—— 一个活东西或一个由某些部分组成之物——不但它的各部分应有一定的安排，而且它的体积也应有一定的大小，因为美要依靠体积和安排，一个非常小的活东西不能美，因为我们的观察处于不可感知的时间内，以致模糊不清；一个非常大的活东西，例如一个一千里长的活东西，也不能美，因为不能一览而尽，看不出它的整一性。"[②] 就是说，美的事物一定是具有整体性并形象明晰的，才能把它的美展现在人的审美活动中。

帕拉第奥也认为美产生于和谐。他认为："美产生于形式，产生于整体和各部分之间的协调，以及各个部分之间的协调；建筑因而像个完整的、完全的躯体，它的每一个器官都和别的相适应，而且对于你来说，都是必需的。"

① 方姗.美学的开端：走进古希腊罗马美学 [M].上海：上海人民出版社，2001.

② （古希腊）亚里士多德.诗学 [M].北京：商务印书馆，1996.

从上述这些观点中，我们可以看出，将各部分协调统一，造成和谐的整体，一直是西方人审美理想的一个典型反映。自古以来，形式美的法则一直是指导建筑设计的重要原则。事实上，西方古典建筑一直把形式塑造放在首位，而把功能处理放置于从属地位。在建筑创作中，妥善处理对比与微差、重点和一般、比例和尺度、均衡和稳定、重复和再现、节奏和韵律、渗透和层次等辩证关系，是建筑创作重要的艺术原则。

2）数理和谐论

所谓数理和谐论是认为美的本质在于数理的和谐，并用数理规律来认识美的规律的一种学说。自古以来，欧洲人就喜欢用明确的方式提出问题，形成清晰的概念，探索和把握事物的内在规律性，这种认识论导致了美的数理和谐论的产生。

古希腊的毕达哥拉斯认为美是对称、均衡和秩序产生的和谐统一的关系，并用简单的数和几何关系表述这些内容。他认为，美是数的和谐，并提出了一些经验性的规范，如著名的黄金分割，就是从数量的比例关系中去寻求和谐的美。

所谓黄金分割，它的分割方法为，将某直线段分为两部分，使一部分的平方等于另一部分与全体之积，或使一部分对全体之比等于另一部分对这一部分之比。即：在直线段 AB 上以点 C 分割，使 $(AC)^2 = CB \times AB$，或使 $AC : AB = CB : AC$。这一比值约为 1.618 : 1 或 1 : 0.618，被称为黄金比（图 2-1）。"黄金比"是美的数理和谐论的典型实例，黄金比直到 19 世纪仍被欧洲人认为是最美、最谐调

的比例。在法国，还产生了冠名为黄金分割画派的立体主义画家集团，专注于形体的比例。即使在当代的艺术设计中，黄金分割仍被广泛应用。

达·芬奇在研究美学时，非常重视比例和谐，他像研究数学那样去研究人体比例。达·芬奇认为"美感完全建立在各部分之间神圣的比例关系上"，整体的每一部分亦和整体成比例（图 2-2）。在他看来，人体是自然界中最完美的东西，人体的比例必须符合数学的法则，各部分之间成简单的整数比例，或与圆形、正方形等完美的几何图形相吻合。

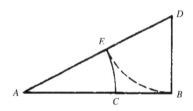

图 2-1　黄金分割图示

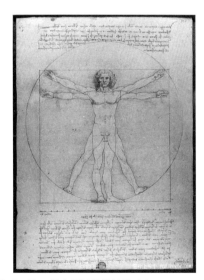

图 2-2　达·芬奇手稿的维特鲁威人

在西方，将美归结为数和比例关系的观念到 17 世纪达到高潮，该时期的古典主义艺术家大力推崇这种美学观念，其代表人物是布隆代尔（Francois Blondel）。他认为："美产生于度量与比例"，只要比例恰当，连垃圾堆都会美。他们用以几何和数学为基础的理性判断，完全代替直接的感性审美经验，不信任眼睛的审美能力，甚至用两脚规来判断美，用数字来计算美。

这种审美观念在西方建筑和园林设计中得到充分的反映。例如，意大利花园按严格的构图规律设计，用几何关系控制总体布局，强调园林各要素之间的协调统一。经过精心推敲使水池、台阶、植坛、道路和修剪过的树木等构图明晰、形状匀称、大小适中，连道路节点上的喷泉、水池以及其中道路段落的长短、宽窄都具有良好的比例，使人在一览无余中，欣赏这种美的布局。

在 20 世纪，现代建筑大师勒·柯布西耶同样推崇数理和谐的观点，并进一步发展了建筑的数理和谐美学（图 2-3）。他发现黄金比具有数列的性质，在与人体尺寸相结合的基础上，他提出黄金基尺方案，并视之为塑造现代建筑艺术的重要尺度。

3）对立和谐论

对立和谐论是指将矛盾对立要素的和谐统一视为美的观点。在传统的美学理论中，认为美产生于对立统一的观念也有悠久的历史。

古希腊哲学家赫拉克利特（Heraclitos，公元前540—前480）在他的辩证法思想体系中，看到了事物既统一又对立的特点，并把对立面的斗争视为事物变化的源泉与和谐的基

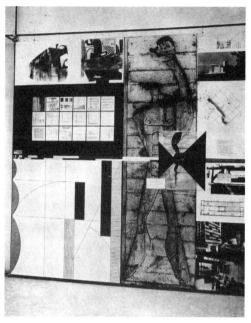

图 2-3　勒·柯布西耶在米兰三年展中的"模度"展板

础。他说："互相排斥的东西结合在一起，不同的音调造成最美的和谐；一切都是斗争所产生的。"例如生物界雌和雄的对立统一，音乐中高音和低音、长音和短音的统一，等等。[1] 他认为，和谐是可以分层次的，并将和谐分为两个层次：一种是看得见的和谐，亦即通过人的感官（如眼、耳等）感觉到的和谐；另一种是看不见的和谐，并认为看不见的和谐只有依靠灵魂、智慧、理智的力量的人，才能去发现它，因此它比看得见的和谐更好。

在赫拉克利特眼中，这种由于对立而产生的和谐，既有层次又有斗争，和谐不是绝对的和静止的。这是因为：由于对立面的斗争是普遍存在的，因此，作为其表现的和谐的存在也是普遍的、绝对的；同时，由于对立面的斗争，

---

① 北京大学哲学系外国哲学史教研室.古希腊罗马哲学[M].北京：商务印书馆，1961：19.

这就使一切皆变、万物常新，这样，作为斗争结果而产生的和谐，也是相对的、变化的。

赫拉克利特把辩证法运用于美学领域，丰富了人们有关美的相对性以及审美标准的相对与绝对的观点，在一定程度上揭示了美丑的相互对立、相互联系与相互转化的复杂关系，使人看到美丑之间的辩证关系。[①]

4）社会和谐论

对于和谐、均衡与适度之美的追求，在东方有着不同的内容，它更多地反映在社会与人际关系和谐这一方面。例如，我国古代也认为建筑美的本质是和谐，但更多强调的是伦理与社会的和谐。在先秦就有一批儒学家，先是孔子主张伦理道德观念为美，故"里仁为美"；"先王之道，斯为美"；后有孟子提倡人格精神为美，如"充实之谓美"；其后又有荀子强调人的建功立业活动为美，认为大自然只要为人征服利用，那么"天之所庆，地之所裁，莫不尽其美矣"。

在日本，"和"是政治经济、社会文化、精神心理上所追求的最高境界，"和"是美的理想境界，认为最高意义上的美存在于和谐之中。如对自然美追求，以人与自然的和谐作为其象征；对色彩美的创造，以柔和的中间色作为其基调；对精神美的追求，以调和作为其目标等。可以说，调和、中庸与适度是日本人性格中基本的、主导的一面，也是日本文明赖以统一和生存的精神基础。[②]

5）生态和谐论

20 世纪 70 年代以来，能源危机引发了生态设计思想，出现生态建筑学（Acologies）或称建筑生态学（Arcology）理论和实践。它是建立包括人类的所有生物与自然环境和谐共生基础上的设计理论与方法。它将建筑看成一个生态系统，通过有机组织建筑环境中的各种物态因素，使物质、能源有序地循环，达到高效、低耗、无废、无污、生态平衡的优美效果。

生态和谐论认为建筑之美来自生态系统的和谐，并依据生态规律，强调人工生态系统有序发展，极力体现能量和物质流的生态平衡。他们认为，建筑中应体现"生态美"，其本质是维护"生态平衡"，使"人的实践活动和客观自然的规律性相统一"。只有"生态平衡"，才能产生"生机"；只有生机盎然的环境，才能产生美感。从而对建筑美的评判标准，从形式美走向生态的和谐美。

2.1.2 美是真的表达

自古以来，真、善、美相互关系及其内涵就是美学研究的一项重要内容。一些人认为美与真、善有关，更有一些人干脆就认为美来自于真或来自于善。这些均对建筑美学的理论构成产生了深远的影响。

在西方，较早把美与真、善相互联系的是古希腊的哲学家亚里士多德。他认为，一方面，美主要反映在形式、秩序、匀称和明确等方面，是事物的主要特征，所以美的内容主要反映为真；另一方面，形式又是人的行为活动结果，所以可以说美又是善。同时，他还认为，真（形式）是普遍的，善（人的活动）只在人身上存在。实际上，在美与真、善的关系中，亚里士

① 方姗. 美学的开端：走进古希腊罗马美学 [M]. 上海：上海人民出版社，2001.
② 叶谓渠，唐月梅. 物哀与幽玄——日本人的美意识 [M]. 桂林：广西师范大学出版社，2002：16-17.

多德更强调的是反映客观事物的真。他认为真在人的活动中反映为善的一种方式，与其说美是一种善，实际上仍是说美是真。实际上，在亚里士多德对美的论述中，强调形式的观点并没有讲清楚真与善的关系，也没有讲清楚美与真、美与善之间的关系。

17世纪法国古典主义美学家布瓦洛认为"只有真才美"。他所说的真是理性的真，即真理，所以认为只有凭真理、艺术才能获得价值。这就是说，真是美的条件。这种观点在建筑美的观念中也得到充分的反映。例如，18世纪的意大利人辟兰乃西认为，建筑物必须真实，真实的美存在于简单、合乎功能的结构，存在于"自然"。

18世纪英国著名的艺术理论家荷伽兹曾提出美的六条原则，认为适宜、多样、统一、单纯、复杂和尺寸恰当地混合起来就能产生美。同时代的博克也肯定美是属于物本身的某些属性，如小、光滑、逐渐变化、不露棱角、娇弱以及衣色鲜明而不强烈等，并指出"这些特质起作用是自然而然的，比起任何其他特质，都较不易由主观任性而改变"。实际上，他们都强调事物的感性特征，从自然形式、结构和性能中去寻找美的本质规律，充分肯定美的客观存在性与真实性。[1]

19世纪法国艺术家罗丹认为事物的"内在真理"就是"美的本身"，"美只有一种，即宣示真实的美"。罗丹讲的真实事物的内在真实，与布瓦洛讲的理性的真不同，前者是客观的真，后者却是主观的真。

中国先秦哲学家庄子强调"贵真"，认为美在于真，无真则无美，美真同一。他讲的真，

是指人的生命应顺应自然发展之意，包含合规律性的意思。汉代的王充则比较注意美与真的关系，提出"真美"这一概念，认为符合事实即为美。

以上这些看法，虽对真的理解各不相同，但都认为美必须以真为前提和条件，认为美来自于真。

2.1.3　美是善的充分体现

除了认为美与真关系密切，或美是客观事物真实呈现等观点外，古代重要的一种观点是美是善的充分体现。在这方面，包括美与善统一论、善是美之基础以及美是善的充分实现等观点。

1）美与善统一论

在古希腊时期，哲学家苏格拉底就提出美来自于善，善即是美的看法，即"美善一致"说。他认为"任何一件东西如果它能很好地实现它在功用方面的目的，它就同时是善的又是美的，否则它就同时是恶的又是丑的。"[2] 所谓善，是指事物能很好地发挥其应有的功能，亦即适用于自身的功用目的，反之则称为恶。由此而言，一面金盾尽管是用金子做成的，光彩耀眼，但它如果制造粗糙，以致不能发挥其抗击长矛的功能，也就不符合其防御的目的，只能是丑的。而一只粪筐尽管可能是竹子或藤条制作，既不耀眼又无光彩，但由于制作良好，能发挥其盛粪的功能，符合其盛东西的目的，则是美的。这样，判断事物的美丑标准，并不在于事物的外表是否漂亮，而在于它是否能很好地发挥其功用，它是否合目的性："如果房屋的所有者在任何时候都感到这房屋对他来说是最惬意的住

[1]　赵巍.西方美学史对美的本质的探讨[J].理论导刊，1993（11）：40-42.

[2]　北京大学哲学系美学教研室.西方美学家论美和美感[M].北京：商务印书馆，1980.

处，对他的财物来说是最安全的庇护所，这间房屋才称得上是最舒适的和最美好的。不管是什么样的绘画和雕塑也无不如此。"①

苏格拉底的"美善一致"通过把美与善两者统一在其适用、合目的性上，不仅为古希腊人带来一种新的美学观点，而且更重要的是纠正了希腊有关美的一些观点的偏差，即过分考虑事物本身的自然属性，却对事物存在的功用与目的视而不见的做法。苏格拉底坚持适用、合目的性的观点，并用它纠正传统的和谐观念。在此之前，和谐学说与数、比例关系密切，而与功用无关。他却把和谐与功用相联系，即只有合乎其功用，才是和谐的，即将合功用和合目的性视作和谐的基础。

同时，苏格拉底改变了以往将和谐视为纯客观的观念。他看到了事物具有的功用与目的是对人而言的。他认为只有从人而不是物本身、从主体而不是对象的角度来看待事物，才能真正判断事物是否合目的、合比例，而达到美，所以苏格拉底赋予和谐说以目的性，并且也使和谐包含了主观性。②

苏格拉底这些论断在西方美学思想史上占有非常重要的地位。他把美学建立在知识论的基础上，并把美学与哲学、伦理学紧密联系起来考察，使美学思想有了广博而深厚的根基。在当时，已开始形成哲学美学的雏形，如对美下定义，进行推理，研究真、善、美三者的关系等。他将美学与伦理学相结合，强调美善一致，突破了古希腊传统美学观念过于偏重事物的自然属性的一面。

此外，苏格拉底论述美时，强调指出美是事物与人的一种关系，认为美与善是对人有用、

有益的东西。这种有用、有益也就是事物存在的目的，事物的适用性正是事物合目的性的充分表现。人们去认识事物的本性，正是为了让事物各尽其用，完满地实现其目的，这既是真的实现，又是善与美的体现。因此，苏格拉底谈美善一致，谈美是适用、功用的实现与合目的性等，主要意思仍是相同的。当然，这些概念仍有细微的差别，如美善一致，并非指美与善完全等同，而是说美与善都是指事物对人的一种有用、有益的关系。然而，他认为二者又有区别，善是无条件的，对一切人而言的；而美则是有条件的，它只对有用者而言。

2）善是美之基础

在美是善的表达的观念体系中，一种看法是善是美之基础与重要前提，并充分反映在对建筑艺术之美的认识上。例如，法国的洛吉埃长老（Peremarc Antoine Langier，1713—1770）认为建筑物应该像远古的石屋，一切从需要出发，他认为"只有严格地服从需要和合理，才能保证建筑物完善和自然，避免建筑艺术的堕落，严格的需要会产生美，简单和自然会产生美"。

一些人则从宗教观念出发，强调建筑对表达宗教精神的意义，基于对建筑美是对内容的完善而充分表达这一观念，他们把艺术的美建立在表达伦理的理想或宗教教义的基础上，认为建筑的美和价值来自建筑对神的理想和行动的表现，主张基督教国家按照哥特式的理想建造完美的建筑。

到了近现代，越来越多的人认为建筑美的本质是善，即美是良好的社会内容在建筑中的完美实现，出现将使用功能作为主要内容的美

①② （波）塔塔科维兹.古代美学[M].杨力，等，译.北京：中国社会科学出版社，1990.

学理论，而现代主义建筑师干脆认为，建筑美的重要基础是表现建筑物的功能或使用目的，并提出了"形式追随功能"的造型原则。

"形式追随功能"最早由芝加哥学派的得力支柱沙利文提出，它掀开了设计应由内而外的新篇章，突出了功能在建筑设计中的重要地位，明确了功能与形式的主从关系，追求功能、结构、材料的合理统一，崇尚精确、简洁的建筑形态。在当时繁冗的装饰横流，既不经济又古旧沉闷的历史条件下，这种思想具有一种革命的意义。

3）美是善的充分实现

在美与善相联的理论中，一些人则提出了美是善的充分呈现这一论断。如黑格尔认为，以最完善的方式来表达最高尚的思想那是最美的。叔本华则认为，艺术是通过意志（欲望、力量）和行动（体量、材料）之间基本的和必然的斗争而获得价值的。他经过长期分析研究建筑学，认为最动人的美是最完善地表达材料的强度和荷载之间的斗争所形成的，并认为这是建筑学中特别重要的概念。

20世纪60年代兴起的后现代建筑流派，对建筑艺术有独特的理解，他们把建筑艺术理解为整套表达"意义"和"观念"的信息和语言符号系统。詹克斯在《后现代建筑语言》一书中，以古典柱式建筑风格及材料特性为例，从释义学角度具体解析建筑美的意义。如多立克柱式粗犷刚劲，如健壮男子；爱奥尼柱式比例清秀，象征成年女性；科林斯柱式纤美艳丽、美如少女。又如古典建筑寓意"单纯""直率""男性"，哥特建筑寓意"复杂""修饰""女性"。在材料方面他视木材天性温柔，寓意"女性"；视钢材天性刚劲，寓意"男性"。

他们认为建筑对意义的表达，比形式美的追求更为重要，因此，他们为了表"意"，就可以忘"形"，如创作中，通过对古典建筑的柱式、山花、拱券加以裂解变形去表达内涵。他们把建筑各个构成要素，诸如屋顶、墙壁、柱、梁、门窗，均视作文学作品中的语汇，而形态构成则视为文章中的语法和句法，认为建筑师凭借建筑这套独特的语言系统，就可以表达某种意义，去实现建筑"美"塑造的目的。同样，通过这一艺术语言，就可以认识美的规律。

随着当代可持续发展观念的兴起，以及绿色建筑、生态建筑理论的不断发展，人们广泛接受"建筑美是与自然的有机协调，与社会进步的发展方向和谐统一"这种观点。实际上，这也是对"美是善的充分实现"这种观念的认同。

2.1.4 美是主客关系的交融

在对美的探索中，一些学者认为，美是主客关系有机融合的结果。在这方面，比较典型的有美的适度说，也包括移情论美学、格式塔美学、系统论美学等。

1）美是主、客体间的适度关系

古希腊的学者德谟克利特认为，美是一种适度："恰当的比例对一切事物都是好的，过犹不及，在我看来都不好。"[①] 适度是由比例、一定的尺寸来决定的。显然，适度并非主观感觉，而是客观尺度所决定。不过，尽管适度是客观尺度决定的，却可以由主观感觉感受

---

① （波）塔塔科维兹 . 古代美学 [M]. 杨力，等，译 . 北京：中国社会科学出版社，1990.

到，从而产生愉悦或厌恶之感：任何人如果跨越了尺寸，最令人愉悦的东西也会变得最令人厌恶的。[①] 可见，德谟克利特在论及美的问题时，他总是把美的对象与美的主体、美与美感联系起来研究，表明了他在重视客观事物的同时，也特别重视客观事物是如何被主体所认识的。

在持美是一种适度观点的人看来，固然要把美与比例、尺寸等客观属性相联系，但同时也要把美与主体的感受（好与不好）相联系，方能更好地说明事物的美与丑。这一观点比毕达哥拉斯、赫拉克利特等人的美学观念有了新的发展。[②]

2）美是主、客体互融的结晶

在我国的艺术理论中，很早就强调主、客体互融，并作为美塑造的一种手段。例如，在艺术和文学中强调"比"与"兴"手法的运用。其中，"兴"即是对外物的寄托与移情，也就是，先言他物以引起所咏之词。这样能够激发读者的联想，增强了意蕴。如《孔雀东南飞》中的"孔雀东南飞，五里一徘徊"；《关雎》开头的"关关雎鸠，在河之洲。窈窕淑女，君子好逑"等。都是把情感寄寓在形象之中，让读者不知不觉地从形象中受到感染，产生意味无穷的效果。

在国外美学理论中，与此观点相类似的有移情论美学。这种理论最早源于德国，它开始命名为 einfühlung，后根据希腊词，英译为 empathy。持这种美学观点的人强调，美是审美对象与审美主体相互关系中的产物。如尹夫

隆认为，当观者觉得他本身仿佛就生活在作品生命之中时，这一艺术作品方有感染力，认为美是人自身在一个事物里觉得愉快的结果。并认为，在建筑学中，美是由观者对建筑物所起的现实作用的体验而得来的，如简朴、安适、优雅可以说愉快寓于建筑物强烈感人的风采之中，宁静寓于修长的水平线中，明朗寓于轻松之中等。塞·里普斯（Theodor Lipps）在其美学著作《空间美学和几何学、视觉的错觉》一书中对移情作了解释。里普斯说，我们在观察无生命的大理石柱时，可以感受其生命的活动，它在"耸立上腾"（纵看）和"凝成整体"（横看）。为什么会产生这样的"错觉"呢？"都是因为我们把自己的亲身经历的东西、我们的力量感觉、我们的努力、我们的超意志、主动或被动的感觉，移置到外在于我们的事物里去，移置到这种事物身上所发生的或和它一起发生的事件里去。"[③]

强调美是来自于主客关系融合的另一种学说是格式塔美学。格式塔是 Gestalt 的德文的音译。它有两种含义：一种含义是指形状（Shape）或形式（Form）的意思，也就是指物体的性质；另一种含义是指一个具体的实体和它具有特殊形状或形式的特征。Gestalt 如果用在心理学上，它则代表所谓"整体"（The Whole）的概念。

以格式塔（Gestalt）为名的"完形"心理学（Gestalt Psychology）于 20 世纪初发源于欧洲，它主要是在研究人类知觉与意识上的问题，"完形"心理学视心智历程和结构为心理

① （波）塔塔科维兹. 古代美学 [M]. 杨力，等，译. 北京：中国社会科学出版社，1990.
② 方姗. 美学的开端：走进古希腊罗马美学 [M]. 上海：上海人民出版社，2001.
③ 塞里普斯. 空间美学和几何学. 视觉的错觉 [M]// 古典文艺理论译丛委员会. 古典文艺理论译丛（第八册）. 北京：人民文学出版社，1964.

学的内涵，企图以比内省法更科学的方法，来分析和了解人类如何对于视觉刺激产生视觉上的认知概念。格式塔心理学研究揭示了人类知觉特点和物体之形的关联，并强调美是主体与客体统一中的产物。它认为，完形是人类活动中因对物理结构的一种视觉上的感知判断而形成的一种心理结构，它不完全是客体的性质，也不完全是心理幻觉，而是客体经过知觉活动组织成的整体，是客观的刺激物在主体知觉活动中呈现出来的式样。

在当代，系统论美学也强调美是主客体关系的相互交融的产物，并有自身独立的理论建树。系统论美学是运用系统论的观点研究美学问题的一种新的方法和理论，是系统论和美学相结合的产物。其主要论点包含了下述两大方面。一是用整体的观念去审美。审美客体是由很多要素组成的有机整体，自成一系统。根据系统整体性的特点，要求在判断事物美否时，应从整体（全局）上去把握，不应将某个细节或局部孤立起来考虑。孤立的线、点、形、色、音无所谓美，要构成整体才谈得上美。二是认为审美标准不可绝对化。审美主体通过审美心理活动，对审美客体作出审美评价。审美主体是审美者整个机体的状况、处境、心境及其审美的能力、修养和经验等诸多要素构成的系统。审美主体系统存在差异，则会导致审美心理活动过程的差异，所做出的审美评价也难以一致。不同种族、不同文化背景下的人群间，以及同种族同文化背景下的个体间，甚至同一个体在不同的时代背景、社会思潮下，审美主体系统在结构和功能上均会有所区别，对同一事物做出的审美评价也会有所不同，这也是美学界存在各种流派和争鸣的原因。

2.1.5 美是信息的优化

在当代，随着信息技术和信息论、控制论的兴起，一些学者开始用信息论观念解释美，这种观念也在建筑学理论中得到反映。

信息论是研究信息的计量、传递、变换和储存的科学，通过计算可以计量出信息传递的能力和效率，最初应用在通信、生理学等学科中。当前，由于自然科学领域的一系列成果都被拿来用于美学研究，信息论也受到美学研究者的青睐。

法国的亚伯拉罕·莫尔斯教授认为，信息可以分为语法信息、语文信息、审美信息，继而提出了信息论美学，用信息论的观点解释审美的现象，用信息论的方法解决审美所面临的问题，也就是说"艺术表现的任何形式"都可"视为一种信息"。因此信息论美学是"基于承认美是一种信息这样的前提，任何通过不同载体传播的作品都可以适合于不同的接受者，其条件之一就是这一信息的传递必须达到优化程度，以保证接受者在审视作品的过程中获得尽可能多的信息量"。

基于信息论的心理学通过对审美知觉的研究认为，知觉者欣赏艺术品时会唤起一种期望模式，当期望得到肯定时，就会产生愉快感和美感。因此，美的各种要素作为人们获得美的信息因素，在延伸其他实用功能的同时，也在不断强化美的信息的传播。

我们认为，建筑美是合目的性与合逻辑性的有机统一，是真与善相统一基础上的升华，是人与生态环境和谐统一的产物。建筑美应来自于信息构成要素的和谐，即新与旧、传统与现代、复杂与简单等的平衡与统一。

2.2 建筑美的认知特征

尽管建筑艺术与其他艺术具有某些相同的共性，但也有许多不同的特点，主要表现在艺术体验方面的强迫性、艺术目的上的实用性以及艺术实现上科技含量的丰富性等方面。由于具有很强的实用性与技术性要求，从而使美学评判标准上出现强调理性与感性并重的特点。

2.2.1 强迫型的艺术体验

建筑是具有庞大体积的三维实体，它也是具有实际功能的艺术作品，因此，建筑艺术不同于绘画、雕像、文学、歌剧等所谓的纯艺术形式，尽管人们建造前可以按照一定的审美需求来挑选作品，但是作为一种存在于环境中的作品，当建筑一旦出现在环境之中后，由于它巨大的体量，它将面对现实生活中的不同审美人群，这就是不管人们喜欢与否，都必须观赏或使用它，因此，建筑的审美带有某种强迫的特性。

基于建筑美的强迫型艺术体验，在重大建筑工程招标与评审时，必须考虑方案能够满足更广泛受众的审美需求。方案的评审需要听取各种不同审美人群的意见，既包括建筑设计、结构、施工、经济等领域的专家，也包括艺术家、媒体、业主甚至附近居民，这样才能保证建成的建筑为更广泛的受众所接受。

2.2.2 多维信息的审美欣赏

人主要是通过味、嗅、听、触和视觉五种感觉器官来接受外界信息，从而感知这个世界的。艺术体验也是如此，如绘画和雕塑类作品，主要依靠视觉来欣赏其美感，音乐的美主要依靠耳朵的听觉功能来实现。在各种艺术中，建筑和城市不仅以其巨大的体量，更因为人们生活在其中，而有别于其他艺术的审美体验。

建筑艺术带有整体的环境化特征，是时、空与人的行为的综合艺术体验以及三者和谐关系的产物，故人游于其中，可以从整体艺术特色、时空特色、色彩美感以及功能布局等不同方面做出审美评价。

如北京故宫作为一组规模宏伟的建筑群，它以天安门为序幕，大殿为高潮，景山作为尾声，通过大小、形状各不相同的空间组合，形成一个有层次、有深度的空间序列，它沿着南北一线布置了八个庭院，各个庭院的形状、门殿、廊庑各不相同。人行走其间，既如一幅展开的画卷，又如一部长篇的乐章。

一方面，人们可以领略正殿建筑的庄严雄伟，御花园的优美恬静，后宫的安逸典雅，充分感受到各种不同的艺术气氛以及功能布局的内容（图2-4）。另一方面，建筑与环境艺术作为人的生活空间，仅仅依靠视觉来欣赏形式美是不完整的，它必须综合各种艺术的审美经验，调动人所有的知觉功能，从视觉、听觉、触觉等的感受，到全身心的体验，才能真正发现和体会其美学价值。

因此，可以说，建筑艺术是全方位体验的艺术。例如，在景观设计方面，目前提出"声

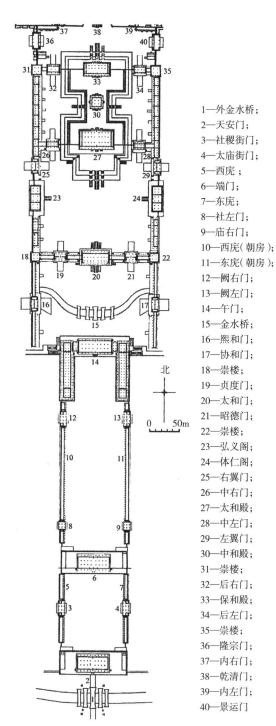

1—外金水桥；
2—天安门；
3—社稷街门；
4—太庙街门；
5—西庑；
6—端门；
7—东庑；
8—社左门；
9—庙右门；
10—西庑(朝房)；
11—东庑(朝房)；
12—阙右门；
13—阙左门；
14—午门；
15—金水桥；
16—熙和门；
17—协和门；
18—崇楼；
19—贞度门；
20—太和门；
21—昭德门；
22—崇楼；
23—弘义阁；
24—体仁阁；
25—右翼门；
26—中右门；
27—太和殿；
28—中左门；
29—左翼门；
30—中和殿；
31—崇楼；
32—后右门；
33—保和殿；
34—后左门；
35—崇楼；
36—隆宗门；
37—内右门；
38—乾清门；
39—内左门；
40—景运门

图2-4　清北京故宫三大殿平面图

景观"的概念，不仅在以声学欣赏为主的剧院厅堂中强调提供赏心悦耳的音响，而且将建筑环境中各种背景、前景声音都作为景观研究的对象，例如中国传统建筑屋角悬挂的风铃、钟楼、鼓楼等，以及现代城市的音响设备运用等，通过声环境的塑造，来完善艺术塑造，体现建筑特色（图2-5）。

此外，触觉也是感受建筑艺术的重要手段。运用砖、石、木材、金属等不同的建筑材料，通过其光滑或粗糙的表面特性，使人领略美妙的触觉信息，这些都是建筑美的塑造的重要方面（图2-6）。

2.2.3　关注理性的审美认知

理性的感知对艺术之美的感受与升华深化是必不可少的，它是人类对艺术作品审美感知的典型特征。对于建筑艺术而言，更必须通过理性的知识来与之交流，方能领会建筑艺术的真正魅力。由于建筑是技术和艺术的统一体，因此，对建筑美的把握，就不能不注重建筑在科学上的理性认知。只有通过对建筑功能、结构、材料等的综合理解，才能认识和感受建筑艺术的美的本质。

例如，一个人必须掌握古典柱式的知识，才能充分理解古罗马建筑的美学趣味；一个人必须在了解雕塑细部的意义之后，才能在欣赏夏特尔教堂北廊时感到有趣（图2-7）。同样，如果一个人想正确地欣赏一座建筑，就必须了解它的用途。在建筑中，不存在单纯的、未加思考的审美情趣。可以说，建筑审美情趣属于理性的乐趣，部分原因在于建筑感受是建立在对对象深入理解的基础上，同时，对建筑的理

图 2-5　颐和园某建筑

图 2-7　夏特尔教堂雕塑细部

图 2-6　红砖博物馆

解需要观看者的主动与参与。[①] 所以说，建筑的审美是本质性审美。

2.2.4　多重的艺术标准

建筑艺术是一个复杂的综合体，它包含政治、文化、经济等多方面的功能要求，这就使建筑具有实用与象征、文化与地域、技术与经济等特点；同时，建筑艺术中包含各种要素，创作中必须妥善处理有序与无序、理性与浪漫等方面的内容，这就使建筑构件中总有多余的，不想要却又无法去掉的东西。此外，由于服务对象、鉴赏对象的复杂性，从而导致建筑艺术带有一种混沌复杂，审美具有模糊性、不定性，其美学评判标准表现出多元价值标准的特点。

对同一建筑的审美评价，不同领域的人总会有不同标准的评价，从而会得出不同的美学评价结果。如对于库哈斯的央视 CCTV 大厦，不同领域的评判者使用不同的艺术标准得出了或褒或贬不同的评价（图 2-8）。有建筑师认为，库哈斯所设计的夸张、奇特、新颖的形象给中国建筑师打开一扇窗户，是我国走向现代

---

① （英）罗杰·斯克鲁顿. 建筑美学 [M]. 刘先觉，译. 北京：中国建筑工业出版社，2003：71-104.

图 2-8　央视 CCTV 大楼

化过程之中的中西文化交流的成果，对中国建筑界来说富有启示性，会推动中国高层建筑的结构体系、结构思想的创新；而另一部分建筑师则认为，他的方案功能极端不合理，交通组织存在重大的缺陷。有一部分结构专家为其设计的形象喝彩，认为这种环形钢结构建筑将推动中国高层建筑结构体系和结构思想的创新和发展；而另一部分结构专家却认为，库哈斯的方案安全系数不高，建造能耗和运行能耗却很高，是个极端不实际的方案。由对库氏的方案引发的争论就可以看出，建筑艺术的评判标准具有多元价值的特点。

第3章

建筑美的形态特点

3.1 建筑美的时空特性

建筑艺术是时空艺术，不同时代的建筑作品反映出不同的时空特性，可以说，表现建筑艺术的时空特性也是建筑审美观念的一个重要组成部分。从古至今，人们从不同的方面论述了建筑艺术的时空特点。

从空间构成来看，建筑涉及实体与虚空，也涉及空间的静止与流动等问题，从时间范畴来看，则涉及过去、现在与未来，涉及历史文化内涵与时代精神表现等问题。

3.1.1 实体与虚空

建筑是由各种形式的实体，如墙、屋顶、地面、窗户、门等围合而成的。当这些实体采用不同的围合方式，就会使建筑产生不同的虚、实感觉。虚与实构成一对矛盾关系，正如我国古代的老子在《道德经》里指出："埏埴以为器，当其无，有器之用，凿户牖以为室，当其无，有室之用……"。其用意就在于强调建筑对于人来说，具有使用价值的不是围成空间的实体的壳，而是空间本身。

在建筑艺术中，对实体与虚空处理不同，反映出不同时代的艺术特征，也表现出不同的建筑性格。从建筑历史的发展来看，建筑空间是从封闭到开敞、从静止到流动、从分隔到连续的过程。例如，古埃及建筑以空间的封闭和阴暗而厚重，以实体的建筑形式而获得纪念性特质；古希腊建筑空间单纯和封闭，雅典卫城的帕提农神庙就是典型的实例；古罗马时期建筑空间是多个空间的对称组合，是静态的和整齐的；中世纪时期，基督教的建筑空间为教徒而设计，因此具有"方向性"，哥特式建筑空间"比较通透和有连续性"，在哥特式教堂里，五彩斑斓的马赛克玻璃勾勒出天国和人间神秘的界限，竖向与横向的空间对立，又表现出对尘世的眷恋和对天国的向往的痛苦挣扎的心理；文艺复兴时期，"注重赋予空间以一种理性的、有格律的秩序，使这个空间成为确定的和便于量度的"；巴洛克建筑空间则富有"动感和渗透感"，在这一阶段的时空观是传统的三维的。它是以传统的三维欧氏几何为理论基础，有着精确的关联点和易于认识的构成方式。将空间和空间体系仅仅看作客观的现象，看作建筑的自然表现，而忽视了生活在建筑空间中的人的因素，被称作最接近空间概念的自然美学观。

实际上，西方古代，一方面，建筑和雕刻艺术没有完全分离，很多建筑师也是雕塑家，因此建筑不由得表现出雕塑般的质感，这正表现了建筑在体积上的美感，如雕塑般的体积美。另一方面，建筑上繁复的线脚、雕花、壁龛等装饰，却又无一不是在减弱建筑的实体感（图3-1）。由于玻璃的发明与应用，削弱了建筑的实体感，而现代建筑材料的应用，进一步提升了建筑中虚空的比例，使建筑艺术显得更加空灵与飘逸。

3.1.2　静止与流动

　　静止与流动也是建筑艺术所关注的一部分内容，建筑空间从静止到流动，反映了历史的进程。

　　古代建筑多表现为一种静态的美。如西方古典五柱式，详细地分析比例、尺度以求得各部分的协调，从而体现出一种静态的平衡。古希腊的建筑空间由于有严谨的比例、宜人的尺度、均衡的布局，从而表现为一种完美的静态式的力学平衡。古罗马建筑的内部空间虽然变大了，但仍然是静态的，不论是圆形还是方形。这两种空间，其共同规律都是对称性，与相邻各空间关系都是绝对各自独立的。各相邻空间的封闭和绝对独立，在建筑的内部获得的是静止的、孤立的空间。厚重的分隔墙越发加强了这种独立性，以超人的宏伟尺度构成双轴线的壮观效果，基本不会因观者存在而在效果上产生变化，这是一种观静①独立的存在（图3-2）。巴洛克建筑一反古典建筑传统，追求流畅的曲线，建筑的内部空间也开始贯通，空间开始出现流动的性质。

　　所谓流动的空间是多空间的有机动态的联系，它们不是互相封闭的、孤立界定的，而是

图3-1　夏特尔府邸细部装饰

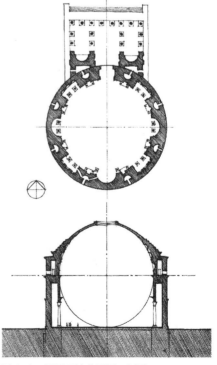

图3-2　罗马万神庙平面、剖面

---

①　观静："澄怀观道，静照忘求"，是中国古代山水诗追求的审美观照方式。就是让自己的情怀、意念变得清澄，没有杂念，在这样的状态下才能体会山水中蕴含的自然之道，在沉静的观照中忘记一切尘事欲求。

互相渗透、互相流通、互相之间有公共的部分。

实际上，"流动空间"在我国古代园林设计中早就存在，如：藏与露、虚与实、蜿蜒曲折变化等，利用空间的渗透，借丰富的层次变化而极大地加强景深，如留园的入口由于巧妙地利用各种手段分隔空间，在分隔的同时又使之相互连通渗透，从而使空间显得格外深远（图3-3）。

现代建筑的空间是以复杂的功能布局为基础、开放与渗透平面为特点的动态空间构成。它的发展使静止的空间变成流动，隔绝变成连续，封闭变成渗透，形成流动的空间。

如密斯设计的巴塞罗那世博会德国馆，平面布局非常自由，墙与墙之间相互独立，彼此相互穿插，形成了空间的流动性，内部和外部空间之间都没有确定的限定，而是相互延伸，相互渗透，彻底改变了以往的封闭空间的概念（图3-4）。

在信息社会中，数字化技术已经渗透到人类生活的各个层面，也影响到建筑空间的发展。在数字化时代，随着非欧几何的进步，分维的方法为以数学规律描述自然有机形态提供方便，使建筑空间从形态、结构到观念层面均发生极大的变化，建筑空间的界定更为宽泛，空间的结构趋向动态，空间观念也拓展到多维与分维的领域，使建筑空间渗透与多维流动空间创造成为可能。

3.1.3　永恒与短暂

永恒与短暂也是建筑审美的时空意识的一个重要方面。长期以来，人们追求艺术的永恒的魅力，摒弃短暂性美的价值。因此，建筑和

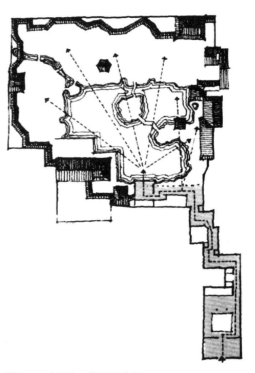

图3-3　留园入口处平面分析

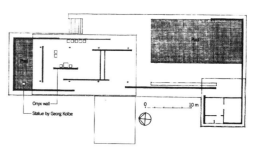

图3-4　巴塞罗那世博会德国馆平面

城市的"纪念性"，成为从古典到现代建筑艺术的一个重要的表达目标——人们可以发现古埃及厚重而神秘的金字塔，古希腊、古罗马静止而稳定的神殿，中世纪高耸、挺拔的教堂……这些均反映出前人为取得纪念性而在时空延续上的不懈努力（图3-5）。

图3-5　科隆大教堂

现代建筑对永恒的纪念性的追求另有所长，它们借助抽象的艺术语言和国际性的文化内涵、标准化的构件以及现代工业材料，企图建立无民族、地域差异和时空限制的永恒艺术标准。

后现代作为反现代的思潮，不仅仅强调装饰的作用，而且提倡复杂多义的空间，它将不同历史空间片断共时并置，如提倡"既传统又现代"，表现在时空意识上的矛盾对立。

解构主义的时空意识是裂解式的，它的空间"有意暴露结构的非稳态，以向结构稳定性质疑，或打破和谐统一的美学法则，用破碎和不完美的因素去开拓人们陌生的审美领域"。流动变化的时空意识，产生了"既永恒又短暂"的时空悖论，有效地消解了二元对立的时空意识。

在数字技术的影响下，当代建筑在时间与空间二者的关系上，消解了分离与对立的现象，而突出了时间这一维度。其时空意识不仅在空间上从现实转向虚拟，在时间上亦从追求永恒转向推崇短暂。空间的交迭、流动，时间的即时与永恒表达，这一切均可随设计者的感觉，随心所欲、不受限制和永远变化。

3.1.4　历史与未来

建筑作为一种存续在时空中的艺术，在建筑创作中，其价值观念对"过去""现在"与"未来"不同的时空观念倾斜，将导致不同的艺术效果。在建筑审美发展史中，人们可以发现不同时空观念所带来的各异的艺术痕迹。

例如，17～18世纪的西方古典主义注重历史性价值，崇尚古风是它们独特的标志。在它们的审美标准中，"古典"就意味着完美，而"非古典"则代表着一种虚伪。因此，它们用古典范式构筑了"永恒"的美学框架，在"比例"与"柱式"运用中寻求超越时空之美。

而20世纪初的未来主义则声称，19世纪的时空观已经陈腐，必须彻底予以打碎，因为"时间和空间已于昨天死亡"，它们关注时光的流逝，主张抛弃一切文化传统，提倡面向未来。

现代建筑崇尚理性，企图建立超越时空的美学框架的艺术特征。在设计中，激进时空观念与否定传统形式做法，表现出有别于法国学院派的做法；世界大同的文化观念和机器美学的理论框架，又使之在国际范围内开创了一种以功能主义为特征的艺术新风。

在当代建筑中，出现了风格各异的流派

和艺术形式，他们的历史观均有侧重，各领风骚。例如，后现代把目光转向过去，从传统文化、古典构件、城市文脉中寻找后工业时代人们失落的情感，在建筑中重新恢复时间的流逝和历史性主题，表现出借鉴历史传统，强调城市文脉，注重装饰等种种"复古"特征（图3-6）。他们用变形的古典柱式、断裂山花、拱心石等历史符号表现"怀旧"心理。如美国建筑师托马斯·戈登、史密斯设计的理查德与谢拉·朗格住宅，巧妙地利用地形曲线，并用两个椭圆形平台，组织南、北立面景观，整个住宅像一座洛可可教堂；P. 波特盖希（Paolo Portoghesi）借鉴巴洛克流畅的曲线，设计了进进出出欢快的墙面，以强调门窗的外表。格雷夫斯则借助模压塑性纹样、断裂的山花、拱心石、精细的框格、粗壮的柱子等构件，表达了怀旧的价值观。在"桥"的设计方案中，他采用帕拉第奥的建筑造型，同时借助隐喻象征手法——一双拱腕欲合又分的形象，表达了历史既统一又分割的内涵（图3-7）；断裂山花、

对称手法和人体引喻的应用，表明了作者的价值取向。然而，这种历史观并非要跨越时空去作全方位对应，其历史性主题亦非把过去的题材作为完美的模式来效行。

同样，在一些后现代建筑师那里，"历史"并不是供人重新发现或复制的东西，而是供人参与的对象。实际上，他们把"历史"作为人的直觉体验形式，在这种观念指导下，时间无所谓先后顺序。在这种历史观指导下，他们可运用各种历史词汇滥加拼贴，并期望在读者参与中"加以整合"。因此，后现代作品表现出既"传统"又"现代"的种种特性。

与后现代相反，高技建筑则把目光投向了未来。它基于实用主义的手法，同时又利用极端的逻辑性和极端强调交通线和力学特性，借助高技的艺术语言，倾向于自律性的美学框架，向人们提供未来的乐观承诺。

在这方面，解构主义在对待历史方面，表现出一种淡漠和超然的态度。作为一种"新现代主义"，它注意到了后现代对现代主义的批

图3-6　R.Bofill 使用绿色玻璃设计成多立克柱式

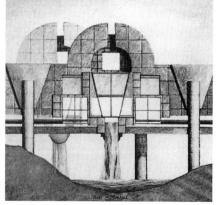

图3-7　"桥"文化中心

评。因此，对待传统，正像埃森曼指出的那样，"不反对作为一系列忘却的记忆"，但他们也厌恶后现代所要求的"怀旧"情调，认为"怀旧"可以导致"陈腐的审美"。后现代建筑师强调建筑设计应考虑历史文脉，然而解构主义建筑师却尖锐指出："文脉主义已被用来当作一种托词，为平庸，为常见的笨拙的平庸辩解。"因此，他们采取的是一种与现代主义和后现代主义均不同的姿态。在设计中，他们有时也借用历史构件，但这种借用是为了使之分裂、激化，是为了"在熟悉的文脉中寻找不熟悉的"题材。由此可见，多元的历史观造就了多样的审美追求，培育了多元的建筑审美观念。

3.2　建筑美的文化维度

建筑美学作为文化范畴的一个内容，是建筑审美文化的理论凝练与高度总结。它在普遍与特殊、国际性与地方性、传统与现代等诸多问题上，与一般的文化概念有着密切关联，极有必要加以深入探讨。

3.2.1　普遍性与特殊性

一方面，建筑是为人类提供生活和工作场所的一种技术产品，它具有满足普遍性的实用功能的特点，因此建筑应具有某些普遍性的特征；另一方面，作为一种存在于特定地域、要满足特定人群审美需求的艺术作品，它又带有艺术的个性与特殊性。因此，研究普遍性与特殊性的辩证关系，是建筑美学不可回避的一个哲学问题。

建筑艺术的普遍性是为了满足特定功能，

从而在空间构成、形式塑造、材料使用等建筑风格和艺术手法方面做出的类似回应。作为一种技术产品，建筑应对人类行为规律加以抽象和总结，从而使建筑塑造形式更具普遍性。从技术美学角度来说，建筑艺术抽象表达得越简单，应用得越广泛，艺术创造就越深刻，就更有科学价值。

而建筑艺术的特殊性表现在其具有反映文化、伦理和情感的内容。建筑艺术作为一种生活方式的承载体，带有地域的特征，它应当充分反映地域性、场所精神和民俗习惯，表达当地文化精华，用典型的艺术手法唤起人们的情感。它所唤起的情感越强烈，它就越有艺术魅力。因此，建筑艺术是普遍性与特殊性的辩证统一。

3.2.2　地域性与国际性

1）建筑的地域性与国际性

所谓地域性是指建筑所表现出有别于他处的地区特点；所谓国际性，是指建筑所表现出反映全球意识的文化和艺术特性，如建筑技术的通用与全球共享、风格趋同与特色消失、设计思潮的世界同步等都是其典型事例。

建筑的地域性是建筑与建造地点相关的自然、经济、技术和社会文化地理方面的关联，是某一地区的建筑有别于其他地区的特点。这一特性不仅反映在形式、风格、空间格局、使用材料、建筑色彩和建造工艺等外在形式结构方面，也反映在使用方式，以及隐喻、象征等深层文化结构方面（图3-8）。

建筑国际性的产生，是与科技的进步密不可分的。作为一种文化类型，建筑具有时空和

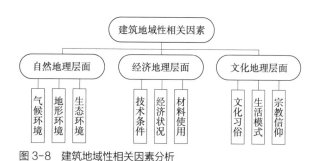

图 3-8 建筑地域性相关因素分析

地域特性，这是不同生活方式在建筑中的反映，同时，这种文化特性又与社会的发展水平相关。例如，在农业社会里，由于交通的不便和生产方式、经济结构等的不同，使传统建筑文化具有明显的地域性与民族性；但在工业社会中，随着交通工具的进步和经济的发展，特别是科技和信息传播的共享，使某些建筑文化成为"国际性"建筑文化。这种"国际性"，是在特定时期某一地域性、民族性文化的提炼、升华以及被广泛认同和接受的结果。

2）地域性与国际性的辩证关系

在全球化的社会中，随着经济、技术等的一体化和跨文化交流越来越频繁，建筑的地域性正发生很大的变化，建筑文化的国际性与地域性的关系呈现出辩证统一的态势。建筑文化中的国际性与地域性，并不存在二元对立的、不可调和的矛盾。作为一个特殊性与普遍性的文化内容，建筑文化的地域性与国际性是可以相互转化的，也就是说，地域性、民族性文化在一定条件下可以转化为国际性文化；同样，国际性文化也可以被吸收、融合为新的地域与民族文化，可以说，国际性与地域性是辩证的统一体。

事实上，在人类文化交流史中，一些优秀的民族性文化不断突破地域限制，转化为国际性文化。例如，在服装中，西服已经成为世界性服装；原产于美国西部的牛仔裤，也受到各国的喜爱而成为国际性服饰。在建筑历史的长河中，一些伊斯兰、佛教和基督教建筑文化，以及发源于欧洲的现代建筑，也不断突破地域的限制，成为或部分成为国际性建筑文化。

从发展的角度来看，地域性建筑作为一个文化生态系统，有其新陈代谢的规律，它将随着历史的发展而发展。因此，随着全球意识的兴起，摒弃封闭落后的功能模式，变革与现代生活方式不相适应的部分，大力改造地域性技术与现代施工方式相矛盾的状况，努力寻求地域文化与全球意识的结合点，把人类优秀的传统文化融会于现代建筑文化之中，使地域性建筑文化中优秀的部分不断地转化为国际性建筑文化，这是当代建筑师所要解决的重要问题。

同样，国际性文化和其他外来的民族文化，也应在跨文化的交流中，不断被吸收、融合为新的地域性文化，从而使国际性与本土文化相互作用，促进文化交流和发展，丰富建筑作品的文化内涵。例如，日本不少现代建筑，既采用了先进的工业化技术，又有浓郁的地方和民族特色。日本建筑师原广司设计的"大和世界"，在世界各地聚落形式的表现与交融中塑造当代日本的建筑文化，其作品充满现代建筑的美学魅力，而又体现传统日本文化对于外来文化的包容与吸收的精神（图 3-9）。再如，瑞士建筑师马里奥·博塔（Mario Botta）设计的旧金山现代艺术博物馆，将抽象、清晰的现代建筑形式，与当地地域性文化完美地结合在一起，表现出对历史传统的尊重，对地域文化的深度

图 3-9 原广司设计的"大和世界"

图 3-10 旧金山现代艺术博物馆

挖掘，以及对现代主义批判地继承，使其创造了一种新的地域性建筑文化（图 3-10）。

3.2.3 继承性与创新性

传统建筑文化的继承与当代创新也是建筑美学中的一个哲学问题。所谓"传统"是指"由历史沿传下来的思想、道德、风俗、艺术、制度等"。[①] 传统文化（Traditional Culture）在《中国大百科全书》中，被解释为："它是一个文化体系中本来就有，且通过世代流传下来的那些文化元素和文化集丛。"[②]

传统文化有广义与狭义之分。由于文化是人类社会的一份遗产，每一代人只能从上一代人那里继承这份遗产，因此，广义上所有文化都是传统文化。但实际中，为更明确地界定传统文化，引出狭义上的界定，狭义上专指工业社会以前的文化，即文化中更古老的部分，如世世代代相传的民风、民俗、民德等部分。

传统文化具有历史的连续性，是过去若干代的文化积累。经历多久始为传统文化，学术界似无明确的界定。不过，参照历史学对人类历史的分期，以及社会学界对传统社会与现代社会的划分，可以把人类进入工业社会以前的文化称作传统文化，把工业社会以来产生的文化称作现代文化。

传统是历史的产物，是构成建筑文化的时间性因素，它包含了物质和精神形态方面的内容。在构成上，传统文化是一个由多种要素组成的综合体，它包括政治、经济、文化艺术、民俗、宗教、科技等内容；在表现形式上，有主流文化和亚文化、隐性和显性文化多种形式；从性质上说有优秀文化和糟粕文化之分。

综观历史，建筑文化是一个不断发展的连续过程，在这一过程中建筑形式在不断地发生变化。建筑文化作为传统与现代、内在与外来文化因素的混合体，它们在传播、混合过程中得以延续和发展，并产生新的文化模式。

在建筑创新中，传统如同建筑的土壤，只有扎根于这一文化土壤，方能吸收外来文化的养料，它"不仅可以在不断演进的当代世界文化中起到平衡点的作用，而且也可以根据自己的速度和节奏来筛选融合各种变化"，[③] 为当代

① 转引自《辞海》。
② 北京东方鼎电子有限公司. 中国大百科全书光盘(1.1 版):社会学卷 [EB/CD]. 北京：中国大百科全书出版社，2000.
③ 林少伟,单军. 当代乡土——一种多元化世界的建筑观[J]. 世界建筑，1998（1）：3-5.

建筑创作注入活力。

在建筑文化这一系统中，每一历史时期的文化发展都是在传统文化继承与创新的交互作用中进行的。建筑文化的创新，实际上是人们为了当代生活的需要，主动选择某些有现实意义的文化素材，并摒弃和排除不利因素的结果。

在对待传统与创新的关系问题上，格罗皮乌斯认为，应该寻找新的价值观，以表达新时代的思想和情感。他认为"历史表明，美的观念随着思想和技术的进步而改变，谁要是以为自己发现了永恒的美，他就一定会陷于模仿和停滞不前，真正的传统是不断前进的产物，它的本质是运动的，不是静止的"。

这是因为，随着历史的发展，传统文化的某些部分会僵化、会过时，因而在建筑创作中，必须努力发掘传统文化中的精华，即将传统文化中代表民族文化特性的成分，具有审视功能、批判功能、创造能力的文化精神继承下来，重新发现、深入发掘而加以利用，使之成为现代建筑文化的一个内容；同时，及时地抛弃不适应时代发展的部分，在不断地批判与继承中，发展新的建筑文化。因此，传统总是处在一种动态的演变和创造的过程之中。

在继承与创新问题上，随着历史的发展，传统的各种文化构成要素往往会发生很大的变化——有的从主流地位变为从属地位，从主要因素变为次要因素，从显性结构变为隐性结构，有的因素甚至被人遗忘。同样，随着社会的变迁和生活方式的改变，文化的不同要素的作用将会发生根本性变化。有些传统文化中居次要地位的文化内容，有可能会在现代建筑创作中发挥重大作用，而原本居主导地位的文化要素的地位则会丧失。对待传统文化，必须坚持继承与创新相结合的精神，即继承发展传统文化中具有生命力的文化精神，摒弃传统文化僵硬的形式部分，在继承与创新的辩证统一中，发展当代建筑文化。

3.3 建筑美的表现形态

建筑美有各种表现形态，例如，优美、崇高、典雅、高贵、素朴、浪漫等属于肯定性美学范畴的表现形态；同时，也有丑陋、卑劣、粗俗、破败、滑稽、怪诞、平庸等属于否定性美学范畴的表现形态，后者在一定条件下仍具有审美价值，且在当代大有与前者并驾齐驱的趋势。

3.3.1 优美与丑陋

1）优美

（1）"优美"的含义

优美是美的表现形态之一，一般指在表现形态上具有轻盈、灵巧、柔和、细腻、圆滑、精致等特征的事物。它是本身排除了丑，并与自身之外的丑相比较而存在的美的形态。

优美是与壮美和崇高相区别的一个美学范畴，它主要以自然事物和现象的形式来体现人在处理与自然关系的实践创造中所实现的自由。也就是说，当一个自然的现象和事物被人们把握了它的规律，用来实现超越了实用的、认知的、道德的直接功利目的，成为体现某一群体共识的、公共的审美目的时，它就是优美。像人体之美、山水之美、花鸟之美……这种美主要以自然现象和事物的物质结构（形状、大小、颜色、质地、状态、比例、对称、和谐等）来显现人的实践。

对于优美这个美的特殊形态，历史上的美学家有过许多论述。英国的美学家博克认为，优美的对象"比较小"，"必须是平滑光亮的"，"必须避开直线条，然而又必须缓慢地偏离直线"，"必须不是朦胧模糊的"，"必须是轻巧而娇柔的"，优美的美感是"以快感为基础的"。[1]里普斯认为，"真正的优美具有大度，它还具有稳静和深沉"。[2]我国清代的姚鼐更具体描绘了柔性美的形状，认为"其停于阴与柔之美者，则其文如升初日，如清风，如云，如霞，如烟，如幽林曲涧……"。[3]

秀丽也是与优美相近的一种美感的形态，又称秀美、秀婉、柔性美。它是以和谐、均衡、自由、统一为特征的、偏于静态的美。秀丽的美感，是一种调和的混合情绪活动。在这里，美的对象既引起美感的愉快，又引起感性的或其他精神的愉快，整个说来都是愉快的、一致的、调和的。如"杨柳岸、晓风残月"的景色，"间关莺语花底滑，幽咽泉流水下滩"的乐音，对欣赏者所产生的都是秀丽的美感。其形式一般较为细致、娇弱、光滑、轻盈、灵巧，能给人以柔和、愉悦和舒适的感受。它最根本的美学特性是和谐，这体现在主、客体的统一关系中，表现为合目的性的理想与合规律性的类别的完满交融，还明显地体现在优美的对象内容与形式的统一关系上。

（2）不同领域的"优美"

优美的事物所产生的美感效应是一种亲切、轻松、舒坦、宁静的心境。同时，优美在不同的领域有其各自的具体特性。

自然中的优美，偏重于形式。大自然中的晓风朗月、青山绿水、奇花异草、珍禽稀兽，都使人感受到自然的优美。多样统一的形式美是自然中优美的重要构成因素，它以形式的优美显现于具体的现象形态之中，是人的实践活动和自然规律之间处于和谐一致的集中体现。

社会生活中的优美，则偏重于内容，突出地体现着真与善的和谐统一，人的美和人的社会实践活动的美，虽也涉及形式美，但内容的优美始终居于优势地位。

艺术中的优美，是自然和社会领域中的优美的艺术反映。艺术家针对不同描写对象的特点和特定艺术环境的需要，进行个性不同的艺术处理，在不同艺术门类中创造出多种多样、丰姿各异的优美形象，集中而又鲜明地显示出优美的审美特性，如优雅的仕女图、婉约风格的抒情诗、舒缓节奏的抒情乐曲、女性婀娜体态美等。

科学中的优美建筑于自然美的基础上，它的实质在于反映自然界的和谐，这种和谐是来源于自然美并能为我们理智所领会的一种和谐。如在《爱因斯坦文集》中，古希腊欧几里得的《几何原本》被誉为"科学史上的艺术品"，爱因斯坦曾称赞玻尔所提出的原子中的电子壳层模型及其定律是"思想领域中最高的音乐神

---

① 古典文艺理论论丛委员会.古典文艺理论论丛：第5册[M].北京：人民文学出版社，1983：61-65.
② 古典文艺理论论丛委员会.古典文艺理论译丛：第7册[M].北京：人民文学出版社，1964：80-81.
③ （清）姚鼐.《复鲁絜非书》.

韵"，曾惊叹迈克尔逊—莫雷实验（Michelson-Morley Experiment）"所使用方法的精湛"和"实验本身的优美"。①

（3）"优美"之于建筑

建筑是科学与艺术的综合体，它既是社会文化的具象体现，又在一定程度上可以看成是自然的抽象表现。建筑中的优美有形式与内容两方面的特性，它可以看成是建筑各个元素所组成的和谐。这种优美也是建筑最主要的表现形态和追求目标。"优美"在建筑中的体现比比皆是，从形体的塑造到对空间的追求，这种优美是一种我们所能感受到的和谐。

古希腊美学一个主要的观念就是，人体是最美的东西。他们认为，再没有比人类的形体更优美更完善的东西，因此，他们把人优美的形体赋予他们的神灵。古希腊柱式都以人为尺度，以人体美为其风格的根本依据，它们的造型可以说是人的风度、形态、容颜、举止美的艺术显现，而它们的比例与规范，则可以说是人体比例、结构规律的形象体现。它们表现了人作为万物之灵的自豪与高贵，具有一种生机盎然的优美（图3-11）。

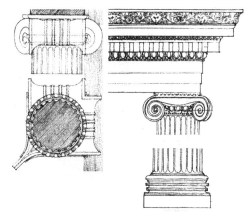

图3-11 古希腊爱奥尼柱式

而贝聿铭设计的美秀美术馆，则是现代建筑中体现"优美"的力作（图3-12）。这座美术馆坐落在群山环抱、风景秀美的自然保护区内，在设计中，贝聿铭以梦幻般的序列过程提升了这个环境，使来访者沉浸在这个自然界无限美妙的胜境中，缓缓进入的序列魔法般地展开，将建筑物隐藏在地形中，创造出中国山水画似的效果，景观若隐若现。在美术馆的屋顶设计中，钟情自然光的贝聿铭选择用玻璃来表现屋顶，他巧妙地在歇山屋面所有垂直部分没

图3-12 贝聿铭设计的美秀美术馆

有采用格栅玻璃而采用与墙体门窗同样的无色透明玻璃，在阳光的变化下，清晰的影子活泼地跳动着，穿插于朦胧的格栅影子之间，给人以优美的感受。

2）丑陋

（1）"丑陋"概说

丑在本质上就是人类社会生活中无价值的东西，而将其表现出来则是为了对丑的否定。丑陋的基本特性包括了：首先，它总是使人们产生不快感。这是由于其在内容上表现的是对生活的否定，与人们对美好生活的追求相对立。

① （美）阿尔伯特·爱因斯坦.爱因斯坦文集：第一卷[M].
许良英，范岱年，译.北京：商务印书馆，1976.

在形式上，则表现出一种畸形结构，与审美主体感官趋向相反。其次，丑是事物的变态。丑的东西都是违反正常发展规律和构造规律的东西。在丑的身上以否定的形式表现着美所肯定的内容。因此，丑在艺术中，经过艺术家的处理，也可以成为审美活动的对象。"化丑为美"是艺术创作中的一条法则。正如罗丹所说："在自然中一般人所谓的'丑'在艺术中能变成非常的美。"

丑的美学价值在很早就有人关注到了。雨果认为，借由对丑怪事物的描绘，我们可以取得崇高的效果，他在《克伦威尔》一书序中就说："丑就在美的旁边，畸形靠近着优美，粗俗藏在崇高的后面，恶与善并存，黑暗与光明同在。"而德国的魏塞则认为：艺术中的丑具有积极意义。如收藏在伦敦国立美术馆的昆丁·马西斯的肖像画《丑公爵夫人》，画中的公爵夫人得了一种骨骼畸形的病，导致上颌变大，前额下巴变形，但是令人惊异的是，这幅画的明信片是美术馆纪念品店里卖得最畅销的。这个令人费解的情形，大概能说明，"丑"并不一定是令人厌恶和排斥的，这种不加修饰真实的呈现自有他的美学魅力（图3-13）。卢森克兰茨于1852年出版了《丑的美学》一书，并发展了魏塞的思想。他认为，虽然近现代研究丑者不乏其人，但把美视为"正"、丑视为"反"而加以比较研究者寥若晨星，在界定美时，人们往往忽视了美与丑的区别。如车尔尼雪夫斯基提出的"美是生活"，狄德罗提出的"美是关系"，蔡仪提出的"美是典型"等概念，都有美与丑的概念不分之嫌。人类生活丰富多彩，在任何时代都有美的生活与丑的生活。人与环境的关系，除了有和谐共存的美的关系之外，生态破坏、环境污染等都属于丑的关系。此外，美与丑两者的关系并不只限于审美关系一种，认识关系、意识关系都不一定是美的关系。至于典型，众所周知，可以有美的典型，也可以有丑的典型。

以上说明，美学虽然注意到了丑，但是，仍然缺乏系统的理论研究。美学上的这种情况对建筑界也有一定的影响。

（2）"丑陋"之于建筑

建筑领域的美其相对的一面——建筑丑，是同样具有价值而且不容忽视的。长期以来，忽视建筑丑的人只讲究美观，而不重视建筑美的审美范畴的价值。例如，崇高、宏伟、秀雅、高贵、素朴、愉悦、哀婉、浪漫、梦幻、惊恐、粗犷、破败、粗拙、滑稽、稚气、怪诞、平庸等，这些都不属于美的范畴，但其中有些在一定条件下仍具有审美价值。

在西方，有人将审美价值与食物的营养价值做了类比。甜美可口者固然有营养，而事实上酸、苦、辣的食品也有丰富的营养。文丘里

图3-13 丑公爵夫人

与布朗、伊仁诺合写的《向拉斯韦加斯学习》一书就针对"英雄性和创造性的建筑"，提出了丑和平庸的建筑的概念，并说明丑与平庸往往也有它的审美价值。建筑艺术必然要求美观，所以，我们通常把它称之为美的建筑。但事实上，有些美观的建筑并非艺术品，而另外一些建筑虽然不美，却是真正的建筑艺术。现代建筑中不美的建筑艺术不乏其例。它说明，人们的建筑审美观和审美领域都在发展和拓宽。例如，与讲求技术精美而使用钢和玻璃体现轻盈、优雅、晶莹、端庄的建筑风格不同，勒·柯布西耶的马赛公寓大楼与昌迪加尔行政中心（图3-14），注重经济性与因地制宜，使用不修边幅的钢筋混凝土，从而体现出一种毛糙、沉重与粗鲁感。虽然毛糙、沉重、粗鲁与轻盈、优雅、端庄相比并不美，但正像提出粗野主义这个概念的史密森所说："假如不把粗野主义试图客观地对待现实这回事考虑进去——社会

图3-14　昌迪加尔法院门廊

文化的种种目的，其近切性、技术等——任何关于粗野主义的讨论都是不中要害的。粗野主义者想要面对一个大量生产的社会，并想从目前存在着的混乱的强大力量中，牵引出一阵粗鲁的诗意来。"这说明"粗野主义"不单是一个形式问题，而是同当时社会的现实要求与条件有关的。

由此看来，创造建筑的美与避免建筑的丑是一个问题的两个方面。建筑美学理论研究应当同时抓住问题的两面：既要研究建筑美的规律，也要专门研究建筑丑的意义。有比较才有鉴别，有鉴别才有发展。为了避免建筑丑，还有一种积极的办法值得注意，那就是把建筑丑转化为建筑美，也就是我们下面讲到的建筑丑与美的转化。

3）建筑丑与美的转化

建筑美的相对性本身就说明：建筑美与丑在一定条件下可以相互转化。有时丑还可以看作是美的陪衬与点缀，而大智若愚、大圆若缺等词语，则说明了美与丑、完美与残缺是相互依存的关系。因此，建筑创作中经常会遇到这样一个任务：创造一定的条件，使建筑丑转化为建筑美。通常情况下有三种常见的转化方法：时空转化、求极转化、艺术转化。[①]

（1）时空转化

由于时间、空间条件发生变化而致使建筑丑与美的相互转化，叫作时空转化。

"时间转化是指经历一段的时间后，建筑的美与丑出现了相互转化。例如，原始建筑之粗犷，古建筑之破旧，使人们感到美；现在认为是很时髦的建筑，经历一段时间，变得不时髦了"[②]等，都与经历的时间有关。而19世纪

①② 邓焱.建筑艺术论[M].合肥：安徽教育出版社，1991：41，42.

上半叶在欧美兴起的集仿主义思潮，是任意模仿历史上的各种风格，或自由组合各种式样。集仿主义建筑师将古希腊、古罗马、拜占庭、中世纪、文艺复兴和东方情调的各式各样融会于自己的建筑作品里，以求摆脱一脉相承的谱系，创造不同于当时时代的建筑风格。同样的，后现代主义建筑师也注意到了时间转化的道理，提出可以在历史的仓库中任意挑拣。有一些后现代主义建筑正是在新的建筑中加上了一些过了时的东西。在建成的初期，巴黎的埃菲尔铁塔被斥之为无用的、荒谬的怪物，人们甚至起哄要拆掉这钢铁异端，可现在，它却成巴黎人引以为骄傲的城市标志之一，无用成为有用，丑陋也转换为雄伟与壮美了（图 3-15）。人们对埃菲尔铁塔这种审美转变就是时间转化的结果。天津的五大道地区曾经是各国的租界

区，在过去被视为帝国主义经济侵略留下的"罪恶"，而如今，这里却因为风貌建筑众多、保存完整、建筑风格多样以及体现出的中西文化的冲突、交融而著名，被称为"万国建筑博览"（图 3-16）。从某种意义上说，时间淡化了外加在天津五大道地区的伦理判断，而其建筑本身的魅力随着时间的推移展现了出来。

空间转化是指变换一下地方，使建筑的美与丑将会出现相互转化。在建筑创作中，做转化工作的关键就在于创造一定的条件。自然界中常见的天然石、废钢筋、怪松、树根、小竹、清泉等，在其原来的环境中都是毫不起眼甚至是无用的，但经过移植并创造一定条件处理之后，在其他地方它们的审美价值会倍增。显然，如其原初的价值越低，所增价值也就越高。如赫尔佐格和德·梅隆在美国加利福尼亚州的道

图 3-15　埃菲尔铁塔

图 3-16　天津五大道

图 3-17　道密纽斯酒厂立面

图 3-18　郑板桥《柱石图》

密纽斯酒厂的设计中，突发奇想地将当地的一种黑绿色玄武岩装进预先编织的金属笼内，形成了建筑的一层特殊"皮肤"，这不仅使建筑与自然环境完美地结合在一起，而且重要的是根据气候条件、酒厂需要，石头被填充得或多或少，这就使许多零零碎碎的光透过石头的缝隙射入室内，在墙上和地上形成光怪陆离的光斑。在这里，石头和光相互作用，石头进一步去表现和塑造了光（图 3-17）。

（2）求极转化

"在建筑创作中，从一种形式变为另一种与之有对比或相反的形式，追求事物之极或向事物的反面发展，往往可以促使丑与美相互转化。"[①] 也就是有的艺术家提出的：丑到极处，便是美到极处的概念。

中国园林建筑艺术经常点缀丑石、丑山、丑树等风景要素。而中国文人欣赏怪石的传统自古有之，如郑板桥就认为，在他的画面上出现的石头并不一定是"美石"。他自己也谈到，

就是要让人们欣赏其"丑而雄，丑而秀"的尊容（图 3-18）。如黄山有名称可指的怪石多达120 余处。它们因以酷似的形态和优美的神话传说结合在一起，使得个个有画的蕴含、诗的韵味，可谓形神兼备，给人以艺术美的享受，令人神往。在欧洲建筑史上，巴洛克建筑自有其"艺术丑"的一面，故而被判为"畸异珍珠""怪诞肉瘤"。而高迪在米拉公寓房顶上，把烟囱和通风管道设计成了离奇、狰狞、古怪的形状，有的像披上全副盔甲的军士，有的像神话中的怪兽，有的像教堂的大钟（图 3-19）。不止如此，米拉公寓里里外外都显得非常怪异，甚至有些荒诞不经。米拉公寓的屋顶高低错落，墙面凹凸不平，到处可见蜿蜒起伏的曲线，整座大楼宛如波涛汹涌的海面，富于动感。但高迪却认为，"这房子的奇特造型将与巴塞罗那四周千姿百态的群山相呼应"，这是他建造的最好的房子，他觉得，那是"用自然主义手法在建筑上体现浪漫主义和反传统精神最有说服力的作

① 邓焱. 建筑艺术论 [M]. 合肥：安徽教育出版社，1991：43.

图 3-19　米拉公寓屋顶细部

图 3-20　保留了原有厂房元素与表皮材质的棉三创意街区

品"。当代建筑师有时会利用反讽的策略，使用对传统建筑形式戏拟的手法，来嘲笑、反讽成功常规建筑的意义和空间。在特定含义和特定条件下，以"反建筑""反抽象"的畸异丑形，显示出独特的艺术效果。

（3）艺术转化

"在现实的人造环境中，建筑美与丑相对立而存在着，要想把丑完全消灭，是不可能的，因此，积极的办法是做转化工作，把现实中的建筑丑加以利用，转化为建筑艺术美。对于美与丑的艺术转化，不同的美学家见仁见智：亚里士多德认为，艺术可以化自然丑为艺术美。法国著名诗人、美学家、文艺批评家布瓦洛说，任何丑恶的事物经艺术摹拟出来，都能供人欣赏。德国哲学家莱布尼茨则认为，艺术中的丑可以陪衬与突出美；德国哲学家、美学之父鲍姆加登说，丑的事物在艺术中可以用美的方式去认识或反映。而罗丹在论艺术时提到，艺术必须表现性格，自然中的丑往往比美更能暴露性格。所以，他认为自然中的丑在艺术中能变得非常美。"[①]

在建筑艺术创作中，有许多把丑转化为艺术美的例子。天津水晶城所在的位置原来是"天津市玻璃厂"，破旧的厂区中遗留着老厂房、旧铁架、废弃的钢轨以及 600 多棵树木（图 3-20）。如何能够变废为宝，保存这块区域原有的历史印记，成为规划与建筑设计的关键。经过艺术转化处理，这些难得的历史资源被保留下来，并在设计中加以巧妙运用：原有的巨大厂房改造成了通透的会所；尘封的废弃铁路被保留在玻璃地板底下；有记忆的水塔在现代建筑材料的装饰下焕然一新……而法国的蓬皮杜艺术文化中心，第一眼看去，与周围的古典建筑相比，它无疑是丑的。裸露的管道、线路等，活似一头剥了皮把所有器官暴露在外的怪兽，可它却是典型的后现代艺术作品（图 3-21）。建筑师之所以把这个中心的所有服务设施，包括水管、电梯、电动扶梯、空调

①　邓焱.建筑艺术论[M].合肥：安徽教育出版社，1991：44.

等全装到了外部，正是保证了建筑物内部每一层都能有一个连续的、宽大的展出空间，让观众不感到狭窄，为之舒畅，久而久之，这一理念深入人心，于是，人们也就不觉得它是一个"怪兽"了，而它内部之美更为人们交口称赞。这些都是经过艺术转化使得丑与美得到转化的例子。

图 3-21　蓬皮杜艺术文化中心

图 3-22　贝纳通艺术研究中心柱列

在旧建筑的改造、保护与再利用中有许多通过艺术转换使原有的老旧、破败的建筑与街区焕发青春的例子。贝纳通艺术研究中心是设计师安藤忠雄在意大利的又一个改造项目（图 3-22）。工程的初衷是修复一座 17 世纪帕拉第奥式的别墅。设计师安藤忠雄充分考虑到了建筑本来所处的地理位置——特雷维索郊区独特的田园风情以及风格特征，他要通过设计使这样一个具有很强历史文脉的建筑重获新生。新建筑的目的是重现旧别墅的魅力和生机，在整体的和谐中使新旧元素结合超越时间限定，相互催化。在保留旧建筑的同时，新建筑的主要结构都尽量安排到地下。新建筑将老建筑从沉睡中唤醒了，从而激发出其新的视觉活力。

3.3.2　崇高与卑劣

1）崇高

（1）对"崇高"的研究

"崇高"是美学的范畴之一。在客观现实中，体积上表现巨大巍峨或精神上表现雄浑，令人惊心动魄、心向神往的审美对象，都是崇高。在审美主体与审美客体的关系中，它以客体压倒主体为外表特征，而实质则是受到压抑的主体，充分激发起自身的本质力，转而征服或超越客体。这种崇高的美，通常具有巨大的外在形象，它们表现着无比丰富而充实的社会生活内容。

在西方美学史中，古代罗马的朗吉努斯在《论崇高风格》一文中，最早提出崇高这一美学概念并加以阐述。但他更多地从文章风格上论述了崇高，而较少地把崇高作为一个审美范畴来提出。而人们开始普遍重视崇高这一美学概念，是在 18 世纪资产阶级革命兴起时。英国的博克在《论崇高与美两种观念的根源》一书中进一步论述了崇高，他第一个把崇高视为和优美对立的审美范畴。他认为优美和崇高"确实是性质十分不同的观念，后者以痛感为基础，而前者则以快感为基础。"博克的论述很大程度上仍停留在经验性的解释和描述上，且多从生理、心理角度置论，缺乏理论深度。但是他关于优美与崇高相区别的思想对康德产生了很大的影响。德国哲学家康德在《判断力批判》一书中，进一步从哲学上分析了崇高与美的差异，确立了崇高在美学中的独特地位。他认为崇高与美的最重要区别在于美可以在对象的形式中找到，而崇高只能在主观的心灵中找到。对于崇高，人们无法从感觉上把握它的表象形式，只能借助超感官的理性的能力，从主体的内心中激发出来。康德把崇高分为"数量的崇高"和"力量的崇高"两类，又认为"真正的崇高只能在批判者心情中寻找，而不是在自然对象里"，这强调了崇高的主观性，但同时又把崇高说成是纯粹心灵活动的产物，从而陷入了主观唯心主义。

在中国，先秦时期就有"大"这一美的形态："大哉尧之为君也！巍巍乎！唯天为大，唯尧则之。荡荡乎，民无能名焉。巍巍乎其有成功也，焕乎其有文章！"（《论语·泰伯》）孟子还对"美"和"大"加以区分，"充实之谓美，充实而有光辉之谓大"（《孟子·尽心章句下》）。唐代司空图把"大用外排，真体内充"的"雄浑"意境列为二十四诗品之一。清朝文人提出"阳刚之美"与"阴柔之美"两相区别的概念，并做了具体描述。建安文人也崇尚的

阳刚之美、悲慨之气，是一种属于"崇高"范畴的美。而国内目前对崇高大致有两种不同的看法：一种是传统的由朱光潜先生确立的，认为崇高与优美一样，是自古存在的。朱光潜先生把悲剧感划入崇高感的一种，他认为当崇高对象令人感到怜悯的时候，悲剧感就产生了，但悲剧感是崇高感的一种形式，"它与其他各类崇高不同之处在于它用怜悯来缓和恐惧"，但它又"与其他各种崇高一样具有令人生畏而又使人振奋鼓舞的力量"。还有一种看法是由周来祥先生提出并以他为代表的，其他持这种观点的多为他的弟子。他认为崇高是一个历史范畴，无论西方，还是中国，在古代都没有近代意义上的崇高。中国古代"中和为美"，虽有壮美与优美（即阳刚之美与阴柔之美）之分，但壮美并不是近代意义上的崇高，而是和谐之美的一种形态。

（2）"崇高"的特性与表现

崇高具有如下的特性：

①崇高的事物总是具有雄伟的气魄、强劲的气势，也就是一股不可遏制的力量，对主体心灵有一股冲击力。

②崇高的事物往往突破形式美的规律，代之以人们不大常见的、感官一时难以适应的形式出现，以造成对感官知觉的强烈刺激、否定和痛苦，使人们必须诉诸理性去把握它。

③崇高往往表现为主客体的对立，取冲突的状态，使运动中的壮举呈现一种动态的美。它表现为实践的严峻过程，表现出实践对现实的艰巨斗争，最终达到了艰难的克服。

④崇高在审美主体身上所造成的美感效果是惊惧、惊羡、崇敬和强烈的振奋情绪。从不

快转化为快感。随着惊惧→惊羡→崇敬→振奋，情感被提高。巨大的伦理情感和深邃的哲理思维的渗透、交融，成为崇高快感的特色。崇高感的产生更多地依靠理性，更多地注重对象的内在精神气魄、对象的善的内容。类型有力量的崇高和数量的崇高。前者诸如暴风雨的美、英雄人物的美等；后者如浩瀚的海洋、巍峨的高山等。艺术作品中的崇高形象是对自然界崇高事物的反映（图 3-23）。

自然界的崇高以其数量和力量上的巨人，令人惊讶、激动和赞叹。而艺术中的崇高，是以悲剧为代表，给人以强烈的冲击，以至引起亚里士多德所说的"恐惧和怜悯"的感情。但不管哪一种崇高，它们都是经过困难的克服，然后从痛感中所获得的一种快感。它们都表现了人自身力量的伟大和战胜一切的自豪感，具有荡涤庸俗、催人向上的美学意义。

"崇高在自然的事物中找不到，它只能在我们自己的观念中找到"，"只能涉及理性的观念"。黑格尔把崇高分为两种：数学的崇高，如高山的体积；力学的崇高，如暴风雨的气势。他从"理念"出发，认为崇高是"观念压倒形式"，

是绝对理念大于感性形式，"用来表现的形象就被所表现的内容消灭掉了，内容的表现同时也就是对表现的否定，这就是崇高的特征"。

（3）"崇高"之于建筑

从古代开始，人们就有崇高的理念，东方的高台、塔刹，西方的方尖碑、教堂神庙，都反映了统治阶级的某种需求，这种物质需求以高楼作为一种标志而实现。旧约圣经（创世纪 11 章）有诺亚子孙在巴比伦平原上建造通天塔，因触神怒而不成功的传说（图 3-24）。我国的《新序》中也有魏欲筑中天之台的记载，最后也是了解到这是一个狂想而罢。在建筑中，"崇高"会带给人心灵的冲击感，或者感官的刺激，给人以震惊、崇敬、振奋等的感受。"崇高"不受有限形式的限制，常常表现为没有形式的粗犷、刚健、激荡，甚至骚乱和狂怪。建筑中的崇高还表现为刚健，也就是刚强、雄伟的建筑风格形态。刚健的建筑作品，气势豪迈壮阔，感情奔放激烈，境界雄奇浑厚，具有阳刚之美。

崇高的建筑最直接的表达就是高层与超高层建筑了。高层建筑形式在古代就已有了，早

图 3-23 自然界中崇高的形象

图 3-24 巴比伦通天塔

图 3-25 空中花园

在公元前五百多年的古巴比伦曾经建造了现在号称世界七大奇迹之一的"空中花园",根据记载,其形式非常之华丽壮观,放置在任何空间之中都可以说是一道绝美的风景(图 3-25)。近代随着科学技术的发展,尤其是钢铁、电梯的出现以及后来钢筋混凝土的应用,为高层建筑发展创造了前所未有的机遇,高层建筑也成为城市空间中一道独特的风景,其中以美国的高层建筑发展最为活跃,如 1885 年的芝加哥家庭保险大楼被公认为第一幢摩天建筑(图 3-26),而纽约的曼哈顿区更是高楼云集、高层建筑鳞次栉比,各大财团纷纷宣布建成世界最高大厦。目前,这种"摩天大楼情结"早已传播到了世界各地,各国纷纷向第一高度挑战。超高层建筑带给人的崇高、雄伟、挺拔的震撼,以及兴建超高层建筑所需要技术与资金实力,使得超高层建筑的兴建成为一个城市甚至国家自身实力的象征。如最近刚刚建成的上海环球金融中心是以办公为主,集商贸、宾馆、观光、会议等设施于一体的综合型大厦,总建筑面积达到 $3.816 \times 10^5 m^2$,建筑地上 101 层,地下 3 层,建筑主体高度达 492m,比之前中国第一高楼金茂大厦还要高 72m(图 3-27)当今的超高层建筑设计,除了关注自身的造型、景观、结构、安全问题以外,还尤其关注建筑本身的节能、生态与可持续性。而在"建筑—区域—城市"协同发展的理念下,超高层建筑还应该对改善城市微环境、维护城市生态环境起到一定正面作用。

图 3-26 芝加哥家庭保险大楼

图 3-27 包括上海环球金融中心大厦在内的陆家嘴金融区

2）卑劣

从美学范畴上来讲，卑劣是以性格怪僻反常的言行与形象来体现人的反自由。当有些人的言论与行为违反了人性、人的本质要求和言行规律，也违背了正常人的生存和发展的常规性，从而成为破坏正常的人际生活交往的言行时，这种言行形象就是一种卑劣。

作为"崇高"的对立面，在建筑领域"卑劣"的艺术表现形态，可以理解为对历史题材的"愚弄"。如在后现代时期，为了迎合人们日益增长的怀旧情绪，后现代的建筑作品中大量使用现代建筑之前的历史形式，包括了复古的、折中的、截取的符号与片段。但一部分建筑师在运用历史题材的时候，则是将城市的历史片段或传统建筑符号进行任意的拼贴或随意的变形，以戏谑传统文化范本的形式，对抗现代建筑理想化的形式与正统的意义。查尔斯·摩尔设计的美国新奥尔良市的意大利广场是美国后现代主义的代表作（图3-28、图3-29）。1973年，

市政当局决定在该市意裔居民集中的地区建造意大利广场。意大利广场中心部分开敞，一侧有祭台，祭台两侧有数条弧形的由柱子与檐部组成的单片"柱廊"，前后错落，高低不等。这些"柱廊"上的柱子分别采用不同的罗马柱式。经过变形的古典柱式和历史片断以及后现代式的舞台布景通过反讽的手法被戏剧般地糅合在一起，拼贴成失去和谐统一的整体，令人真伪不分，雅俗莫辨。新奥尔良市的意裔居民多源自西西里岛，整个广场就以地图模型中的西西里岛为中心。广场铺地材料组成一圈圈的同心圆，即以西西里岛为中心。建成后，意裔居民常在这里举行庆典仪式和聚会。它同时也是一处休憩场所，受到群众的欢迎，成为疯狂与杂乱的节日庆典景观，但建筑界对它贬褒不一。有人认为：建筑难得使人产生快乐、浪漫、高兴和有爱的感情，意大利广场是难得的作品之一；也有人认为，喷泉是一连串的玩闹，总体来说，它不过是后现代主义的一出滑稽戏。意

图3-28　意大利广场

图3-29　意大利广场平面

大利广场在愚弄历史题材的同时，也反驳了注重抽象性与纪念性的现代主义精神。

3.3.3 典雅与粗俗

1）典雅

（1）"典雅"的概念

典雅是美的现象形态之一。"典雅"，原意谓文章或文辞有典据而雅驯，文章或文辞在汉代以符合儒家经典，谓之"典雅"。"典据"指文章符合儒家经典，精神具备"和"的品质。汉后，在言说领域，不见直接说"和"，而谓"典雅"。它与粗俗、浅率、板滞、艰深、险怪相反，倾向文雅、端庄、畅达、古朴、明朗的意境，具有文质彬彬、古色古香的气派。如古希腊的雕塑、文艺复兴时期意大利的绘画，以及我国殷周时期的青铜器以及《诗经》中的"雅"和"颂"等，都是典雅的范例。唐司空图在《二十四诗品·典雅》中，还描绘了典雅的形态，"玉壶买春，赏雨茆屋，坐中佳士，左右修竹。白云初晴，幽鸟相逐，眠琴绿阴，上有飞瀑，落花无言，人淡如菊。书之岁华，其曰可读。"

（2）"典雅"之于建筑

建筑领域的典雅主要以新古典主义为代表，代表人物主要包括了菲利普·约翰逊、格雷夫斯、雅马萨奇、摩尔和里卡多·波菲尔等建筑师。这些建筑师使用的新古典主义建筑设计手法大体可以概括成两种：写实与写意，也可以理解为具象与抽象。

"写实"的手法就是，建筑师以自己浓厚的古典文化情趣和深厚的古典建筑功力，博采众长地采用地道的古典建筑细部，但在采用古典细部时，比较随意，可以在一幢建筑中引用

图 3-30 新德里美国驻印度大使馆

图 3-31 新德里美国驻印度大使馆局部

多种历史风格。同样的建筑中可以采用杂凑式或夸张与扭曲式等的手法，代表建筑师为爱德华·斯东、摩尔和里卡多·波菲尔等。1961年获 AIA 奖的爱德华·斯东设计的新德里美国驻印度大使馆是一座有着类似帕提农神庙的典雅比例和纵向平面布置的建筑（图3-30、图3-31）。它没有受到现代主义几何学的限制，把古典与现代融为一体：既以列柱、轴线和装饰表现了古典的庄重和雅致，又以水池、深挑檐、遮阳表现了地方传统，并兼顾了调节局部气候的功能，同时通过纤细华丽的简化柱式和玻璃内墙表现出鲜明的时代气息。斯东不仅在这座建筑中复活了古典主义的精魂，而且使这一类型的作品迅速产生了世界性的影响。

"写意"的手法是，将抽象出来的古典建筑元素或符号巧妙地融入建筑中，使古典的雅致和现代的简洁得到完美的体现。以雅马萨奇和斯东为代表的典雅主义的美学根源则是，致力于运用传统美学法则来使现代的材料和结构产生规整、端庄与典雅的庄严感。所谓"传统美学法则"就是建筑语言，这种语言对斯东而言是"镀金柱廊，白色漏窗幕墙"，广泛地运用于他的美国驻新德里大使馆、1958 年布鲁塞尔世博会美国馆等。而这种语言对雅马萨奇而言则是用尖璇 [①] 来体现他"亲切与文雅"的建筑，尖璇被雅马萨奇作为一种商标广泛地贴在他的作品上，如 1964 年西雅图世博会科学馆、纽约世贸大厦等（图 3-32）。雅马萨奇对柯布西耶在朗香教堂中表现的粗野主义有着不同的看法，他提出了"新人本主义建筑哲学"，主张建筑作品要通过美和愉悦提高生活乐趣；使人精神得到振奋，追求高尚品格；建筑要有秩序感，为人的活动营造出宁静的环境背景；要忠实坦诚，结构明确；充分发挥现代技术手段的优点；最重要的是建筑要符合人的尺度，使人感到安全、愉悦、亲切。雅马萨奇强调建筑形式的处理要与人的尺度协调，同时，建筑的细部处理要精致、巧妙、美观。所以当时他的建筑有"典雅主义"风格的称号，同柯布西耶的"粗野主义"风格恰成对照。雅马萨奇的"典雅主义"建筑风格具有正统、古典、高雅的格调，它受到社会上一部分人士，特别是政府方面的青睐。美国国务院就多次委托他设计政府出资的在海外的建筑工程。雅马萨奇的西北国民人寿保险公司以古典式庙堂为原型，可是，它的

图 3-32　西雅图世博会科学馆

柱廊、檐部、拱券全部以一种简化的形式表现出来，既简洁又有力，既朴实又高雅。

2）粗俗

（1）粗俗的波普文化

粗俗是与典雅、高雅相对的美学概念，而它的艺术表现代表就是波普文化。

波普文化源于英文 popular（流行的、大众的）的缩写"pop"，即流行艺术、大众艺术。它于 20 世纪 50 年代最初萌发于保守的英国艺术界，20 世纪 60 年代鼎盛于具有浓烈商业气息的美国，并深深扎根于美国的商业文明。波普文化是 20 世纪中期沿艺术与日常生活融合这条几乎贯穿整个世纪艺术和文化主线的一次高潮，并以彻底取消高雅与庸俗清晰界限的姿态，使人感到空前新鲜。波普文化先驱汉密尔顿认为波普应当具有以下方面的特征：通俗流行的（为广大群众而设计）；稍纵即逝的（短期行为）；可以延伸的（容易被人忘却）；造价低廉的（批量生产）；年轻的（对准年轻人）；机灵

[①] 尖璇，也称作尖券，是尖形的拱券。拱券是一种建筑结构，简称拱或券，它在竖向荷重时具有良好的承重特性，同时还起着装饰美化的作用。

图 3-33　安迪·沃霍尔作品

图 3-34　下楼梯的裸女（左）
图 3-35　杜尚的作品小便器
（右上）
图 3-36　草地上的午餐（右下）

的；性感的；机巧的；光鲜耀人的；大宗生意的。这 11 个方面的全部内容全面宣告波普时代的来临，为这种新艺术的发展建立起一个共同的基础。波普艺术家们以流行的商业文化形象和都市生活中的日常之物为题材，采用的创作手法也往往反映出工业化和商业化的时代特征。造成波普艺术的元素并非到处都有，第二次世界大战后英美的城市文化是其生长的特殊土壤。只有与这种城市文化接触密切的艺术家才能抓住波普艺术特有的格调和表现手法（图 3-33）。

以杜尚为例，他的作品或是表现毫无美感的画面，如《下楼梯的裸女》被刻画成机器人的结构，人体被分割成生硬、僵直、具有线和形的多样性的几何形（图 3-34）。或是对"现成品"艺术进行大胆的创作，1917 年他向纽约独立艺术家协会举办的展览会送去的一件倒转 90° 放置的瓷质小便器，并有 R. 莫特的签名（图 3-35）。他用现成品换位法，来表达其反艺术的破坏性，造成一种强烈奇特的气氛，杜尚就是以这种换位法来达到艺术与非艺术画等号的目的[1]。再如印象主义画家马奈的作品《草地上的午餐》《带胡子的蒙娜丽莎》等，"粗俗"此刻已成为先锋艺术家和激进的叛逆者用作反抗、颠覆传统价值和艺术观念的利器（图 3-36）。

---

[1]　范梦.世界美术通史（上、下）[M].北京：中国青年出版社，2001.

（2）建筑的"波普化"

从某种意义上讲，柯布西耶在 1925 年巴黎工业艺术博览会上的样品房，已经有波普的痕迹。不同之处，在于那时还没有把这个名词与某种现象联系在一起。样品房其中一侧立面上，柯布以通高的壁画尺度，写上了他主办的《新建筑》杂志的法文字头缩写 EN。在室内陈设方面，他从厂家产品目录上，直接选用现成家具，而不像过去那样事无巨细地从事整体设计。习惯的观点认为，这些举动的目的是鼓励人们应用大机器工业生产的成果。

波普建筑以其通俗易懂的形象、浓厚的商业气息、诙谐幽默的语汇等突出特点迎合了当时商业文化中人们的浮躁心理。波普建筑运用浅显的语言、通俗的手法来表达大众的心声。文丘里认为：民间艺术已经表明这些普通构件常常是我们城市多样化与生命力的主要源泉。针对现代主义建筑中抽象表现主义手法与普通大众的疏离，波普建筑大量运用象形语汇的手法来表达一种浅显的含义。波普建筑作为商品经济社会的产物，它的表现形态具有强烈的商业气息。文丘里在《向拉斯韦加斯学习》中宣扬了霓虹灯文化、汽车文化，认为赌城拉斯韦加斯的艳俗面貌对于改造现代主义刻板的风格具有重要作用（图 3-37）。他将艳俗商业环境中的各种门面以及林立的广告牌、炫目的霓虹灯、文字、花纹包装纸等包含的价值转化成建筑的语言，使之与典雅隽永的古典艺术相抗衡。

如弗兰克·盖里设计的卡特·蒂广告代理公司总部大楼，将具象的、巨大的双筒望远镜造型塑在了建筑的前面，而突出了大楼广告代理的身份，起到了广告宣传的作用（图 3-38）。

盖里的另一个作品神户"鱼舞餐厅"，由 22m 高的具象的"鲤鱼"纪念碑和抽象化的"蛇"的螺旋形塔共同组成。它形象的标新立异甚至是哗众取宠都是盖里对现代都市的理解（图 3-39）。

图 3-37　拉斯韦加斯街景

图 3-38　卡特·蒂广告代理公司总部大楼

图 3-39　鱼舞餐厅

（3）"雅俗共赏"的建筑艺术

雅俗之分是人类文化模式固有的。高雅文化或精英文化具有优秀传统和规范，并由社会专职人员所创造；而世俗文化或大众文化则是由民间所创造，并世代相习。从文化发展角度看，各种文化艺术门类几乎都是在民间自发产生的，因此文化开始总是民间俗文化。经文化创作者凝练升华而成为高雅文化，再经过社会的选择、历史的积淀而成为流传百世的经典文化。而建筑设计涉及艺术的范畴，自然就会有俗与雅的评判。

一方面，世俗文化是现代社会文化发展的基础，但是层次、品位有时较低，高雅文化是社会文化中最先进、最优秀的部分，它会对世俗文化起着升华、净化的作用。因此建筑师对于世俗文化不能一味地无原则地"媚俗"，去迎合大众的庸俗乃至低级的趣味。不能单纯以建筑作品的商业经济效益以及流行轰动效益作为其评判优劣的标准。另一方面，生活中人人都与建筑接触，都有着对于建筑的不同理解。不同民族、不同文化背景的人对建筑会有不尽相同的理解。因此，建筑也不应只是建筑师的孤芳自赏，也应是人人能懂、雅俗共赏的。后现代建筑语言中的"双重译码"揭示了雅和俗的距离，但在现实中高雅文化与世俗文化并不是不能互相融合的，大智若愚与大雅若俗就是在高水平上雅和俗的同一。

2001 年建成的天子大酒店外形为巨大的传统"福禄寿"三星彩塑，色彩斑斓、栩栩如生。建筑总建筑面积 4 150m²，高 41.6m，共 10层，一层为大堂及"福厅""禄厅""寿厅"3套多功能包房。二层以上为客房，有标准间、

套间、寿桃套间、总统套房等各类客房 43 套，酒店可同时接待 100 多人住宿（图 3-40）。天子大酒店的设计师来自北京林业大学深圳分院，但是如此"具象"的建筑理念却来自开发商。开发商以百姓熟知的传统民间文化中的人物形象为建筑外观，试图反映普通大众的审美情趣，颇有媚俗的味道。其极其具象的外形对于建筑功能造成了种种束缚，如开窗的不便、局限的门厅、狭窄的走道、怪异的楼梯等。硕大的人物脑袋仅仅作为美学道具，没有任何实用功能。

天子大酒店将抽象的建筑与具象的人物困难地融合在了一起，让人瞠目。2001 年，它以"最大象形建筑"获"2001 年吉尼斯最佳项目奖"。该建筑引起社会各界的关注，仁者见仁，智者见智，观点各不相同。不少建筑界人士对其嗤之以鼻，甚至有人称，这是对所有建筑师的莫大讽刺。但是也有人认为它雅俗共赏，是让老百姓喜欢又易理解的房子。

图 3-40　天子大酒店

3.3.4 直率与幽默

1）直率

直率之于建筑可以理解为真实地表达材料与结构的本来面貌，使用不经修饰的建筑材料，摒弃虚幻、轻薄、昂贵与华丽的饰面，发挥建筑结构和新型建筑材料的性能特点，追求建筑明晰的体积感与坚实性。

19世纪80年代~20世纪20年代的新建筑运动推动了新材料、新技术、新结构在建筑领域的大规模应用。现代建筑运动受到新型工业结构的影响与经济法则的制约，开始直率地暴露出建造的材料。钢筋混凝土结构和钢结构的综合运用赋予了现代建筑大师空前自由的创作空间。在混凝土的应用中，现代主义建筑师们把混凝土最毛糙的地方暴露出来，极力夸大构件的体积感。其中最经典的莫过于勒·柯布西耶设计的一系列粗野主义风格的建筑，他致力于从不修边幅的混凝土的毛糙、沉重与粗野中经济地寻求新形式的突破。

1964年勒·柯布西耶设计的马赛公寓，被他称作"居住单位"。建筑的表面处理追求一种粗犷的美（图3-41、图3-42）。在拆除混凝土的模板后，没有对墙面作任何处理，让粗糙不平、带有小孔和斑斑水渍的混凝土直率地裸露出来，甚至连施工时的模板印子还留在上面。柯布西耶在昌迪加尔议会大厦的设计中，以当地特有的铁桶皮作为模板浇注混凝土，第一次建成了真正意义上的钢筋混凝土建筑（图3-43）。柯布西耶以结构和材料的直率表现为追求目标，使整组建筑群以强烈的雕塑感和形体及空间塑造上的独特性备受瞩目。

路易斯·康在设计中关注材料的质感所能表达的精神性，强调对建筑和材料的个人诠释，他认为设计应该"不仅满足人的需要，而且满足材料建造的自然法则"。20世纪60年代初，他设计的加利福尼亚州拉霍亚的萨克生物研究所，建筑外观呈现大体块的对比，所有混凝土墙均未粉刷，显现出强烈粗犷的质感（图3-44）。外墙是温暖的淡棕色，光影使体块

图3-41 马赛公寓

图3-42 马赛公寓通风塔细部

图3-43 由木模板和金属模板浇筑的议会大厦门廊

图 3-44 萨克生物研究所

图 3-45 耶鲁大学建筑与艺术系大楼

显得精神勃发，独具魅力。"粗野主义"的代表思想认为，建筑的美应以"结构与材料的真实表现作为准则"，"不仅要诚实地表现结构与材料，还要暴露它（房屋）的服务性设施"。鲁道夫设计的耶鲁大学建筑与艺术系大楼，极其夸大的粗重混凝土横梁和"灯芯绒"式的毛糙混凝土墙面给人以简朴而粗犷之美，展现出以表现材料与结构为准则的直率美学观（图3-45）。

2）幽默

（1）"幽默"概说

幽默是英文humour的音译。幽默是用风趣、巧妙而诙谐的方式，揭露生活中那些乖讹和不通情理的现象。依喜剧性对象的性质不同，幽默的内容和表达方法也不一样。对美好人的喜剧性特征，以耐人寻味的方式表示赞扬，对于有缺点的好人，则以带有轻微讽刺意味的笑声，给予善意的批评。车尔尼雪夫斯基说，幽默是"自嘲自笑""一个有幽默倾向的人，一方面认识了自己的内在价值，另一方面却清楚地看出自己的地位、自己的外表、自己的性格中所具有的一切琐屑、可厌、可笑、鄙陋的东西""一切幽默都含有欢笑与愁苦"，有"愉快的、天真的幽默"，也有"悲哀的，陷于绝望，沦为

忧郁和苦闷的幽默"。[①]

（2）"幽默"之于建筑

"幽默"的建筑追求的不是"美"的愉悦，而是对于理性和传统美学的嘲笑，它嘲笑现实的无意义，讽刺人类理性的虚伪。彼得·埃森曼等人认为，在现代主义运动中，"不可思议""古怪""莫名其妙"等的手法一直受到压抑，因此，妨碍了对新形式的探索。

在后现代语境中，建筑师们都不愿意让自己的建筑表现出一副正襟危坐、面无表情的冰冷面孔。而为了获得一种生动感和调侃趣味，他们有时把自己的游戏之乐建立在牺牲他人作品的神圣性和严肃性的基础上。矶崎新设计的美国佛罗里达州迪士尼集团总部以其丰富明快的色彩、生动活泼的造型格外引人瞩目（图3-46），其以"娱乐性建筑"而成为当时新闻的焦点。矶崎新希望形成一个沐浴在佛罗里达阳光下充满愉悦的游戏般的建筑。它的前门是米老鼠耳朵的轮廓造型；主入口的上方，矶崎新用卡通片里的几何图像吸引人们眼球。文丘里在俄亥俄州奥柏林学院的爱伦美术馆扩建部分的大厅墙角部位安置了一根滑稽可笑的爱奥尼柱子，将传统的爱奥尼柱子在比例尺度

---

① （俄）车尔尼雪夫斯基.美学论文选[M].缪灵珠，译.北京：人民文学出版社，1957：115–118.

  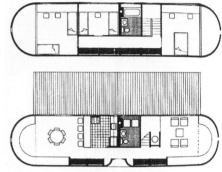

图 3-46　美国佛罗里达州迪士尼集团总部　　图 3-47　米老鼠爱奥尼　　图 3-48　热狗住宅

上进行篡改，成为矮矮胖胖的形象，令人发笑。柱头像个米老鼠的大耳朵，因此被人称为"米老鼠爱奥尼"（图 3-47）。这是对历史主义元件进行卡通、漫画式的幽默曲解。

　　相田武文认为，在消费的社会里，建筑的任务就是要为人们带来欢乐，而游戏是达到欢乐的手段，欢乐是游戏的目的。一些建筑师开始在建筑创作中掺入游戏的因素。美国建筑师泰格曼认为大多数人对建筑的态度过于严肃，他说："他们相信有某种正确的道路，其实并没有。"泰格曼从消费品中选择了流行的波普形式，如热狗、动物饼干、雏菊等，并以其黑色幽默象征消费社会的荒谬形式，他设计的热狗住宅的取名就来源于底层的香肠式平面

图 3-49　美国加利福尼亚州迪士尼总部大楼

（图 3-48）。格雷夫斯设计的美国加州迪士尼总部大楼，在大楼的屋顶上，他将雅典卫城上六名优雅少女撑住神庙的意味，改以白雪公主故事中俏皮的七个小矮人来作支撑。这些设计都表现了建筑师们的娱乐精神（图 3-49）。

3.3.5　理性与荒诞

1）理性

　　19 世纪后期，欧洲古典哲学在黑格尔之后渐渐衰落，出现了许多新的哲学派别，这些新的科学主义的哲学流派重视客观实际，重视实证经验，提倡理性主义，例如实证主义和新客观主义等。典型的理性主义者认为，人类首先本能地掌握一些基本原则，如几何法则，随后可以依据这些推理出其余知识。最典型的持这种观点的是斯宾诺莎及莱布尼兹，在他们试图解决由笛卡儿提出的认知及形而上学问题的过程中，他们使理性主义的基本方法得以发展。斯宾诺莎及莱布尼兹都认为原则上所有知识（包括科学知识）可以通过单纯的推理得到，他们也承认现实中除了数学之外人类不能做到单纯用推理得到别的知识。

莱布尼茨作为德国理性主义美学的奠基者,其美学思想是以单子论的哲学体系为基础的。他从单子论的"前定和谐"[①]说出发,论证了美的本质在于和谐、秩序,而美的本源来自上帝预先安排,从而将目的因素引入对美的解释中,试图在可感形象与理性世界之间建立联系;同时又从单子论的认识论出发,阐述了美感属于既明白又混乱的认识,是一种"混乱的知觉",具有知其然而不知其所以然、令人愉悦却不涉功利的特点,从而确立了美学在认识论体系中的地位。

1926年,意大利米兰"理性主义"七人集团的成立标志了建筑中理性主义的开端,他们的主要观点体现在"理性主义"运动宣言中:新建筑,真正的建筑应当是理性与逻辑的紧密结合。他们追求真诚和理性、普遍规律及其与传统的结合。理性主义建筑往往采用简洁单纯的几何形状,似乎超越于时间与地点之外,但是由于其是建筑师意识对某种特定环境的特殊反应,故其中大多数建筑具有意义上的不可移动性。另外,理性主义倡导将"有机"的观点引入建筑,将环境作为现代与历史、建筑与传统之间联系的纽带。

理性主义建筑的影响遍及世界各国,尼迈耶、路易斯·康、詹姆斯·斯特林、阿尔瓦·阿尔托等建筑大师都是其代表,他们设计了赫尔辛基文化宫(图3-50)、巴西议会大厦

(图3-51)、孟加拉国议会大厦等著名的建筑。阿尔瓦·阿尔托主张"把理性的方法从技术的范围扩展到人性的心理领域中去"。他甚至被非理性主义大师文丘里评价为"最有价值"的现代建筑大师。而路易斯·康主张揭示、探索、认识建筑存在的意志和本质。

而产生于20世纪60年代的新理性主义承袭了20世纪20年代产生于意大利的理性主义。新理性主义在继承理性主义的同时,发展、引申出自己独特的理论体系。严格说来,新理性主义的中心理论体系是一套类型学的方法论。类型的运用,是各个领域从现象学取向转化到实际运用上的一个共同特征,其用意在于从整体的观点处理问题,以别于传统自然科学式的分析方法。阿尔多·罗西对新理性主义的发展

图3-50 赫尔辛基文化宫

图3-51 巴西议会大厦

---

① 前定和谐说是莱布尼茨在解释单子之间的相互关系及其发展变化如何能形成一个连续整体时提出的一种新学说。他认为上帝创造每一个单子时就已预见到一切单子全部的变化发展的情况。既预先规定了每个单子发展变化的历程和内容,也同时规定了周围其他单子发展变化的历程和内容使其变化发展相互和谐一致地进行,因此能保持其为一个连续的整体。他的前定和谐说是其哲学的一个中心,也最能表现其哲学的特征。他首先用这种学说论证灵魂与形体的和谐和一致。

起到了至关重要的作用。首先，他欣然接受了类型学，企图从传统历史的观察中，以类型的探索找出建筑的本质，即对现象通盘的考察而掌握其特质，继而揭开其形式和文化结构的奥秘。罗西的建筑强调纯粹性、符号性及原型，采用简洁的几何要素、严格的几何学构图和类型学选用的母题来达到类似性效果（图3-52）。他的作品通过简单的几何要素，如顶部的三角形、正方形窗洞、直线形柱廊等从而构成了一种具有深刻思想性的凝重形式并伴有宗教的神秘气息。他的建筑来自他深刻的理论洞察和思想体系的构造，来自意大利的文化传统，体现了他对永恒的理性世界的执着追求。在他所完成的作品中几乎都表现出其在类型学上的构想，暗示了他先入为主的观念。在这些作品中，罗西没有去创造新的类型，他仅对传统的建筑类型感兴趣，并成功地在传统与现代之间架起了一座桥梁。

2）荒诞

（1）"荒诞"概说

在古典美学理论中，荒诞不属于严格意义上的美学范畴。传统的审美范畴大体包括优

图3-52　罗西的奥洛拉公寓

美、崇高、悲壮、滑稽、幽默及丑等。荒诞则主要侧重在反完善性的一面。荒诞是以虚妄的形象来显现人的反自由状况和境遇。一般说来，它以非真实的变态形象来揭示人的反目的的异化、物化等非人的生存境况，像《卡夫卡变形记》中的人变成甲虫，贝克特的荒诞戏剧中永远无法等待到的戈多，加缪所揭示的人永远处于人生的局外等人生现象。虽然荒诞本身的含义是不合情理的，但荒诞美的存在却是可以理解的，就像食物中有酸甜苦辣的味道一样，荒诞形象也是为了满足人们的精神需要而产生的。

存在主义哲学对"荒诞"的探讨最多。在存在主义哲学中，"荒诞"被看作拒绝一种对世界的虔诚观点的否定的根据。加缪认为，世界是荒谬的，无意义的，人是被无缘无故地抛到世界上来的，存在就是面临虚无的深渊。他不愿被这样的现实所打败，通过选择征服他自身的命运，人能够证明他比任何逆境更强大。可以看出，荒诞在存在主义哲学中的意义，是它提供了反叛世界的理由，它要反叛的是与人割裂的社会。荒诞的美学特性，表现为反传统、反理性、无价值、无中心、无高潮、无时空。作为崇高与理性的对立概念，荒诞表现出来的审美趋向为"形式崩溃"或称"反形式"。

（2）"荒诞"的艺术性

荒诞是表现主义的产物，它通过对事物夸张的抽象，来表达艺术家独特的艺术理解和追求，体现一种象征主义或者浪漫风格。荒诞的表现手法可以认为是"直觉的抽象"。其创始人物康定斯基认为艺术是属于精神的，就是"内在需要"。在康定斯基看来，艺术与自然是两个独立的"王国"，各有不同的原则和目标，艺术

应独立于自然而存在，一件艺术品的成功与失败，最终取决于其"艺术的"及"审美的"价值，而不取决于它是否与外在世界相似。他作于1910年的《第一幅水彩抽象画》便是他在这种实验过程中画出的，在现代艺术史上，这件作品被视为最早的一幅抽象绘画作品（图3-53）。康定斯基受邀到包豪斯任教，这使包豪斯的基础课程对于传统建筑学校的基础课有了革命性的变化。康定斯基的教学完全从抽象的色彩与形体理论开始，并引导学生理解形与色对人的心理的影响，最后应用于设计实践。这成为抽象艺术影响现代建筑最直接的桥梁。

高更和梵高的绘画很大程度表现出"荒诞"的特性。高更认为绘画应该独立于自然之外，是记忆中经验的一种"综合"，而非印象主义的直接知觉经验中的东西。他崇尚原始精神，厌恶西方文明。高更这种强调主观表现及追求原始纯真的艺术思想，导致了其独特画风的形成。他以象征主义笔调，画那些充满原始情调的生活，把自然与幻想、现实与象征紧密地糅合，在一幅幅作品中，表现了宗教的情感和原始的诗意（图3-54）。梵高的绘画是其在极度的精神痛苦中挣扎的产物，是对内心世界的精确的描写。在他的画上，那些像海浪及火焰一样翻腾起伏的图像，充满了忧郁的精神和悲剧性幻觉。油画《星夜》便是他该时期的代表作（图3-55）。这幅画展现了一个高度夸张变形与充满强烈震撼力的星空景象。而那巨大的，形如火焰的柏树，以及夜空中像飞过的卷龙一样的星云，在荒诞的背后给人以深深的启示。

（3）"荒诞"之于建筑

"荒诞"被后现代时期的建筑师广为运用，他们选择这种反常规的审美取向，采用"荒诞"的修辞对比并嘲弄现代主义建筑师所追求的正统性和纪念性。荒诞要反叛整个理性世界，在建筑中，最主要是反叛现代主义建筑。

解构主义建筑利用视觉感官刺激，会直接造成观者心理上的荒诞感。设计者会对完整、和谐的形式系统进行解构。在解构主义出现以前，几乎所有的建筑师都觉得自己担

图3-53　康定斯基《第一幅水彩抽象画》

图3-54　高更作品

图 3-55 梵高《星夜》

图 3-56 拉·维莱特公园

图 3-57 京都人脸住宅

负着一种神圣的义务，这就是通过建筑为时代创造一种永恒的美。但在解构主义建筑出现之后，一切都改变了，建筑成了一种突发奇想的创作，一种随意拼凑，一种支离破碎的荒诞堆积，没有秩序，没有和谐，只有杂乱和冲突，如拉·维莱特公园中被称为"疯狂"的建筑物（图 3-56）。屈米在设计时把建筑用地划分为 120 米间距的方格网，然后在网格的交叉点上整齐地排列上各种类型和形式的建筑物，这些建筑物都用红色的钢管和钢板建成，公园的道路、走廊、植物等都排列在方格之外，按直线或者曲线布置，余下部分则是大片的绿地或花园。这些点、线、面各行其道；看起来虽杂乱无章，但可集中地体现出偶然、巧合、分裂、不协调、不连续、不稳定的荒诞情绪。日本建筑师山下和正在1974 年设计了京都人脸住宅，建筑采用拟人化的手法，将建筑立面与人脸，建筑构件与人的五官相比拟，集天真、荒诞、庸俗于一身，给人以视觉感官的刺激（图 3-57）。

3.3.6 完美与缺陷

1）完美

正统美学追求完美、完满。鲍姆嘉登认为："美在于完满。所谓完满的，就是完满无缺，自成一个多样统一的和谐而有秩序的世界。"阿尔伯蒂说："美即各部分的和谐，它不能增一分，不能减一分。"无独有偶，我国战国时代的文学家宋玉在《登徒子好色赋》一文中是这样描写东家之子的美的："东家之子，增之一分则太长，减之一分则太短，著粉则太白，施朱则太赤……"可见完美自古以来即是人们心中的理想模式。在古典建筑和现代建筑的设计中，都将完整、完美奉为建筑创作的最高标准。

在西方古典建筑中，这种对完美的追求集中体现在对建筑比例尺度的推敲与模数的运用上。古代希腊建筑运用数字与几何学创造了严整庄严的秩序感、和谐完美的比例和兼具人性与"神性"的尺度。罗马继承和发展了古希腊柱式，并运用精确的几何学创造了像万神庙这样的古典主义的范本。在理论方面，维特鲁威的著作《建筑十书》是流传下来的最早的建筑学著作，书中认为建筑构图原理主要是柱式及其组合法则，并对柱式作了详尽的规定。

在确定整体比例以求得完美的过程中，很自然地产生了以某个构件尺寸为单位尺度并由此发展全部尺寸的模数化方法。它的本质在于把建筑物从整体到局部纳入统一的比例系统中，使建筑构图中的诸多要素具有视觉的统一性，使空间序列具有秩序感。在希腊和罗马建筑中，模数被用来确定不同柱式的尺度和比例关系，一般以柱子的底半径作为度量单位，柱身、柱头、柱础及其细部都出自这个模数。维特鲁威曾认为建筑的比例是由模数产生的，他这样评价模数的美学作用："希腊神庙的布置由均衡来决定……均衡是由比例得来的，而比例是在一切建筑中细部和整体服从一定的模数，从而产生均衡的方法。"（图3-58）古埃及金字塔、古希腊帕提农神庙、印度寺庙和文艺复兴的教堂等许多伟大建筑，在设计与建造的过程中都采用了以数学规律为基础的精确量度体系，而这些量度体系的工具是建立在与人

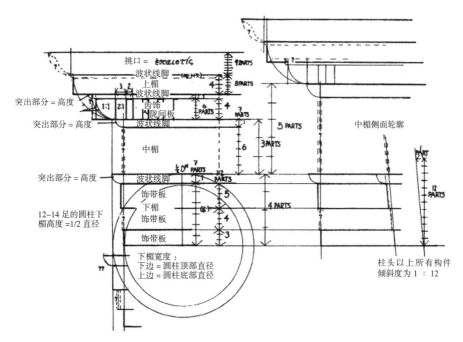

山花面／山墙（3.5.12）

图3-58　古希腊建筑中山墙细部设计

体密切相关的肘、腕、指、脚、步伐等的基础之上。量度的工具尺寸是通过数字——人体数学的一部分来表达的，因而它们是完美的、和谐的。

而模数不仅是西方古典建筑独有的追求完美的手段，在现代建筑中，模数也被视为一种建立现代建筑完美秩序的手段。勒·柯布西耶的"模度"是西方关于几何和比例传统美学思想的延续，他在《走向新建筑》中写道："模数进行度量和统一，基准线进行建造并使人满意……基准线可以做出非常美的东西，它们是这些东西为什么美的原因……基准线导致探索精巧的比例和和谐的比例，它给作品以协调。"柯布西耶终其一生都孜孜不倦地在几何和数学中寻求理性与自然和谐完美。柯布西耶是第一个恢复了古典模数制传统的现代建筑师，他的"模度"完全继承了古典主义美学观念，是基于人体尺度的比例体系。他一直称之为"比例格子"（Proportion Grid）或"比例的尺子"（A Rule of Proportion），强调它将给建筑带来完美与统一。柯布西耶极力推崇古希腊和文艺复兴时期的伟大建造，在《模度》一书中，他举出了大量古代建筑的实测尺寸来证明模度数列的合理性。他设计的马赛公寓就是应用了 15 种模数尺寸而设计出来的，建筑的里里外外都体现了人的尺度。他认为，"模度"的运用使许多设计工作变得异常的简单，设计中的许多犹豫和不确定甚至错误都被提前解决。在朗香教堂中，墙面的窗洞、地面分割等也都源于他的"模度"理论（图 3-59）。

2）缺陷

在受虚无主义思潮影响的后现代主义建筑设计中，复杂性取代了简单明了，"乱糟糟"取代了"概念清晰"。在高度商业化的社会中，为追求建筑的轰动效应，常常采用残垣断壁这种"缺陷"的建筑形象来吸引观者的目光。赛特集团设计的好几个 Best 公司的商场，其立面就是用断墙残壁或成堆的瓦砾、渣土来塑造的，故意渲染了一种颓废、破落的情调（图 3-60）。

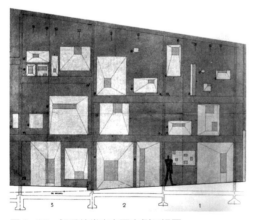

图 3-59　朗香教堂南立面内侧正视图

图 3-60　赛特集团

"缺陷"这种建筑美的表现形态以解构主义建筑为代表。解构主义的建筑就是一种非美的美学和零度美学对一切现存美学原则进行全方位的解构。它本身就是对完整、和谐的形式系统进行解构，在解构主义出现以前，几乎所有的建筑师都觉得自己担负着一种神圣的义务，这就是通过建筑为自己的民族和时代创造一种永恒的美。但在解构主义建筑出现之后，一切都改变了，建筑成了一种即兴创作，一种随意拼凑，一种"在搬运中被损坏的模型"，一种支离破碎的古怪堆积。这里没有秩序，没有和谐，只有残缺、杂乱与冲突（图3-61）。

盖里设计的许多作品是抛弃功能的，是几何体的任意拼凑，其结构方式仅两个字——破碎。他认为世界是不完美的，碎裂的建筑更能反映这个多变、冲突的时代。他的建筑给人一种永没有完工的感觉。盖里在1978年设计的加州圣莫尼卡自宅，乍看简直就是草草而就，粗陋的木工活，一副破败的形象（图3-62）。盖里在原有的坡顶木结构房屋的东、西、北三面进行改建、扩建。新建部分形体极不规则、左冲右突，仿佛随心所欲。盖里所用的材料全是粗糙的、廉价的材料，有钢丝网、瓦楞铁板、木夹板、钢丝网玻璃等。利用这些材料，盖里给他的房子包上了一层带有难看尖角的刺目的表皮。简陋的、临时性的破碎材料展现了残缺的感觉，大概正因为如此，在圣莫尼卡住宅改造的五年里，百分之七十的邻居都搬走了。

图3-61　N.O.鲁德所描绘的废墟

图3-62　盖里加州圣莫尼卡自宅

第 2 部分
建筑美学的发展史纲

Part 2
Development History of
Architecture Aesthetics

西方古代建筑的艺术观念与美感特征

在 18 世纪以前，东西方均处于农业和手工业文明时代。西方古典建筑是当时手工业社会的产物，它使用砖石作为主要的建筑材料，采用与之相应的结构形式，建筑功能相对简单，建筑类型不多，空间组合手法也比较单调。人们的物质和精神的发展在一种较低层次上处于相对平衡状态，注重形式、注重装饰和精雕细刻的倾向，像对待装饰一样对待建筑，表现出形式的和谐与统一，是西方古典建筑艺术的一个特征。在美学观念上，也表现出追求和谐，强调形式美法则的特点，并认为美存在于一定的数的比例关系之中。这种美学观念可追溯至古希腊时期，并一直影响着西方古代建筑艺术。

尽管西方古代建筑的审美以和谐美为主线，但另一方面，西方古代建筑也表现出从优美到宏丽、从崇高到人本、从追求扭曲变异到追求柔媚纤细等审美形态的变化。

4.1　从优美到宏丽

在古希腊和古罗马时期，追求的是以和谐美为主调的审美理想。其中，古希腊建筑艺术以优美为特征，即无论是在主体与客体、内容与形式，还是在材料与结构、工艺与技术等方面，都反映出和谐统一的美感特征，良好的人体尺度的应用使之充满了人本主义的优美的感受。

古罗马则更多地追求宏伟、壮丽的美学效果，以巨大的尺度和厚重的结构形态，在显赫的气氛中表现帝国的雄风。

4.1.1　古希腊的和谐优美

古希腊是欧洲文化的摇篮，古希腊建筑是西方建筑发展的基础，其美学思想一直影响到现代。古希腊人的审美思想反映了当时人们对生活的理想追求，也表现出当时的社会制度和文化思潮等特征，如推行民主的城邦治，盛行人文主义思想等。可以说，希腊社会在人与自然、个体与群体、现实与理想、感情与理智之间，都处于一种相对和谐融洽的状态。

在这种社会环境影响下，古希腊众多的哲学家都将"和谐"定义为美的第一要素。古希腊的毕达哥拉斯学派认为，美就是和谐，是对立双方的协调和统一，并采用数学的方法来研究和谐的美；古希腊哲学家亚里士多德则把美的特征归结于形式上的"秩序、匀称、明确"。可以说"和谐"是古希腊最重要的美学概念，和谐学说是古希腊美学的理论起点，追求和谐美是古希腊时代精神的体现，是当时社会审美理想的结晶，表达了当时人们对安宁、幸福生

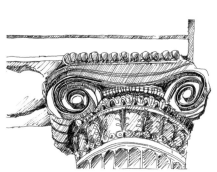

图 4-1　古希腊爱奥尼柱头　　　　图 4-2　希波丹姆斯模式　　图 4-3　古希腊建筑的局部

活的一种向往与渴求（图 4-1）。

　　黑格尔在追寻希腊艺术的奥秘时，曾说"希腊人的世界观正处于一种中心，从这个中心上，美开始显示它的真正生活和建立它明朗的王国；这种自由生活的中心不仅是直接地自然地存在着，而是由精神观照产生出来，由艺术显示出来"。[①] 于是，内在的和谐显现为外在的和谐，"美"就产生了，而且在艺术中建立起它光照千秋的纯净王国。

　　在这样的美学思想之下，古希腊建筑与造型艺术也表现出一种和谐之美，这种和谐美主要体现在如下几个方面：

1）和谐比例与数理美为特征的和谐统一

　　追求数理美，使希腊建筑和城市充满理性的和谐美。希腊哲学家将数视为万物的本质，认为宇宙之美是数及其关系的和谐体现。在城市中，产生了以数理为特征的城市规划模式——希波丹姆斯模式。这种模式遵循古希腊哲理，探求几何与数的和谐，强调以棋盘式的路网作为城市骨架并构筑明确、规整的城市公

共中心，以求得城市整体的秩序和美（图 4-2）。

　　在建筑中，他们则讲究形式比例，以使建筑的各部分统一协调。他们认为，比例存在于"数"之中，并由"数"来决定，"数"是万物的始基与本源，它决定着一切事物的秩序与和谐。正如亚里士多德指出：美是由度量和秩序所组成的，建筑物各部分间的度量关系就是比例。同时，他们还认为，没有对称和比例，任何神庙都不可能有正确的设计，并按照完美的人体形式而制定出精确的比例，表现出强烈的理性精神。

　　在古希腊的神庙建筑中，如圆柱、柱顶、槽口、山墙等，都以一定的比例及数量关系得到确定，并根据模数，以计算出整体及其各部分的数量关系，为希腊建筑建立了比例与数量关系等艺术规则，体现出古希腊人对抽象、纯真理想的追求（图 4-3）。

　　同时，各种柱式的细部尺寸之间也存在非常精妙的比例关系：底部直径与柱子的高度，柱与柱之间的距离，以及柱、梁两部分之间总

① （德）黑格尔 . 美学：第二卷 [M]. 朱光潜，译 . 北京：商务印书馆，1979：169-170. 转引自叶朗 . 现代美学体系 [M]. 北京：北京大学出版社，1999：45.

是有着恰当的比例关系，形成了严格的柱式规则。例如，多立克柱式无底座，短而粗，柱高和底部直径之比为 6 : 1，显得古朴沉重、刚劲雄健；爱奥尼柱式则有底座、长而细，高度和底径之比为 8 : 1,显得秀气灵巧、柔和华丽。两种柱式分别表现出刚劲雄健与清秀柔美的不同风格，代表着男性和女性的不同体态和性格。而科林斯柱式的柱身与爱奥尼柱式相似，而柱头则更为华丽，形如倒钟，四周饰以锯齿状叶片，宛如满盛卷草的花篮。希腊科林斯柱式的比例比爱奥尼柱式更为纤细，相对于爱奥尼柱式，科林斯柱式的装饰性更强（图4-4）。

完整的统一关系、各部分的相互协调，这一切不仅使古希腊建筑组织成一个有机的整体，也塑造了和谐的美学气氛。

2）力学性能上的协调统一

建筑艺术的一个特点，就是它是必须在重力作用下，完成各种艺术塑造，因此，遵循力学原理，巧妙地利用材料与力学特点，与建筑物的实用功能相结合，这是人们对建筑艺术的独特要求，也成为建筑美塑的一个重要原则。

对和谐美的审美追求，使古希腊建筑在力学性能上极力追求一种完美的静态平衡，并利用形式塑造，使人欣赏建筑时，得到力学性能上的均衡感受。以古希腊建筑的柱式为例，它分柱础、柱身、柱高三个部分，柱身平缓向上收分，刻有凹槽的柱身形成一种向上稳定的支撑力；在檐部，分额枋、三陇板、檐冠等构件，在柱头与檐部之间有托板，所有这些都使力学性能和人们的视觉观感处于一种静态的力学平衡之中。从而成为西方古代建筑的主要支撑结构和艺术典范（图4-5）。

3）人体比例的绝妙应用

古希腊建筑的艺术特性不仅仅表现在力学的均衡方面。恬静、安详、充满思想性以及人体尺度的绝妙应用，都使古希腊建筑成为该时期乃至后世人类建筑艺术的一个巅峰。

意大利建筑师布鲁诺·赛维指出，希腊建筑一方面有一个缺陷，即忽视内部空间；另一方面，又有一个迄今无与伦比的高超之点，即人体尺度的绝妙应用。他还认为：卫城的建筑历史主要是城市化的历史，它在人体尺度上是无与伦比的，在恬静安祥和像阿波罗神像的雕刻美方面是不可逾越的，它具有高度完美的概括力，超脱一切社会问题，具有自信的沉思默想的魅力，充满精神中的庄严性，这一切是以

陶立克柱式

爱奥尼亚柱式

科林斯柱式

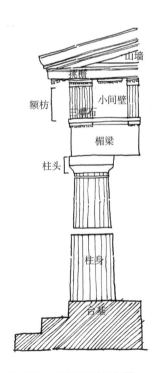

图4-4 古希腊三种柱式　图4-5 多立克柱式分解图

图 4-6　雅典卫城

图 4-7　雅典卫城鸟瞰

图 4-8　雅典卫城帕提农神庙额枋浮雕

图 4-9　科林斯柱头

后未曾再达到的 ①（图 4-6、图 4-7）。

　　为获得和谐的形式，古希腊人推崇人体尺度的应用，使建筑物处处充满人情味，表现出优美的气氛。古典时代的雕塑家菲狄亚斯（Phidias）就曾明确说道："再没有比人类形体更完善的了，因此我们把人的形体赋予我们的神灵。"

　　事实上，希腊人在崇拜众神的同时，更推崇人的伟大。因此，他们用人体雕像装饰神庙的山墙和柱式（图 4-8）。使柱式向拟人化的方向演进，充分表现了人文精神。古罗马建筑师维特鲁威（Polio Uitruvius）在《建筑十书》

中指出多立克柱式是仿男体的，爱奥尼柱式是仿女体的。② 后来出现的第三种柱式——科林斯柱式，是爱奥尼柱式的一种变体，其式样是模仿少女的窈窕姿态。它的柱头由忍冬草的叶片组成，宛如花篮（图 4-9）。

　　在古希腊建筑中，有以男子雕像取代多立克柱式，以女子雕像取代爱奥尼柱式的情况，使希腊建筑既体现着一种科学理性，又表现出一种强烈的人文精神。

　　例如，雅典卫城伊瑞克提翁神庙中的女郎柱像，是将比例、尺度和人体和谐美完美结合的典范。这 6 根希腊女郎柱像高 2.1m，她们

① （意）布鲁诺·赛维.建筑空间论——如何评价建筑[M].张似赞，译.北京：中国建筑工业出版社，2006：76，77.

② （古罗马）维特鲁威.建筑十书[M].高履泰，译.北京：中国建筑工业出版社，1986：83.

长裙束胸、轻盈飘逸、亭亭玉立，姿态优雅、宁静而秀美，衣褶和人体都统一在垂直的视线中，具有稳定感和力量感，表现了与建筑物的完美结合，成为这座神庙最引人注目的地方（图4-10）。

4）基于自然主义的和谐美

古希腊人强调人与自然的和谐，在建筑中表现出明显的人文意识以及对自然环境的谦逊态度。古希腊的诸多公共建筑以及建筑群，突出反映的特征是追求人的尺度以及同自然环境的协调，即使雅典这样重要的城市，也没有非常明确的强制性人工规划。古希腊的许多城市、建筑、建筑群并不单纯追求平面视图上的平整、对称，而是顺应和利用各种复杂的地形，以构成活泼多变的建筑群景观。作为一种早期的人本主义和自然主义布局手法，整个城市多由庙宇来统率全局，在城市规划史上获得了很高的艺术成就。最具代表性的雅典卫城，它的建筑群布局以自由的、与自然环境和谐相处为原则，既考虑到静态的欣赏效果，又强调置身其中的动态视觉美，堪称西方古典建筑群体组合的最高艺术典范。

在上述艺术观念引导下，古希腊建筑形成典型的艺术风格，它不像古埃及金字塔那样庞大压抑，也不像基督教堂那样巍峨神秘，它既有显要、明快、规整的几何结构，又有变化多端的细部，挺拔如古希腊的运动健儿，气概非凡又风度潇洒。

其实，不仅仅建筑，古希腊的神话、史诗，也一样呈现一种和谐、清新之美，它没有希伯来神话那样阴郁，也没有印度史诗那样神秘，它像一个儿童的梦，充满着天真、甜蜜的好奇。

图4-10 伊瑞克提翁神庙的女郎柱像

因此，人们评论古希腊建筑像正午的骄阳映照碧蓝的大海，直接闪耀着美，"单纯的高贵、静穆的伟大"是18世纪德国美学家温克尔曼所概括的古希腊造型艺术特征。

4.1.2 古罗马的宏丽辉煌

1）推崇宏丽的美学效果

尽管古罗马的审美理想基本上与古希腊人相同，但在古典和谐美的基础上，更偏重于壮美，甚至包含一些崇高的因素。从美学思想发展史的角度上看，罗马时期的哲学家们已明确地把"崇高"作为美学范畴加以研究。他们认为，崇高不仅不诉诸人的感情，而且也不诉诸人的理智，它是"专横的、不可抗拒的"，它"会操纵一切读者"。

如果说，在对和谐美即对优美的鉴赏中，人与对象处于一种默契、统一之中，那么，在崇高美的鉴赏中，人则处于被动的、压抑的状态。这是因为，崇高的根源在于"庄严伟大的思想""强烈而激动的情感"以及"运用词藻的技术"和"高雅的措辞的艺术手法"。

古罗马时期的社会观念已向满足世俗化和享乐主义的方向发展，对军事化和君权主义的推崇，使他们的建筑和城市呈现出与古希腊建筑的不同艺术风格。与古希腊建筑相比，古罗马的建筑无论是体量还是内部空间，都有超人的尺度。它不具有古希腊建筑的激越细腻，却有建筑上宏伟、豪迈、真率的构思。

意大利学者布鲁诺·赛维指出："古罗马建筑物所包含的空间形式的多样性，与古希腊建筑那种单一的体裁形成鲜明的对比；它们的尺度宏伟，拱和券的新结构技术已经把梁柱降到充当装饰的地位；他们的蓄水库、陵墓、水道桥、拱门，表现了对大尺度体积的鉴赏能力（图4-11）；巴西利卡和大浴场表现了强有力的空间概念，他们对环境有敏锐的感觉；古罗马建筑从档案馆到阿帕拉托的戴克里先宫殿其丰硕的发明创造，构成了一部建筑结构形式的百科全书；还有像宫殿和住宅所表现出来的社会生活题材的成熟性，所有这些，都是新的贡献，希腊建筑虽然在希腊普化时期出现过局部的繁荣，也是没有这些成就的。这些成就是无人能与匹敌的古罗马的光荣，这是以牺牲古希腊雕刻纯洁的风格为代价所达到的建筑上非凡的新高度。"[①] 如万神庙包罗万象式的宏大塑造（图4-12）、卡里西姆园剧场气派非凡的雄伟体现、提图斯凯旋门的盛气凌人的气氛渲染、图拉真纪念柱趾高气扬的表达、奥古斯都立像的不可一世的形象刻画，以及浴场（图4-13）、角斗场（图4-14）等建筑，无不具有磅礴的气势和惊人的效果。

与此同时，柱式在古罗马有了新的发展。

图4-11　尼姆城输水道

图4-12　古罗马万神庙

图4-13　古罗马卡拉卡拉浴场

① （意）布鲁诺·赛维.建筑空间论——如何品评建筑[M].
　张似赞，译.北京：中国建筑工业出版社，2006：52.

古罗马原则上继承了古希腊三柱式，加上原有的古罗马塔司干柱式，同时又加上了由爱奥尼与科林斯混合而成的混合柱式，合称为古罗马五柱式。古罗马人发展新的柱式及柱式组合，丰富了立面的构图手法。其柱式的规范程度非常高，柱式成为古典建筑构图中最基本的内容，

成为西方古典建筑的最鲜明特征（图4-15）。

在形式上，古罗马的柱式趋向于细长的比例，复合的线脚，华丽的雕刻，柱子更多的是用作墙面的装饰，不再具备结构骨架与传递力的作用，只是在立面构图中表现着其不可替代的存在价值（图4-16）。

图4-14　古罗马角斗场与城市复原图

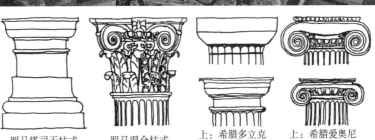

图4-15　古希腊与古罗马柱式比较

罗马塔司干柱式　　罗马混合柱式　　上：希腊多立克 下：罗马多立克　　上：希腊爱奥尼 下：罗马爱奥尼

图 4-16　古罗马科林斯柱头　　图 4-17　君士坦丁凯旋门

对君主与帝国的夸耀，使古罗马艺术从古希腊时期"高贵的单纯"蜕变为"炫目的豪华"，从"静穆的伟大"蜕变为"显赫的夸耀"。他们将古希腊人的单纯、宁静、无邪的优美，变成古罗马人夸耀事功的宏丽，它仿佛由一名纯情少女，变成了高贵的少妇（图 4-17）。在审美理念上，也从人神同形同性的审美观照，变为以人作为审美主体，建筑也从雕塑感转向对空间的追求。

但是，古罗马建筑所表现的审美理念仍是以和谐为基础的，特别是它的内部空间，仍然是静态的，不论是圆形还是方形。这两种空间，其共同规律都是对称性，与相邻各空间关系都是绝对各自独立的，厚重的分隔墙越发加强了这种独立性，另外，以超人的宏伟尺度构成双轴线的壮观效果，形成强烈的宁静、独立的艺术气氛。

2）伦理化与基于实用的美学理念

古罗马时期，人们的审美价值观发生了较大的转变，即从古希腊追求智慧，到追求现实的幸福，从推崇思辨精神和穷究世界奥秘的探索精神，到满足于艺术和空间设计技法的把握，在建筑审美方面，也表现出从哲学思辨到伦理化的倾向。

古罗马思想中的伦理化的倾向，使得原本属于哲学思辨范畴的某些对象出于实用的需要而不断从哲学领域分化出去，从而可以沿着更加专业化、科学化的方向发展，这客观上也使得古罗马时期几何学、天文学、力学、建筑学、地理学、历史学和文学等方面的成就更加辉煌。[1]

古希腊时期重视人的道德修养，把社会道德生活看作是整个宇宙秩序的一部分。而到了古罗马时期，随着物质财富的集聚和人类享乐心理的不断扩张，"快乐主义"取代了古希腊社会思想中关于"人的至高道德修养"方面的追求，并在后来进一步演化成为功利主义、非理性主义的艺术思想。

---

① 张京祥. 西方城市规划思想史纲 [M]. 南京：东南大学出版社，2005：18.

因此，罗马建筑发展了基于实用的美学观念。例如，在建筑艺术方面，他们摒弃了古希腊将建筑视为雕塑，彰显其纯粹审美的艺术做法，强调以直接实用为目的，将善于逻辑思维的突出才能充分地应用于制定法律、工程技艺、管理城市和国家等方面，他们建筑和城市规划中所追求的主要不是精神上与自然、宇宙的和谐，而是他们切身生活范围内的种种"现实"利益。

在对待自然的问题上，古罗马人重视强大而现实的人工实践，他们不像希腊人那样尊重自然和利用地形，而是倾向于强有力地改造着地形，并以此来显示力量的强大和财富的雄厚。无论是建筑设计还是城市规划，他们基于实用哲学，并采取"拿来主义"艺术手法，用于表现古罗马的沉着、威严与权力。

3）追求永恒的艺术秩序

对永恒的艺术秩序的追求，也是罗马建筑与城市的一个特点。在建筑群与外部空间中，他们极力追求完美的"秩序感"，用整齐、典雅而规模巨大的开敞空间，取代古希腊那种自由、不规则、凌乱的城市空间形态，并通过运用轴线系统、强调对比和透视手法等，建立起整体而壮观的城市空间序列。

例如，古罗马建筑师维特鲁威在继承古希腊哲学思想和城市规划理论的基础上，提出了理想城市模式。他充分考虑了城市防御和生活使用的需求，结合了理性原则和直观感受，融理想的美和现实生活的美于一体，并将数理和谐与人文主义统一起来，强调城市与建筑的关系、建筑整体与局部以及各个要素之间的比例关系，形成了完善的建筑与

城市的艺术法则。

在这一时期，罗马的广场逐渐由早先的开敞变为封闭，由自由转为严整，并运用轴线的延伸与转合、连续的柱廊、巨大的建筑、规整的平面、强烈的视线和底景等空间要素，使得各个单一的建筑实体从属于整体的广场空间，从而使这些广场群形成华丽雄伟、明朗而有秩序的空间体系，表现出强烈的人工秩序。其时的公共建筑不仅规模宏大，而且富丽豪华，用于歌颂权力、炫耀财富、表彰功绩，并象征罗马军事帝国的强大与永恒（图4-18）。

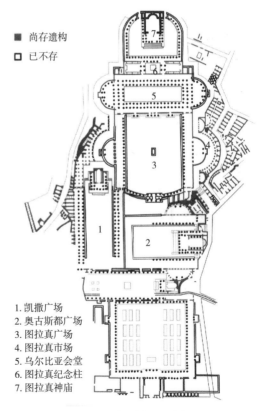

■ 尚存遗构
□ 已不存

1. 凯撒广场
2. 奥古斯都广场
3. 图拉真广场
4. 图拉真市场
5. 乌尔比亚会堂
6. 图拉真纪念柱
7. 图拉真神庙

图4-18 古罗马帝国时期广场平面图

4.2 从崇高到人本

4.2.1 中世纪的崇高、神秘与自然秩序

中世纪建筑的审美观念有了一些新的发展：其一，在宗教建筑中拓展了"崇高"这一审美范畴；其二，城市空间布局中深化了自然与宗教秩序的结合。

1）崇高的神秘感

崇高的出现与希伯来文明所代表的宗教文化有莫大的关系。古希腊文明和希伯来文明是西方自古以来存在的两种文明。希伯来人与古希腊人有着不同的社会经历，如历史上的大流散，亡国之辱等。这一切，使他们把求生的欲望、幸福的幻想、炽热的情绪，异化为对耶稣的信仰。这种宗教的迷狂，使人觉得受难为赎罪，死亡为复活，使人生变为通向天堂的荆棘丛生的道路。这种宗教信仰激起了内在的精神对外在存在的超越，激起了无限自由对有限人生的超越。也正是这种超越精神，使希伯来文化产生了与古希腊文化不同的审美形态——"崇高"。"崇高"与和谐不同的是，艺术中各元素表现为矛盾、冲突和痛感。

这种崇高最纯粹，最原始的形式开始表现为无处不在的精神实体——"神"（上帝），到基督教创立后，崇高便物化为耶稣基督，物化为圣母玛丽亚。于是，崇高第一次有了由人创造的象征符号——耶稣与十字架。

崇高这一审美感受的产生，需要通过否定的审美主体、肯定的审美客体的方式来完成。而这一切，也与基督教文化有很大的关系。

在中世纪，基督教提倡人的自我否定，基督教需要的是以赞美上帝和描写圣经故事为内容的艺术，它否定古希腊、古罗马艺术，将它视为阻碍对宗教信仰的因素，认为古希腊、古罗马艺术中没有上帝却有异教精神，它不讲灵魂的戒修，却讲模仿自然。在这种情况下，中世纪的艺术与现实形成了复杂而矛盾的局面：一方面，他们否定一切尘世的美和艺术；另一方面，却又不得不用"尘世"的艺术手段，运用美的规律来宣扬天国的美和上帝的美。

无论是希伯来的上帝（光、声音）还是基督教的十字架与圣母像，它们的感召力毕竟人而抽象，缺乏直观的感召力，只有在12世纪中世纪后期开始，林立于欧洲大地的哥特式教堂，才最终完成了崇高的"感性显现"。

与庄严静穆的古希腊神庙不同，哥特式教堂显示出一种神秘崇高的气氛。那直刺云霄的尖顶，宏伟高耸的拱门，仰天巍立的钟楼，均使人恍如灵魂出窍，物我皆忘，直奔那茫茫的天国（图4-19）。而幽深的走廊，高耸的穹窿，以及缠绕四周的千奇百怪的装饰，均令人目眩神迷。透过彩色玻璃射入的日光像一团团神圣的光环，与闪闪的烛光互相交织，犹如飘飘渺渺的天国幻影，加上风琴、圣歌、钟声，整个

图4-19 米兰大教堂立面

图 4-20 哥特教堂内部

图 4-21 哥特教堂占据城市最高的位置

图 4-22 哥特教堂在中世纪城市中的统治地位

一座教堂成为崇高的绝妙写照，此刻便觉得与神同在沐浴祈福[①]（图 4-20）。

在外部空间中，表达崇高的理念是通过凸显以教堂为核心的空间布局来实现的。在中世纪，宗教的力量无疑是最强大的。因此，表达宗教图景便成了该时期建筑艺术和城市景观的重要内容。人们可以发现，在城市里，占据城市最中心位置的是教堂，它凭借其庞大的体量和突出的高度，控制着城市空间布局，形成优美而有秩序的城市天际线（图 4-21）。如法国的圣米歇尔山城，位于山顶的教堂以庞大的体量和高耸的塔尖，形成巍峨险峻的气势。

尽管中世纪城镇的规模各不相同，但为了表现教堂的崇高地位，在广场空间组织上运用了类似的处理手法：即用教堂建筑群和柱廊，形成围合感很强的广场，构成了城市公共活动的中心；同时，道路以教堂、广场为中心向周边辐射，构成蜘蛛网状的城市空间格局（图 4-22）。正如张京祥在《西方城市规划思想史纲》一书所描述："这些城镇是围绕着修道院或城堡发展的，首先在广场附近扩大，然后沿着道路呈扇形渐次展开，它合乎逻辑地呈现为中心放射形，城市中那些弯弯曲曲、纷繁迷乱而秩序井然的街道，记录着岁月的流逝与城市的沧桑。城市整体空间格局主要呈现出封闭的形式，把各自分散的建筑物有机地组织成绚丽多姿的建筑群体，一个建筑物的立面通常与左邻右舍都发生关系，作为一个孤立的建筑实体而与周围环境基本无关的情况是很少的。城市内多狭隘和向上的空间，高耸的尖塔、角楼、山墙等都表达了超凡脱俗的视觉与精神效果。城市内的公共广场常常与大大小小的教堂连在

---

① 陈志华. 外国建筑史（19 世纪末叶以前）（第四版）[M]. 北京：中国建筑工业出版社，2010.

一起，市场也通常设在教堂的附近。教堂与市场，一个是精神活动的场所，一个是世俗生活的舞台，彼此共同密切了居民的交往。"[1]

作为中世纪城镇主要的标志性建筑，宗教建筑代表了该时期欧洲建筑的最高技术与艺术成就，并以哥特式建筑风格反映了当时的审美追求。

在内部空间处理方面，早期西方古典建筑为达到和谐的空间效果和创造优美的气氛，往往采用集中式平面，如古希腊神庙与早期基督教建筑，达到空间引力的相对平衡，同时，在空间布局上，某一空间方位占据主导地位。如古埃及卡纳克的阿蒙神庙在垂直方向占主导地位，拜占庭巴西利卡则在水平方向上有一个明确的中心。

哥特式教堂为取得神秘的崇高感，则运用了与以往不同的艺术处理手法，在哥特式教堂中，垂直与水平空间存在着无声却又尖锐的对立，因此，人的视线受到两种相反的表象、两种主题和两种空间类型的吸引。同时，在细部处理上，强调与人体尺度明显对立的空间效果，通过空间体系的矛盾对立，引发观者的不平衡感和冲动情绪。

尽管中世纪的宗教建筑被披上了神秘的色彩，但从本质上来看，它们仍包含古典和谐美的基本成分，并强调形式美的原则，在这点上，就是从神学家的美学理论中，也可以清楚地看出。例如，圣·奥古斯丁把美观定为"各部分的匀称，加上色彩的悦目"。圣·托马斯·阿奎那则认为："美有三个要素：第一，是一种完整或完美，凡是不完整的东西就是丑的；其次是适当的比例或和谐；第三是鲜明，所以鲜明的颜色是公认为美的。"可见中世纪美学虽然扩展了审美领域，其美学披上了一层神学外衣，但在建筑艺术上，外观形式的完整性、统一性、匀称性以及一定的比例关系，仍表明形式美的规律在建筑创作中的重要性。

2）有机的自然秩序

除了宗教建筑表达崇高的美学追求外，中世纪城市还表现出不同的美学景象。尽管中世纪几乎所有的城市，教堂都占据了城市的中央，但是城市总体布局结构非常自然，表现出自然主义的空间组织理念。除了教堂外，其他建筑布局鲜有超自然的神奇色彩和震撼人心的象征性概念。

由于当时连绵不断的战争，使之强化了城堡防御的需要。城堡多选址于易守难攻、地形高耸而又水源丰沛、粮食充足的地区。围绕这些城堡或交通节点发展起来的城市，多以环状和放射环状为主，该形态既体现了城市自发生长的空间特征，同时也有利于防御和节约筑城的成本。

西欧地域的长期分裂，在各地形成了丰富多彩、特色强烈的建筑风格，尤其是民间住宅，它们活泼自由的风格适应了千变万化的自然和人文环境，它充分利用地形环境、河湖水面和自然景色等各种特质要素，形成了各自不同的个性；它也产生了美好、朴素而雅致的中世纪城镇——近人的尺度和明确的造型感，弯曲的街道产生了丰富且细致的视觉效果、连续的空间感和近人的尺度，给人以美的享受。蜿蜒曲折而又宽窄变化的街道，有效地消除了狭长而单调的街景，收放有致的街道空间、小而别致的空间节点，这一切给人们创造了丰富、多变

① 张京祥. 西方城市规划思想史纲 [M]. 南京：东南大学出版社，2005：18.

的视觉景观、富有趣味的行为体验与亲切宜人的空间特质。

由于没有统一完整的规划设计意图。中世纪城镇缺乏基本的几何形和明确的空间序列导引系统，密如蛛网的巷道狭窄不一，表现为毫无逻辑的迷宫形式。除了以教堂为核心形成的公共区域以外，早期的中世纪城市并无明确的功能分区，手工业与商业活动就近混杂在城市密集的居民区里。

布鲁诺·赛维指出，中世纪建筑"其基础是乡村农业经济，是集体分红制和行会制，是防御的实际需要。这就是为什么凡出现类似的经济条件时，我们就能见到相似的建筑形式出现。"①

在城市色彩方面，中世纪城市也颇有特色，"由于地域文化风格的差异，中世纪欧洲每个城市几乎都有它自己的环境特色。以城市主色调为例，有红色的锡耶纳、黑白色的热那亚、灰色的巴黎、色彩多变的佛罗伦萨和金色的威尼斯等。应该说，这些城市主色调也是长期自发形成的，这不是一个躁动的时代，在基督教内敛、自律精神的熏陶下，每一幢建筑都平和而谦逊地安于成为城市整体中的一员，默默接受着时代的洗礼，以至于色彩都是如此一致、和谐。"②

同时，在追求有机平和背后，隐含着"内在秩序"，这种"内在秩序"既包含自发形成的因素，也来源于对自然地形的有机利用以及对基督教生活的有机组织。

中世纪城市无论在平面上还是在立面上，其基本形式要素是相互影响的，在表面的杂乱背后，反映出整体的、内在的有机秩序，即按照生活的实际需要，自然表露当时基督教生活的有序化和自组织性，从而形成和谐而统一的美。

这种自然优美、亲切宜人而又和谐统一的城镇环境，具有极高的美学艺术价值，它将一定的体系引入大自然，其结果是使自然和几何学之间的差距越来越小，直到最后几乎完全消失，所以也常常被人们称为"如画的城镇"。

这是布鲁诺·赛维所指出的有机性："这是一种扩展性、伸展的可能性、多座建筑物相互联结的可能性。"③ 他认为这种有机性"……往往与一系列建筑物有总体的联系关系，既渗透到其他建筑中去，又反过来统帅着所有建筑物。这种特色在其他建筑类型中也有反映，例如修道院、城堡和住宅。这反映了中世纪建筑和城市规划的记叙文般的性质，好像一代又一代的人们连续地讲述一个长篇的传说故事一样，自由驰骋、情节繁多，但是都由一种渊源深远的语言纽带给串连为一个整体了。"④

他还认为："这与那种单个的、孤立的古典概念的表述是直接对立的，与那种用主次轴线将一座城市划分为格网的方式是直接对立的，与所有那些不分时期、其唯一价值仅靠不能增减一分的整体美的建筑物也都是直接对立的。一句话，它是与所有那些静止的形式相对立的。那些静止的形式纵然焕发着想象力和个性的光彩，却没有反映历史进程的丰富生动的步伐。"⑤

① （意）布鲁诺·赛维.建筑空间论——如何品评建筑[M].张似赞，译.北京：中国建筑工业出版社，2006：119.
② 张京祥.西方城市规划思想史纲[M].南京：东南大学出版社，2005：18.
③④⑤ （意）布鲁诺·赛维.建筑空间论——如何品评建筑[M].张似赞，译.北京：中国建筑工业出版社，2006：74.

4.2.2　文艺复兴的人性化审美

中世纪强调宗教概念的表达，文艺复兴则再次高扬人本精神，重新肯定人的价值，并用现实之人取代了天国之神。追求现实中的人性美乃至世俗美成为当时的审美主潮。这种审美观念在绘画、雕塑乃至建筑中，均得到充分的反映。例如，在波堤切利的《维纳斯的诞生》一画中，美神维纳斯戴上了忧郁茫然的个性，给神的美充塞了人的内容（图4-23）。

图4-23　维纳斯的诞生

在建筑上，文艺复兴进一步发展了古希腊的"美是和谐"这一审美理念。例如，文艺复兴时期的建筑理论家阿尔伯蒂（Leone Battista Alberti，1404—1472）指出："我认为美就是各部分的和谐，不论什么主题，这些部分都应该按这样的比例和关系协调起来。"他出版的《论建筑》一书中，阐述了以数字和谐美为基础的美学理论。他推崇基本几何形体——方形、圆形和基本的几何体——立方体、球体的统一与完整的和谐美，认为美表现为一定的几何形状或比例的匀称，建筑主要是一种形式美。

欧洲学院派古典主义的创始人之一的帕拉第奥（Andrea Palladio，1508—1580）也认为：美产生于形式，产生于整体和各部分之间的协调，部分之间的协调，以及各个部分和整体之间的协调，建筑因而像个完整的躯体，它的每一个器官都和别的相适应，而且对于你所要求的来说，都是必需的。这些建筑美学观点，直至今日，仍在影响建筑审美领域。

从文艺复兴的建筑来看，它们的美学特征和艺术创造表现在如下几个方面：

1）人本主义倾向

古罗马特别是中世纪建筑具有超人的尺度，巨大的体量和内部空间往往压抑人的精神，而文艺复兴时期的建筑首先恢复了古希腊建筑所具有的人的尺度，建筑比例关系服从于人的尺度。

"到文艺复兴时期，人们已经不复为早期基督教的节奏感所打动，不复因拜占庭时期奔放的透视效果而迷乱，不复为罗马风的节奏缓慢而幽暗的连续开间所吸引，也不复为哥特风格的神秘高度及纵深的强烈效果而激动并且感到精神痛苦。一个人活动在圣洛伦佐教堂中，会明显地感到好像是在一所由建筑师设计过的住宅里面所感到的那种亲切随便的气氛，这样的建筑师并未被宗教狂热所征服，而是一贯寻求不带神秘色彩的合理和有人性的表现方法；人们，会感到好像在一所住宅中所感到的那种不拘束的气氛，这样的住宅带有充满人性的生活方式的安静贴切效果。希腊神庙中由雕刻与人的相互关系所表现出来的人体尺度感呈现了一种类似的宁静平衡的感觉。"①

---

① （意）布鲁诺·赛维.建筑空间论——如何品评建筑[M].张似赞，译.北京：中国建筑工业出版社，2006：76–77.

实际上，文艺复兴的重要成就是将古希腊神庙外部所表述的人类感情移入建筑内部空间中，也把罗马风时期和哥特时期仅限于平面设计的那种格律，应用到空间塑造中去。

如意大利文艺复兴的奠基人伯鲁乃列斯基（Fillipo Brunelleschi，1379—1446）设计的佛罗伦萨育婴院（1421），简洁、明朗，比例匀称，尺度宜人，被认为是文艺复兴的启蒙性建筑（图4-24）。

2）兼容的建筑风格

基督教把许多建筑形制斥为异端而加以排斥，这就严重地束缚了建筑艺术风格的多样化。文艺复兴时期的建筑师在反神权思想鼓舞下对古罗马建筑的重新发现和认识，使古典建筑艺术走向了高潮。布鲁诺·赛维认为，文艺复兴建筑"是中世纪农村解体的产物，是经济由务农转向海洋的产物，是渔业、工商业普遍超过农业的产物，是伴随各经济阶层的形成而必然出现的集体主义道德感崩溃的产物"。

文艺复兴时期的建筑多采用拱券结构，充满了艺术个性。如米开朗琪罗设计的建筑如同他的雕刻一样，充满了刚健的力量，同时又具有丰富的动感及骚动不安的情绪，而画家拉斐尔设计的建筑，则如他的《西斯庭圣母》一样，充满温馨、恬静、细腻的美感特征（图4-25）。这是建筑艺术摆脱神的枷锁后第一次自由表现。自文艺复兴之后，西方建筑的主角——宗教建筑的地位开始动摇，大体量建筑不再是神权的象征，而是体现人的力量。

3）数理美学的应用

文艺复兴时期建筑艺术的一大特点是强调数理美学的应用。布鲁诺·赛维认为，该时期带来了新的因素主要是一种数学的概念，这是从罗马风和哥特式的格律学发展而来的，它摒弃了尺度不一致、空间的无限性和分散性哥特式空间做法，也反对罗马风空间的偶然性，而是极力寻求一种秩序和规律。

图4-24 佛罗伦萨育婴院

图4-25 西斯庭圣母

此前建筑师往往强调流线设计，采用空间引导人的视线并决定着人们在建筑中行动的速度的做法。文艺复兴时期，伯鲁乃列斯基设计的教堂，首次出现了不再由建筑物来左右观众，而是由观者通过认识空间构成的简单规律而把握建筑物的奥妙。该时期众多教堂采用一种建立在基本数学关系上的空间度量，因为它有明显的规律性，使人能迅速把握和度量其内部空间。

文艺复兴时期出现了一大批符合古典美学的优秀建筑。如伯鲁乃列斯基设计的巴齐礼拜堂，是 15 世纪最有代表性的建筑物，它位于圣方济会修道院中，其主立面正对大门，从大门望去，对称的立面成为构图中心，使建筑群建立了和谐统一的秩序感，外观和谐有序，形式完美。巴齐礼拜堂正面 5 开间，中央一间较宽，发一个大券，在柱廊平分为两面半券洞与正中穹顶呼应，更强调了对称构图，柱廊上用壁柱与檐部线脚划分成方格，整个立面风格简洁、典雅（图 4-26）。

再如阿尔伯蒂设计的佛罗伦萨圣玛丽亚教堂、曼图亚·圣安德亚教堂（图 4-27）等建筑，立面构图中采用了古罗马的基本建筑母题，拱券、壁柱、不同柱式的叠柱构图，都有着精确的比例。

伯拉孟特（Donato Bramante）设计的坦比哀多是文艺复兴盛期的代表之作（图 4-28）。该建筑位于圣皮埃罗修道院中的柱廊内。建筑由 16 棵高 3.6m 的多立克柱子环绕，构成鼓筒形，鼓身立于踏步台座之上，鼓形上部饰有低矮的栏杆，顶部正中冠以一个穹顶。它既不笨重高傲，也不像宫殿那样严厉冷峻，层次丰富，构图完整，比例和谐，被赞誉为增一分则太多减一分则太少的经典佳作。

帕拉第奥设计的圆厅别墅，平面方正，四面一式。室外大台阶直达二层，强调了二层的构图（图 4-29）。圆厅别墅纵横对称，其外形的简明、凝练，构图的严谨以及和谐的比例，体现了帕拉第奥对古典规则的良好把握。上述这些实例，均反映了对数理美学的广泛应用。

图 4-26　巴齐礼拜堂

图 4-27　曼图亚·圣安德亚教堂

图 4-28　坦比哀多

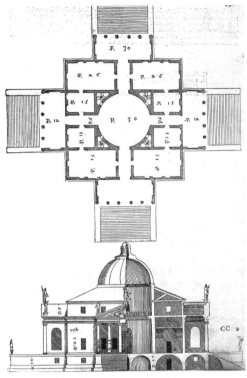

图4-29　圆厅别墅平面图与剖面图

4）静观式美学效果的复兴

　　追求连续和无限的空间是哥特式建筑的特色，一座哥特教堂能吸引人们视线上溯其尖顶；基督教巴西利卡则表达了人们在建筑中行进时的节奏感；文艺复兴早期注重的是赋予空间理性、有格律的秩序，使这个空间便于度量，该时期府邸建筑及其内院通过纤巧的结构构件和受力线构成美感，并显示对称构图中的圆形的观看路线。到了16世纪，文艺复兴的建筑排除以往各时期一切有动感的视觉诱导因素。空间形式回复了古老的内部与外部空间的对立，墙体厚重坚实，装饰要素富有厚实的雕塑感。它摒弃线条效果，极力表现体积感，建筑的线、面、体及其装饰的表现手法，均强调

整体的组织和统帅作用，追求体量上沉重、规整的均衡感，表达圆形浑然一体的纪念性的立体效果，形成静观式的美学效果的复兴。

4.3　从扭曲到柔媚

4.3.1　巴洛克的扭曲与空间渗透

　　巴洛克艺术是17～18世纪在意大利文艺复兴的基础上发展起来的一种建筑艺术风格，是对文艺复兴建筑的一种反叛和补充，表现出一种对文艺复兴时期所追求的严格、理性秩序的不满。巴洛克由罗马发起，一直到了17世纪中叶才盛行于德国和英国。巴洛克持续了近乎150年，是至今最后一个具有统一风格的形式。

　　德国学者威尔弗利德·柯霍指出："在超过150年的时间里，巴洛克成为全面渗透整个欧洲的一种生活模式，包括毫不困难也无过渡期地附加在建筑上的雕塑和绘画，为宫廷和教会庆典增添最后一抹光彩的音乐，狂热的宗教虔诚、文学以及家具、服饰和头发样式，甚至是谈话方式。巴洛克艺术贴近整个社会，而社会也全力支持它。"[①]

　　巴洛克建筑物的规模、空间格局以及装饰的奢华，是为了宣扬教会和国家的威望，它满足了当时艺术上、思想上和社会上各种层面的需求。

　　巴洛克出现在空间解放的时期。这是对规则、传统、基本几何关系和稳定感的一次反叛，是从对称形式，从内部空间与外部空间的对立中的一次解脱。它意味着精神状态从古典主义者的俯首听命中解脱出来，去接受大胆、幻想、

---

① （德）威尔弗利德·柯霍.建筑风格学 [M].陈滢世，译.沈阳：辽宁科学技术出版社，2006：237.

变化、对形式方面条条框框的排斥、舞台效果的变化无穷，接受不对称性和混乱，将建筑、雕刻、绘画、园林艺术以及水景等的交织配合，反对僵化的古典形式，追求自由奔放的格调，表达世俗的情趣，摒弃古典建筑的种种规则和惯例，反对盲目崇拜古罗马建筑理论家维特鲁威，也冲破了文艺复兴晚期的种种清规戒律，反映了向往自由的世俗思想。

古典主义者用"巴洛克"来称呼这种被认为是离经叛道的建筑风格，因为巴洛克一词的原意就是"变了形的珍珠"。巴洛克建筑的特点是外形自由，追求动态，喜好富丽的装饰和雕刻、强烈的色彩和光影效果，常用穿插的曲面和椭圆形空间。同时，在空间处理上，巴洛克建筑摒弃了文艺复兴静观式美学效果，追求特有的动感和空间渗透感，在建筑结构的造型处理和空间处理均如此。

将巴洛克与哥特式的空间动感相比较可以发现，它与哥特式的动感完全不同。哥特式的动感产生于两种方向性的对比效果，并利用建筑结构体系表面线条的变化，构成透视的二维空间效果，通过线条引导视线沿着一个表面转移，这就消除了墙体的厚实感。

巴洛克式的动感不是依附已有空间所表现出来的，而是一个形成空间的过程。它继承了16世纪体积设计的经验和造型技术的成就，利用整片墙壁呈波状起伏弯曲，表现空间、体积与装饰要素的活动，从而创造一种新的空间概念（图4-30）。

巴洛克式空间不是采用明确而有节奏的空间形式组合方式，而是将相互对比的空间形式并置；在垂直方向上，它摒弃16世纪建筑

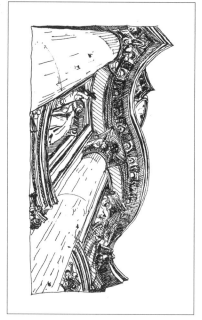

图4-30　圣卡罗教堂立面曲线

师将建筑物与穹顶明确区分，成为两个相对分开的体积的做法，而是把整个空间当作一个单位，穹顶与下面的空间融合为单一的连贯统一体，墙体结构也采用连续性的造型处理，在水平与垂直方向上互相渗透，使每一个空间单元丧失明确的界限，把空间互相渗透性表现得淋漓尽致。

如当时著名的巴洛克大师波洛米尼设计的圣卡罗教堂就是典型代表（图4-31）。这座教堂彻底摒弃了文艺复兴建筑常用的界限严格的几何构图，室内外几乎没有直角，全部是曲线，线脚繁多，装饰图案复杂，并采用了大量的雕刻和壁画，璀璨缤纷，富丽堂皇（图4-32）。与内部空间的诡谲相对应，教堂外立面也是极尽曲折变化，宛如流动的波浪。在仅上下两层高的立面上装饰了大量的动植物雕刻、栏杆、

假窗和奇形怪状的图案。在拐角立面上装饰有
水池、凹龛和人物雕像，拐角处的屋顶是一座
高高的方形塔楼，塔楼的每个边角也都有凹凸
变化，与主立面取得一致。

　　巴洛克风格的建筑富丽堂皇，有强烈的神
秘气氛，符合天主教会炫耀财富和追求神秘感
的要求。但是有些巴洛克建筑过分追求华贵气
魄，甚至到了繁琐堆砌的地步，此时，巴洛克
建筑已经失去了人文主义者优雅的文化气质。

　　在城市设计中，巴洛克将建筑风格的原理
放大到城市，它抛弃西欧中世纪城市中自然、
随机的空间格局，运用矫揉造作的手法，追求
特殊的视觉效果，通过建立整齐、具有强烈秩
序感的城市轴线系统，强调城市空间的运动感
和序列景观，来烘托教会神秘而不可动摇的权
势，表现豪华虚张的特性。其城市规划有着明
确的设计目标和完整的规划体系，充分运用几
何美学来达到这种目的。在规划中，道路格局
往往采用"环形 + 放射"式，并在转折的节点
处，用高耸的纪念碑等来作为过渡和视觉的引
导。将不同历史时期、不同风格的建筑物联系
起来，构成一个整体的环境。

4.3.2　洛可可的柔媚与细腻

　　"洛可可"是 18 世纪 20 年代产生于法国
的一种建筑风格。"洛可可"一词源自法国词汇
"Rocaille"，意味着岩石和贝壳，其意思是指
岩状的装饰，基本是一种强调自然形的漩涡状
花纹及反曲线的装饰风格，与巴洛克艺术风格
最显著的差别就是，洛可可艺术更趋向一种精
制而幽雅，具有装饰性的特色，不像巴洛克风
格那样色彩强烈，装饰浓艳。

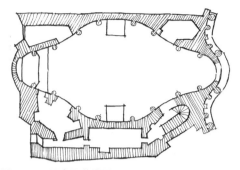

图 4-31　圣卡罗教堂平面

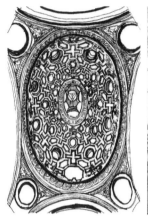 

图 4-32　圣卡罗教堂室内　　图 4-33　马德里皇宫室内装饰

　　洛可可建筑在室内装饰上，具有柔媚、温
软、细腻倾向。装饰题材倾向于自然主义——
自然形态的叶子和枝干形状、贝壳、珊瑚、海草、
浪花和泡沫等海浪形状，成为室内装饰的主要
装饰题材，卷草舒花，缠绵盘曲，连成一体
（图 4-33）；室内应用明快的色彩和纤巧的细
部饰物，家具也非常精致而偏于繁琐，常常采
用不对称手法，喜欢用弧线和 S 形线，顶棚和
墙面有时以弧面相连，转角处布置壁画。

　　为了模仿自然形态，洛可可建筑的室内部
件也往往做成不对称形状，使之变化万千，但

图 4-34　巴黎苏俾士府邸公主沙龙

有时流于矫揉造作。室内墙面粉刷，爱用嫩绿、粉红、玫瑰红等鲜艳的浅色调，线脚大多用金色。室内护壁板有时用木板，有时做成精致的框格，框内四周有一圈花边，中间常衬以浅色东方织锦。

　　洛可可风格反映了法国路易十五时代宫廷贵族的生活趣味，曾风靡欧洲。这种风格的代表作是巴黎苏俾士府邸公主沙龙（图 4-34）和凡尔赛宫的王后居室。

4.4　从严谨到混杂

4.4.1　古典主义的严谨与理性

1）强调普遍与永恒美学原则

　　古典主义是 17 世纪法国文化的总称。1585 年成立的卡拉齐学院，极力传播严格、规范的古典主义思想，对后来法国古典主义建筑和艺术的诞生起了很大的推动作用。

　　"17 世纪法国的绝对君权正如日中天，为了巩固君主专制，统治者及其御用学者竭力标榜绝对君权与鼓吹唯理主义，把君主制度说成是'普遍和永恒的理性体现'，大力提倡能象征中央集权的有组织、有秩序的古典主义文化。"[①]

　　在该时期，美学思想受当时法国著名哲学家、近代唯物主义理论哲学创始人笛卡儿（Rene Descartes）的影响很大。笛卡儿在哲学上认为感觉并非真理来源，只有理性才可估，主张采用欧几里得几何学为标本的理性演绎法，以观念本身的"清晰明白"作为辨别真理的标准。法国诗人布瓦罗（Nicolas Boileaa-Despreaux）将这种理性主义引进美学和文艺领域，强调任何艺术皆须以理性为准绳。在美学中的"真、善、美"三者关系上，极力强调"真"的重要地位，认为只有反映真实，才能表现美。

　　在建筑艺术上，也极力推崇理性，探求具有普遍性、永恒意义的建筑美学原则，反对个性、反对表现情感。认为建筑美就在于纯粹的几何形状和数学比例关系，把美完全归结于数学关系。同时，强调建筑局部与整体、局部之间严谨的逻辑性。

　　例如，法国古典主义建筑师勃隆台认为："一个真实的建筑应符合建筑的典型法则，并能取悦所有人的眼睛，而不应沾民族偏见，不沾艺术家个人的见解。"他还认为："决定美和典雅的是比例，必须用数学的方法把它制订成永恒的、稳定的规则。"并认为均衡的最高形式就是绝对对称，突出中轴线。他反对建筑师沉溺于装饰，沉湎于个人的习惯趣味。宣称要抛弃一切暧昧的东西。在条理清晰中见美，在布局

① 张京祥．西方城市规划思想史纲 [M]．南京：东南大学出版社，2005：60.

中见方便，于结构中见坚固。[①]

勃朗台强调："我们在任何一种艺术美中所能感受到的一切满足，都取决于我们对规则和比例的认识。"因此，他们用以几何和数学为基础的理性判断，取代直接的、感性的审美经验，并把它运用到城市和建筑设计中。

2）讲究轴线对称与主从关系

古典主义建筑在布局和构图中，讲究严格的对称均衡，突出中心轴线，主次关系十分明显，在外形上显得端庄雄伟；同时，追求抽象的对称与协调，寻求构图纯粹的几何结构和数学关系。古典主义的规划也强调轴线对称、主从关系，突出中心和规则的几何形体，强调统一性和稳定感，突出地表现了人工的规整美，反映出控制自然、改造自然和创造一种明确秩序的强烈愿望。

不同于在建筑风格上两者的截然区别，在城市规划领域，古典主义风格与巴洛克风格始终在相互影响、相互渗透中发展，实际上，它们的本质目的是相同的，即通过壮丽、宏伟而有秩序的空间景观，来喻意中央集权的不可动摇。在城市规划中，最后这两种风格已经难以区分，多是以"巴洛克＋古典主义"的混合形式出现，并对西方的城市规划建设产生了重要的影响。

在唯理主义思想主导下的西方古典主义园林，以人工剪裁艺术，并根据不同的风景形式完成了对自然改造，从而形成一个完整而有序的景观。如凡尔赛宫不仅布局讲究严格的轴线对称，甚至连道路、植物、水池、草地等都是几何形状图案。可以说，古典主义建筑把建筑形式美原则推到极端的地步。在对待自然的态

度上，反映出天人对立的心态。

古典主义园林也是这样，例如，朗特别墅的花园以水景为主，表现泉水从岩洞流出，到形成急湍、瀑布、河、湖以及泻入大海的全过程。这一切都是在纵贯整个花园的笔直的轴线上进行的，并把它置于整齐的花岗石渠道中，表现出强烈的理性观念。同时，炫耀喷泉等技术性景观要素的运用。

到了17世纪下半叶，法国的绝对君权达到顶峰，宫廷园林和王族园林表现追求几何对称的造园方式，古典主义园林总体布局作为君主专制政体的图解，大型化、对称中轴线、网络化、几何图案式成为这一时期造园的特点。如凡尔赛园林占地670hm²，花园的主轴线长达3km，成为整个园林的构图中心，华丽的植坛、精彩的雕像、壮观的台阶和辉煌的喷泉均集中在轴线上或两侧（图4-35）。在这里，主

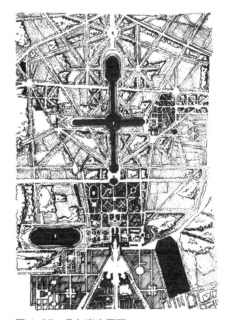

图4-35 凡尔赛宫平面

---

① 陈志华.外国建筑史（19世纪末叶以前）（第四版）[M].
北京：中国建筑工业出版社，2010.

轴线成为艺术中心，成为巨大园林的艺术统率中心，来满足古典主义美学构图统一要求；同时，众星拱月、主从分明的构图，反映绝对君权的政治理想。在这类园林中，宫殿或府邸位于地段的最高处，前为通向城市的林荫道，后为花园，花园外围为层层的林木。建筑轴线作为整个构图中心，贯穿花园和林园。园林中轴线两侧，对称地布置次级轴线，与府邸的立面形式呼应，并与几条横轴线构成园林布局的骨架，编织成一个主次分明、纲目清晰的几何网络，并体现鲜明的政治象征意义。

4.4.2　浪漫与折中主义的审美

进入 18 世纪，西方建筑审美领域开始转变方向。一方面，由于英国在 17 世纪中叶完成了资产阶级革命，而产业革命在城市里引起的消极后果又促使人们厌恶城市生活和工业文明而向往田园，宣扬追求人的个性自由、道德完美，跟万物和谐地相处。他们向往中世纪的生活，在建筑上模仿中世纪寨堡和哥特风格。另一方面，在法国思想家卢梭的影响下，欧洲掀起"重新发现自然"运动。"我们在大自然中比从艺术珍品上所见到的更为宏伟庄严。因此，对伟大自然的任何程度的模仿所给予我们的快感，要比精巧艺术所能给予的更崇高，更昂扬。"

西方的这种变化，首先表现在放弃了对几何美的追求，转而追求自然主义美学，如英国的园林艺术开始设计自然式的园林，他们摒弃几式的格局，不再追求笔直的林荫道、绿色雕刻、图案式植坛、平台和规则形水池的设计模式。天然牧场般花园以草地为主，自然形态的老树、曲折的小河和池塘，两岸草坡斜侵入水。在中国园林艺术的影响下，18 世纪的欧洲造园艺术表现出自然主义审美特征，在建筑上则追求非凡的趣味和异国情调，在园林景观要素中也包括东方建筑小品。

到 18 世纪下半叶，由于自然风致园过于平淡，人们逐渐抛弃这种景观布局方式，渐渐兴起浪漫主义风格，尤其在中国造园艺术影响之下，追求更多的曲折，更深的层次，更浓郁的诗情画意，增加了对原来的牧场景色加工成分，使自然风致园发展成了画意园。不过，此时的画意园仍然可以叫作自然风致园。

折中主义建筑在 19 世纪上半叶兴起，主要是为了弥补古典主义和浪漫主义在建筑上的局限性，他们任意地模仿历史上的各种风格，或自由组合各种式样，所以也被称为"集仿主义"。折中主义建筑并没有固定的风格，但它讲究比例权衡的推敲，沉醉于"纯形式"的美。折中主义的典型代表是巴黎歌剧院，其里面是意大利晚期的巴洛克风格，并掺杂了繁琐的洛可可雕饰（图 4-36）。

图 4-36　巴黎歌剧院

第5章

现代建筑的审美拓展与
当代建筑的审美变异

5.1 从形式到功能的审美拓展

现代建筑对美学观念的拓展，表现在从注重形式美的追求转向以功能为表现内容的技术美学等的转变。

5.1.1 从外形到空间

20世纪建筑领域最重要的观念变革，是"空间"的概念取代了以往"形式"的观念；在现代建筑运动中，实现了从形式美学向功能美学的转变。

尽管当今在建筑领域中，空间的概念深入人心，但是，直到18世纪以前，西方各种建筑文献中几乎没有出现过"空间"（Space）这个词，他们关注的建筑外表的实体形式，厚重的

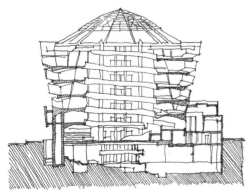

图 5-1 古根海姆博物馆剖面

分隔墙，繁琐的表面装饰，均表明这一审美意向。最早使用"空间"一词来讨论和评价建筑的人，是19世纪的一些德国哲学家、美学家和艺术评论家。尤其是经德国艺术史家沃尔弗林的充分发挥，建筑的"空间"概念才逐渐传遍西方，并在20世纪的建筑舞台上成为主角。

现代主义建筑大师格罗皮乌斯认为：建筑意味着把握空间。因此，要把握现代建筑的本质，关键在于澄清现代建筑思想的空间概念。

在现代建筑运动中，建筑师对空间观念的拓展，是在长、宽、高三维空间中引进时间因素，从而产生流动空间的概念。如密斯设计的巴塞罗那德国馆的流动空间、赖特设计的古根海姆博物馆，均表现出对四维空间的探索。

赖特多年来一直在探索如何创造有机建筑空间，在古根海姆博物馆中（图5-1），赖特实现了这一梦想，"在这里，建筑第一次表现为塑性，一层流入另一层，代替了通常那种呆板的楼层重叠。"当人们置身于该空间时，在各个方向上都能感受到空间的有机联系，同时人们的空间感受又不断地产生变化。

5.1.2 从形式到功能

在现代主义之前，从文艺复兴到古典主义，西方建筑界一直以形式美法则作为塑造建筑的

主要美学原则，直到18世纪下半叶，欧洲建筑仍然是古典主义美学的一统天下。但在此时，出现了四位具有现代意义的建筑师——布隆代尔、布雷、列杜和杜朗。其中，布隆代尔认为不同目的的建筑必须选择不同的性格；杜朗则在反复强调建筑的实用性和经济性，并指出"当一座建筑满足了其实际功能之后，想要其不可爱也是不可能的"，可以说，他们是现代建筑史中提倡功能主义的先驱者。

　　19世纪70年代兴起的美国芝加哥学派的代表人物是路易斯·沙利文。他最先提出了"形式追随功能"的口号，为功能主义的建筑设计思想开辟了道路。他认为世界上一切事物都是"形式永远追随功能，这是规律"。他否定建筑设计采用固定的"格式"，否定那些毫无意义的纯粹的"古典外衣"。他认为一座建筑应该是从内而外的设计，建筑形式的美是其内部结构的必然反映。为了发展高层办公楼建筑的典型形式，他规定了这种建筑类型在功能上和形式上的特征。这与当时正流行的复古主义按传统的历史样式设计、不考虑功能特点是完全不同的，当然，这种设计方法也更具理性和科学性。此时的建筑艺术美直接反映了新材料、新技术、新结构的特点，同时也符合新时代工业化的精神。

　　20世纪初，建筑师格罗皮乌斯也是功能主义的积极拥护者和倡导者，他的两座重要建筑——法古斯工厂（图5-2）和科隆展览会的办公楼，"都清楚地表明重点放在功能上面，这正是新建筑的特点"。在设计包豪斯校舍中，格罗皮乌斯把建筑物的实用功能作为建筑设计的

图5-2　法古斯工厂

出发点，把对建筑功能的分析作为建筑设计的主要基础，按照各部分的功能需要和相互关系定出它们的位置，决定其体形；按照现代建筑材料和结构的特点，运用建筑本身的要素取得建筑艺术效果。

　　功能主义的建筑美学主要有两种类型：一是"比拟于生物"的美；二是"比拟于机械"的美。①

　　"比拟于生物"的美以著名美国建筑师赖特的有机建筑为代表。赖特草原式住宅的特点是在造型上力求新颖，在布局上与大自然结合，使建筑物与周围环境融为一个整体。赖特认为有机建筑是"一种由内而外的建筑，它的目标是整体性。有机表示内在的哲学意义上的整体性，在这里，总体属于局部，局部属于总体"。有机建筑就是"自然的建筑"。赖特的有机建筑包含了强调"整体性"和"模拟植物"两层含义，其中"整体性"既存在于单体建筑内部，又存在于建筑与环境之间。赖特的有机理论最好地体现在流水别墅（图5-3）和西塔里埃森两组建筑之上了。西塔里埃森坐落在威斯康星

① 　季文媚.功能主义与建筑美的意义——读汪正章的《建筑美学》有感[J].安徽建筑工业学院学报（自然科学版），2003（1）：41-44.

州的沙荒中，是一片单层的建筑群（图 5-4）。在外观形象上十分特别，粗糙的乱石墙、没有油饰的当地的木料和白色的帆布板错综复杂地组织在一起，有的地方像石头堆砌的地堡，有的地方像临时搭设的帐篷……总而言之，这是一组不拘形式的、充满野趣的建筑群。它同当地的自然景物很匹配，给人的印象是建筑物本身好像沙漠里的植物，也是从那块土地里长出来的。

而"比拟于机械"的美表现为 19 世纪下半叶进行的新建筑运动。英国以莫里斯工厂为中心的工艺美术运动，提倡手工艺的效果与普通材料的自然美，憎恨现代化大工业，对工业文明采取敌视态度，认为机器损坏了人的创造性。1923 年，勒·柯布西耶出版了《走向新建筑》一书，他充满激情地歌颂了现代工业的成就，拿建筑同轮船、汽车和飞机相比，认为房屋和这些机器产品一样，也存在着自己的标准。他提倡要创造新时代的新建筑，主张建筑走工业化的道路。他认为住宅是居住的机器，住宅如同机器一样可以用工业化的方法大规模地建造，并且要求建筑师向工程师的理性学习，把房屋建筑设计得像轮船、汽车、飞机那样合理有效（图 5-5）。

图 5-4　西塔里埃森

图 5-3　流水别墅

图 5-5　萨伏伊别墅

5.1.3　从静态到流动

西方古典建筑空间多表现为静态的艺术形式。古希腊和古罗马建筑所表现的审美理想是以和谐为基础的，不论是外部空间，还是内部空间，任何相邻空间的关系基本上都是绝对独立的，而厚重的分隔墙越发加强了这种独立性。不论是圆形空间还是方形空间，其共同规律都是对称性，以超人的宏伟尺度构成双轴线的壮观效果，基本不会因观者存在而在效果上产生变化，是一种观静独立的艺术存在。尽管建筑空间形式在各时期有所变化，但以静态为特征的审美形式一直占据主导地位（图5-6）。

随着现代物理学的出现，经典的时空观念被打破，时间与空间不可分割的观念在建筑设计中得以反映，追求空间流动的艺术概念也在现代建筑运动中得以发展。在20世纪早期，追求流动变化之美的建筑师有高迪，他有异乎寻常的想象力，精通形式与空间变化，并把设计重点放在造型艺术方面，用水泥制造流动的形状，其中嵌入陶片、玻璃片和一团团装饰性的金属制品，创造了奇特、怪诞的建筑形象，作品极富个性（图5-7）。

密斯设计的巴塞罗那德国馆是该时期流动空间的代表作（图5-8）。该建筑平面中的墙与墙之间相互独立，看似缺乏一定的联系。墙

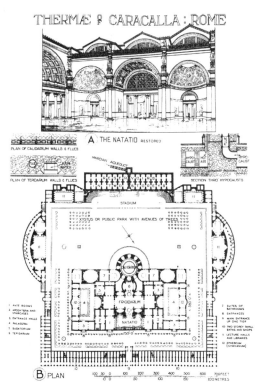

图5-6　古罗马卡拉卡拉浴场

图5-7　高迪的圣家族教堂

图5-8　巴塞罗那世博会德国馆

的类型有三种：L形；T形；I形。三种形式的墙彼此相互穿插，以一种非常自由的方式相互垂直布局，形成了空间的流动性，这正是密斯所追求的流动空间。在他设计的各个内部空间，以及内、外部空间之间，都没有确定的限定，而是相互延伸，相互渗透，整个建筑空间就像水一样在流动。"流动空间"的意义在于彻底改变了以前的封闭空间的概念，实现了从静态之美到流动之美的转变。

其实，"流动空间"在我国古代园林设计中早就存在。中国古典园林的布局强调空间的藏与露、虚与实、蜿蜒曲折变化等（图5-9），利用空间的渗透，借丰富的层次变化，极大地加强景的深远感，如留园的入口由于巧妙地利用各种手段分隔空间，在分隔的同时又使之相互连通渗透，从而使空间显得格外深远。

在当代，数字化技术使建筑空间的概念产生了极大的变化，以流动变化为特征的数字建筑艺术对传统空间观念产生了强烈的冲击，一些建筑师努力探索含混复杂的空间，创造了前所未有的建筑形象。如格雷·林（Greg Lynn）就把其对建筑时空观的认识建立在利用数字技术模拟"动态之形"（Animate Form）上。他着重研究在数字状态下空间的形态演化，试图把传统上关注的静态建筑学引入一个新的动态领域（图5-10）。

5.2 审美变异的哲学内涵

20世纪60年代以来，建筑美学观念上出现了审美观念的剧变，其审美思想迥异于传统美学，被称为当代建筑的审美变异。

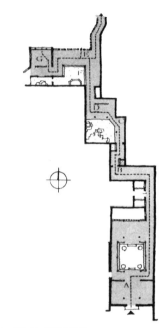

图5-9 留园入口处平面

图5-10 胚胎学住宅

当代建筑审美的变异有悠久的历史渊源，它经历了长期的"量变"的积累，这种"量变"不仅仅包括现代建筑中一些非主流流派的美学探索，也包括建筑审美历史中人们所进行的种种美学探索。以20世纪20年代的现代建筑机器美学为例，相对于古典美学，它就有不少

"变异"的成分，如古典建筑强调对称，现代建筑却打破了这一法则，古典美学强调均衡，现代建筑中却存在种种"张力"。但是现代建筑美学观念再激进，也没有达到否定和谐统一、推崇含混折中、摒弃理性的地步。相反，在某些方面还强化了理性原则。事实上，当代建筑的审美变异所跨出的步伐远大于现代建筑的审美拓展，"变异"包含有了"质"的变化，它表现在哲学内涵、美学手段和美学范畴等方面的演变。

任何时候，美学与哲学都有着紧密的关系。一种哲学思潮的出现，总会在美学与艺术领域产生一定的影响，而某种美学流派的兴衰更迭，也与相应的哲学背景有很大的关系。哲学观对美学的影响与制约，具体表现在美学的本体论、认识论和方法论上，同时美学的中心概念和理论体系也与哲学相互对应。

基于这一观点，当我们从哲学的角度透视繁杂的审美现象，就会发现，当代建筑的审美变异包含了一个基本的哲学内核，这就是"理性的失落"。这种失落，是非理性情感因素的渗透，也是对古典理性与现代建筑理性精神的反叛与质疑。理性（Rationality）又称合理性，是人类长期研究的问题，它是人类寻求普遍性、必然性和因果关系的能力，它推崇逻辑形式，讲究推理方法。

古典理性主义主要表现为演绎逻辑和归纳逻辑两种形式。近代理性主义分化为推崇演绎法的大陆唯理论和推崇归纳法的英国经验论两种形式。唯理论推崇理性思维，贬低感觉经验，认为只有运用逻辑推理的方法，才能认识真理；经验论者则竭力抬高归纳逻辑的地位

和作用，并对理性进行了经验论解释。他们认为，理性要以特定的方式去接受过去经验的指导。

加拿大学者 M. 邦格认为，[①]"合理性"一词至少代表着 7 种不同的概念，即：

（1）概念的合理性：使模糊性或不准确性最小；

（2）逻辑的合理性：力求一致，避免矛盾；

（3）方法论的合理性：通过质疑和辩护的方法；

（4）认识论的合理性：关心经验的支持，避免与当前科学技术知识不相容的假设；

（5）本体论的合理性：采取与现代大多数科学知识相一致的世界观；

（6）价值的合理性：力求得到目标，该目标不仅是可得的，还是值得追求的；

（7）实践的合理性：采取最有助于得到目标的方法。

M. 邦格还认为，在合理性的 7 种概念中，违反任何一种要求都会导致向非理性方向转化。根据上述定义，我们就对理性有了统一认识的基础，可以对建筑领域的理性与非理性加以讨论。

现代建筑设计思想萌生于 19 世纪中叶。受 18 世纪启蒙运动和产业革命的影响，现代建筑把创作观念牢固地建立在理性主义基础之上，并把理性精神贯穿于它的美学体系与艺术手段中。

现代建筑的理性精神，既包含了推崇演绎逻辑、讲究概念明晰和数理秩序的古典理性，也包含了从经验主义发展而来、建立在现代实用主义基础上的理性主义成分。在本体论层次

① M. 邦格 . 合理性的七种需求 [J]. 杨金海，译 . 自然科学哲学问题，1989（3）：28.

上，它以近代科学精神为指导，强调建筑的物质性；在认识论层次上，它关心经验支持，坚持科学性，反对神秘主义；在方法论层次上，它讲究逻辑推理方法，反对主观与随意性。同时，它把社会进步作为建筑设计的最高价值，体现出"价值的合理性"，并采用工业化的生产手段，作为目标的追求方法，体现了"实践的合理性"。这些理性精神集中反映在它的功能理性、概念理性、逻辑理性与经济理性等方面。

但是，当代先锋建筑的审美变异，恰恰表现为对其理性精神的挑战与质疑，与此同时，唯意志论、存在主义、东方神秘主义等非理性主义思潮就趁虚而入，使建筑美学理论呈现出理性失落的倾向。

这种失落，其一，表现为在建筑创作中，夸大人的直觉、无意识、本能等非理性因素的地位与作用，追求自我，表现自我，忽视建筑的物质性和社会性制约因素；其二，抛弃理性的目的，仅仅关注理性的表现手段，甚至用理性的方式向理性概念质疑，从"超理性"走向非理性。在实际中，前者更多地反映在后现代等流派的创作观念中，后者则更多地反映在解构主义设计方法中。

同时，也应当看到，当代先锋建筑思潮中的理性失落，隐含于"量变"到"质变"的过程中。所谓"量变"，就是对现代建筑理性精神的质疑，并逐步渗入非理性情感因素；"质变"，则是用非理性取代现代建筑的理性精神。

当代建筑审美变异所体现的哲学特征，主要表现在消解功能理性、摒弃形式理性、否定逻辑理性、重释经济理性几个方面。

5.2.1 消解功能理性

功能，是现代建筑创作思想的灵魂和主要的美学依据。尽管早在古罗马，维特鲁威的建筑"三原则"就把实用功能置于首位，但是只有现代建筑才真正开创了以功能作为理性依据的创作新风。

现代建筑先驱沙利文，在惠特曼、达尔文和斯宾塞思想的影响下，从生物的形式与功能的完美结合中受到启发，明确地提出了"形式追随功能"的建筑口号。随着新建筑运动的深入与推广，它成为现代主义的主要设计信条，以及建筑表现形式的美学依据。

由于以功能作为主要的美学内容，从而使现代建筑的理性主义有别于古典建筑中的理性主义。因此，功能主义常用来指代那些把功能作为创作原则的设计思潮。

其实，功能主义仍属于理性主义，它是功能理性——注重理性功用与实效的现代哲学思潮在建筑领域的反映。功能主义的基本理性特征主要表现在：注重形式生成的因果性，重视设计过程的逻辑性，追求设计与建筑产生最大功用与效益三个方面。并在此基础上，表现出"功用理性"的种种哲学心态，即：

（1）实用主义的价值观

功用理性的最大特点，就是着眼于理性的功用与效益。它认为，理性的观念在发生具体功效之前，本身没有内涵与价值，它的价值取决于解决问题的效果与能力。"真理即有用，有用即真理"就是他们典型的哲学命题。

现代主义建筑师在设计中，亦追求建筑与城市发挥最大的实用功效和经济效益，以功利主义的态度来看待建筑物的价值。因此，注目于实用功能，以此作为建筑设计的出发点，同时，轻视人类的情感、历史文化、地方风俗等因素，在这种观念指导下，一些现代派建筑师甚至把人类生存环境的创造精简为满足最低限度生存要求的"机器"，把建筑设计等同于工业产品设计。勒·柯布西耶在1923年提出了标准化住宅的设想，确定了"佩萨克（Pessac）"的基本构成元素。他认为这种标准化工业化的方盒子可以适应各种不同使用者的需求（图5-11）。

（2）以"善"为中心内容的审美观

功能主义的理性精神，还表现在他们把建筑设计的目的上升到美学中"善"的高度。古希腊哲学家苏格拉底认为，美与善的统一是以功用为标准的。亚里士多德亦认为，美是一种善，其所以引起快感正因为它是善。

现代建筑大师亦认为"美"即"善"，"善"即"美"。因此，他们把"功能"作为建筑设计主要的美学依据，认为完善的功能表达就是"美"。同时，还把建筑设计看作是促进社会进步的手段，以及是建设美好社会的伦理性行为，而非表达个人情感的工具。勒·柯布西耶在1930年提出了"光辉城市"的构想，他致力于创造出一个崭新的以工业时代为背景、以效率最大化为目标的城市典范。"光辉城市"理论主张用全新的规划思想改造城市，设想在城市里建高层建筑、现代交通网和大片绿地，为人类创造充满阳光的现代化生活环境（图5-12）。

（3）以功能为依据的创作模式

功能主义摒弃先验、固有的理想模式，按照客观对象的功能、构造与材料性能进行建筑的形体设计。他们以功能关系作为建筑空间组合和城市布局的理性依据，以此向"学院派"

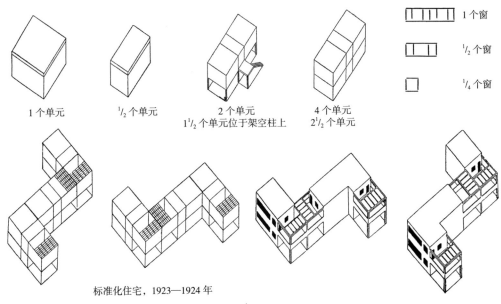

图5-11　柯布西耶标准化住宅设想（1923—1924）

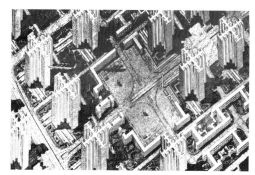

图 5-12　"光辉城市"的城市模型

的设计教条挑战，确立了一代设计新风。

　　这种创作模式在国际现代建筑协会（CIAM）早期的城市规划方案中得以清楚的表达——严格的功能分区、树形的城市结构、几何图式的道路骨架，表现出唯逻辑至上的理性主义姿态。但是，由于物质功能具有超越文化和地区特色的特点，以致随着这种方法的广泛流传，便不可避免地产生千篇一律的国际式建筑风格，从而落入以"理想的功能关系"为模式的窠臼中。

　　以功能理性为特征的设计方法具有不可磨灭的历史功绩，但不可否认，它也带有一定的历史局限性，这种局限性在后来受到人们的不断质疑，它表现在如下几个方面：

1）对功能理性的质疑

　　在第二次世界大战后，现代主义的功能理性概念不断受到人们的质疑。人们普遍要求恢复建筑与城市中历史文化的关联，寻求能促进情感交流的城市布局模式，探索能容纳生活的复杂性与矛盾性的建筑空间。质疑首先针对功能分区及其功能简单化倾向。一些建筑师和艺术家指责功能分区丧失了丰富的城市生活情趣，把一个复杂的城市有机系统肢解为简单的平面几何关系，它割断了历史与文化情感的联系，从而极力否定"功能城市"与"功能建筑"，否定追求逻辑性的设计程序，抨击功能主义的纯洁理性。

　　在 20 世纪 60 年代初，美国学者简·雅各布斯（J.Jacobs）应用社会学、心理学等理论，对简单化的功能主义规划思想提出质疑。她指出，城市街道决非仅交通这一种功能，它还有多方面功能，并认为只有使城市各区域多种多样的功能互相穿插渗透，提供不同时间，不同日的人共用区内各种设施，才能提供安全而又充满生命力的城市空间。为此，她反对 CIAM 单纯追求效率的直线型城市道路系统，认为大部分街坊要短，使道路有频频转弯的机会。并且认为不同年代和条件的建筑物要混杂起来，从而向 CIAM 的绝对功能分区的概念提出反诘。

　　1965 年，亚历山大（C.Alexander）在《城市并非树形》一书中，以集合论为基础，采用数学方法，论证了现代功能城市存在的问题，他认为按照功能主义理论设计的"人造城市"是完全失败的，其原因是它未能满足人们对某些真正价值的渴望。他指出："今天，人们越来越充分地认识到，在人造城市中总缺少着某些必不可少的成分。同那些充满生活情趣的古城相比，我们现代人为地创建城市的尝试，从人性的观点而言，是完全失败的。"

　　他把人造城市失败的原因，归结到它那条理清晰和结构简单的"树形结构"身上（图 5-13），指责树形结构的简单化倾向损害了现实社会中人际关系的复杂性，它无法真实反映社会的结构，这种为了减少模糊性和重叠性的树形思维，是以富有活力的城市的人性和丰富多彩为代价的。因此，他大力推崇含混、复杂与兼容的城市设计哲学，认为必须用半网络结构及其相应的规划方法来创造生机勃勃的城市，指出交叠、模棱两可的半网络思维，并不比呆板的树形缺乏条理性，它代表一个更精确、更合理的设计观念。

这种对功能理性的责难，伴随二战后经济复苏，也在日本得到了响应。20世纪60年代初，日本建筑师菊竹清训提出，现在已进入20世纪后半叶，有必要建立一个超越功能主义的理论体系，并认为，形式已失去对功能的依附，进而提出"空间抛弃功能"的口号。因此，他用三角形构造来说明功能、空间与生活的三者关系，以此取代"功能—形式"的一元线性因果论。黑川纪章亦认为，功能主义已经过时，它已超越"实验"或"洗练"阶段，进入了"古典"或"巴洛克"阶段，现在重要的是创立一种新陈代谢的设计理论。他主张的新陈代谢派强调事物的生长、变化与衰亡，极力主张采用新的

技术来解决问题，反对过去那种把城市和建筑看成固定地、自然地进化的观点（图5-14）。

对功能简单化的质疑诱发了建筑功能极度复杂化的倾向，以图在容纳更多内容的基础上满足当代社会的复杂要求。

与此同时，文脉主义、地方主义、人文主义、新陈代谢、信息理论、神秘主义亦相继被引入建筑设计领域。以纯理性到非理性，从逻辑思维到强调直觉与无意识，从量变到质变，功能理性开始走向"低谷"。

功能主义的规划与设计方法具有不朽的历史功绩——它适应了当时的历史条件，满足了建筑与城市工业化进程的需要，缓和了经济匮乏与住房紧张的社会矛盾，正确表达了新材料、新技术的艺术塑造力，因而是人类建筑史上一次伟大的革命。但是任何艺术规律都有它的适应范围，当超越了它的时空适应阶段就会走向枯萎、凋谢。功能主义的设计方法亦然，当它

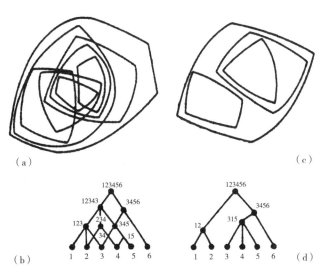

图5-13　亚历山大对城市复杂性的表述

图5-14　黑川纪章设计的中银舱体大厦

被教条化、学院化，特别是变成"国际风格"后，就逐渐失去它的旺盛生命力，并受到人们的抨击，但这绝不意味着它从诞生之日起，就是错误的。

2）排斥功能理性

排斥功能理性是当代审美变异的一个特点。技术美学是重视实用功能的美学，而当代审美变异却强调建筑作品的"意义"。它通过表现地方性，讲究人情味和借文脉、引喻、象征等各种手法表述独特的艺术内涵，以满足当代社会的审美心理。

技术美学把物质功能视作制约建筑形式的主要因素，从而制订了从功能到形式的美学程序。"形式追随功能"就是这因果关系的最完美表述。在当代审美变异中，则极力摆脱这种制约，认为功能不必也无法与形式保持统一，并认为在建筑创作中对功能的关注，与把功能作为表现主题没有必然的因果联系，指责功能象征主义与古典主义一样，是在做形式主义游戏。因此，在这种审美观念的影响下，一些建筑作品往往出现表里不一，局部独立于整体和失去逻辑性等现象，它表明功能已失去对建筑形式的制约地位。

符号学美学认为，建筑形式恰如语言符号，它能表述，也要有所表述。如果说现代建筑用形式来表述"功能特征"的话，那么在后现代建筑中，形式则是表述"意义"的，故形式可以不必对功能做出反应，而且只要能表达"意义"，就不必拘于形式。因此，为了表达深层意义，在更广泛的层次上进行审美交流，它可以"毁形"以"表意"，也可以采用古今一切符号，多元拼贴、矛盾对立，可以对形式美学规律进

行反叛。由于建筑意义恰恰来自人们的约定俗成，而非决定于技术、功能和经济。因此，他们只能从历史和文化习俗中，去发掘这样有意义的形式，于是东方哲学、宇宙象征等就变成了他们编织幻象的素材。

在解构主义建筑中，功能仅仅是一种因素而非决定因素，它已被剥夺了特权。因此，在解构主义建筑师的作品中，常用非理性与反逻辑的变形、扭曲、斜翘等反形式美学手法，向"功能决定形式"的这一机械模式挑战（图5-15）。如屈米的巴黎拉·维莱特公园，在设计中屈米采用了"点、线、面"的理论，在公园里选定了30个地点，在每一个地点都设计了一个剥离了功能的构筑物，每一个构筑物都扮演一个公园区块中的"控制者"。当代科技的发展，使建筑师可以毫不费力地满足建筑的功能要求，而追求新奇和耽于反常才能使他们一鸣惊人。于是，他们就把"功能"从神的宝座，拉到"凡物"所处的地位。

尽管"功能理性"具有一定的局限性，但也不能因此而否定这一美学原则的历史功绩。作为对19世纪学院派弄虚作假、无视新的社

图5-15　拉·维莱特公园

会生活和科学技术的反抗，作为对"真、善、美"审美理想的追求，现代建筑先驱用"形式追随功能"作为武器，反对学院派建筑师把各种不同用途的建筑类型通通塞进"柱式"的虚假做法，确实开创了新建筑艺术特色。勒·柯布西耶、格罗皮乌斯等现代运动先驱，强调建筑师的社会责任，把建筑创作视为促进社会进步的手段，他们立足于当时的生产力发展水平和经济状况，紧紧把握住建筑功能这一主要的客观要素，强调建筑内容与形式的结合，运用从内到外的解决问题的方法，以功能合理与结构、材料的完美统一作为艺术的出发点，通过合乎逻辑的设计程序、工业化的生产手段、精确的造型语言，创造出和谐统一、真实朴素的美学效果。所有这些均表明，现代建筑代表了20世纪初的时代精神，并创立了不朽的功绩，尽管它已满足不了当代西方社会人们的高要求，但对广大的第三世界，这些美学原则并未完全失效。

5.2.2　摒弃形式理性

追求概念合乎理性，讲究真实、明晰、使含糊性与不准确性最小，这是现代建筑设计思想的精华，也是技术美学又一个哲学特征。在这种观念的支持下，它要求建筑在内容表达上清晰明了，避免含混与矛盾性；在形式与内容关系上高度一致，避免虚假；在材料使用上讲究科学性，并具有表现上的真实感。同时，在形体塑造上符合形式美学，注重和谐统一，追求纯洁的外表、清晰的构成和精确的形象。对完美与精确的追求，使现代建筑大师采用数学和几何规律作为美的衡量尺度，反映出以形体和内容上的"真"为中心内核的理性精神。同

时，这种理性观念导致建筑大师将装饰视为"罪恶"，使"简洁""表里一致"成了现代建筑特有的"标签"。因此，我们将这种以"真"为追求目的，形体与内容的高度统一为特征，概念清晰为中心内容的美学观念称之为"概念理性"。概念理性是理性主义美学的特有标记。在西方古代建筑中，这种理性精神也得以充分地表述并被古典主义建筑师奉若圭臬。

然而，在反形式美学中，却表现出追求含混、复杂的美学效果，用自相矛盾的艺术概念取代清晰明了的艺术语言的现象。同时，摈弃传统的理性哲学，用"矛盾修辞法"、解构主义的"消解战略"和东方神秘主义作为哲学基础，使概念理性面临严峻的挑战。

所谓"矛盾修辞法"，是采用一种多少有点牵强的两种相反性质的组合表现方法，在建筑创作中，塑造出一系列诸如"简单的复杂""直交而又弯曲""安全又不安全""不和谐之和谐"这一类自相矛盾、概念模糊的美学状态。

"简单的复杂"是在保存总体简单的前提下，通过细部组合，使建筑产生耐人寻味的美学效果；"直交而又弯曲"是用曲线组成变形的方格网，从而产生错视觉，"安全又不安全"，则是在保证建筑结构安全可靠的前提下，通过扭曲、变形、斜置等冲突化的手段，形成一种紧张的心理压力，使人感到强烈的刺激。

空间的既内又外、虚实相混，材料的既刚又柔，质感的光滑与粗糙并用，美学效果上的"残缺之完美""不协调之统一"，历史观上的"既传统又现代"，所有这些均构成了形式与内容上的诸多悖论，产生暧昧与矛盾对立的美学效果，以此向概念清晰的传统理性挑战。这些

设计语言，经常出现在埃森曼、矶崎新、文丘里、黑川纪章，毛纲毅旷、藤井博等的建筑作品中，这一切均表明了与概念理性相对立的美学姿态。文丘里就认为，很多20世纪的建筑都是基于抽象表现主义的美学。它们与过去的建筑有象征意义上的联系——在埃及神庙中的浮雕、希腊的山花、早期基督教堂的马赛克，或是在欧洲大教堂的彩色玻璃。这些符号都在讲故事。文丘里夫妇设计的伦敦国家美术馆塞恩斯伯里展览室就是使用了抽象传统符号，具有象征含义的现代建筑（图5-16）。

当代审美变异的哲学基础，也包括神秘主义和形而上学语法体系。这些哲学观念在建筑中的流行也是概念理性失落的第二个原因。当代一些建筑师往往在设计中图解神秘主义观念，或表现形而上学的代码，从而使建筑作品蒙上一层神秘与虚玄的色彩。而隐喻象征手法，则是表达这一审美情趣的最好方式。

对概念清晰的哲学追求，反映了人们对依靠理性和自然科学方法认识世界的信赖。在近代，人们依靠严密的逻辑推理，仔细地观察，

图5-16　文丘里夫妇设计的伦敦国家美术馆塞恩斯伯里展览室

将千差万别的事物归纳为某种包罗万象的一般性概念，这种方法在科学研究中不断取得成功，使哲学家和艺术家深受影响。实证主义哲学家孔德，在这种背景下，也高度注重直接经验资料，否定任何形而上学、神秘和超自然的东西，并认为世间最本质的东西就是理性。这种思潮也对现代建筑大师产生巨大影响。于是，概念清晰，形象准确，形式与内容高度统一，就成了机器美学的重要原则。

而神秘主义在建筑审美领域的出现，则反映出人们对凭借理性认识世界这种信念的怀疑。当代科学技术的发展，使科学思维本身越来越具有诗歌般的梦幻色彩，它促进了直觉、想象和洞察力的开发运用。异想天开般的推测，以空前规模闯入科学领域，物理学家、化学家的理论模型都带有某种小说家虚构世界的性质，非逻辑性和非因果性等"后科学"观念要求得到正式认可，不可靠的偶然取代了精确计算和严密推理的王位。随着科学发现愈多，神秘主义和不可知论在西方亦越发流行，随着古老而稳定时空观的分离破碎，人们愈发感到世界的无限和深不可测，体会到人的孤独、渺小、偶然和荒诞。于是，一些建筑师就把目光投向神秘、不可知的世界。

另外，概念理性是建立在现代建筑大师这样一种美学观念上，即用"自明性"的审美信息，向"读者"传递自己的美学意图，它表明在审美信息交流上，作者—读者之间不平等的待遇。然而，当代建筑师却欲打破这种"等级制度"，"作者的死亡"就是这种心境的真实写照。而神秘主义的某些符号与代码，却可以有多种解释，或者说，它不可解释的——原本作

者并非想将某种审美观念强加给读者，又何必清楚表达呢。对他们来说，通俗易懂的美学恰似"平庸"的同义语，它将失去美学的生命力。在这种审美观念指导下，现代建筑的概念理性受到了冷遇，一些建筑师就在作品中追求含混暧昧的艺术效果。

反形式美学对概念理性反叛，在客观上也得到解构主义哲学的支持。解构主义哲学家和文学批评家 J. 德里达（J.Derrida）、罗兰. 巴尔特（Roland Barthes）和 M. 福柯（M.Foucault），攻击清晰的理性概念，把含糊、费解和松散的结构视作写作的本质。巴尔特认为，清晰性是纯洁的修辞属性，并非语言的性质。他还认为，如果使用简单、直率、清晰的写作方式，它将意味着企图把作者平庸的概念强行塞入他人的脑海中，在文章中，他故意用晦涩的文笔，令读者在读解过程中产生新的歧义。这种审美追求也出现在德里达、福特等人的文章中。

同时，解构主义哲学家还极力反对建立在传统思维方式上的概念对立。认为西方自古存在着二元对立的概念。在这些对立的概念中，存在着粗暴的等级制度。他们极力反对这种对立与等级制度，试图首先颠倒对立的矛盾双方，突出被压抑的另一方，并提出为了消解这种对立，必须首先颠倒这种等级制度，进而引进新制，防止旧的对立简单地重构自身。因此，传统的哲学概念成了他们攻击和歪曲的对象。这些解构主义思想在建筑领域亦得到反响，埃森曼强调结构和装饰、抽象和具象、图和底、形式和功能间的传统对立可以解除，建筑学可以开始从这些范畴之间进行探索。

5.2.3　否定逻辑理性

否定逻辑理性，是当代审美变异的又一哲学特征。力求一致，避免矛盾，是现代建筑重要的美学原则，他们倡导以明确的逻辑、合理的功能流程、表里一致的形式进行建筑创作。为了追求最合理、最经济的生产效果，他们极力强调标准化、预制化等生产手段，而为了满足生产工艺流程，就必须符合一系列材料、力学性能，以及结构合理等逻辑法则，为此，现代主义大师把注重工业技术，摒弃装饰，结构精简，符合逻辑等充满理性精神的生产原则上升到美学高度，从而构成了机器美学的框架。

因此，他们把传统的美学概念弄得面目全非，把机器美学的"概念清晰"这一理性要求抛在一边。于是，明晰被混乱代替，统一被破碎所取代，秩序概念被颠倒并受到质疑，他们把现代建筑所推崇的在概念上易于把握的方块、圆柱、球形等简单明晰的几何体，代之于爆炸式的碎片和复杂的几何拼凑体，并以此向纯洁与明晰的美学概念挑战。同时，用所谓结构的"缺陷"向千百年来所推崇的结构稳定性的价值观挑战，表现出建筑文化上的虚无主义态度。扎哈·哈迪德早期即兴式的丙烯画《（89°）世界》，这幅画几乎没有遵循任何机械制图准则、几何学或是正交投影法，她通过绘画表达出将建筑从几何学——稳定的形式、形象和尺度——引向一种形式生成的拓扑学的理念（图 5-17）。

他们或极力证明，不依靠传统的等级、秩序等构图法则，也可以构成一种复杂的建筑空间，从而在设计中消解和谐统一的概念，使之变成有悖于理性原则，充满矛盾与偶然机遇的解体式建筑；或在理性概念中引进"异质"，在熟悉要素中创造陌生的成分，把理性主义美学的对立面——混乱、不和谐、残缺、分裂、非稳定推向建筑的表面。于是，出现了一批完美与缺陷同在，冲突与和谐共存，亦此亦彼的"反建筑""非建筑"形象。同时，借错位去追求内与外空间相切之踪迹，在理性与随意性"之间"去创造新的空间概念。

他们认为"建筑"与"科学""文学"等词一样，已丧失普遍性含义，因而在诸多场合向古老的"建筑"概念挑战。由此可见，技术美学崇尚的概念清晰的理性要求，正逐渐被一些建筑师冷落，从而在哲学深层出现了"变异"。

这种"逻辑理性"同样被当代某些建筑师不同程度地背离。一些建筑师反对建筑中表里一致的固定程序，主张用东拼西凑来构筑建筑文化，在他们的作品中，各种历史片断相互交织而失去逻辑联系。也有一些建筑师用手法主义取代了现代建筑的技术理性原则，他们利用高科技追求艺术化的效果，用"推向极端"的方法，取代现代建筑的逻辑理性——极端的重复模数构件、极端的逻辑性、夸张的结构形象，使现代建筑先驱的结构逻辑、纯洁表面的手法相形见绌。然而，这些过分强调技术表现的做法，却常常被人们冠之于"巴洛克式高技派"的称号。如蓝天组将原本完整、简单的建筑进行"体量解构"，以不确定的方式把各要素重新组合，以消解建筑的传统美学形式。复杂状态中的元素既不矛盾又不统一，构成新的动态体量（图5-18）。

更有一些建筑师对现代建筑企图凭借纯理性建立世界事物的做法持批判态度，他们推崇非理性和情感因素，认为机遇与偶然也具有合理性，把审美追求扩展到非逻辑的领域。如在设计中将理性标志的网格相互叠加，不仅应用

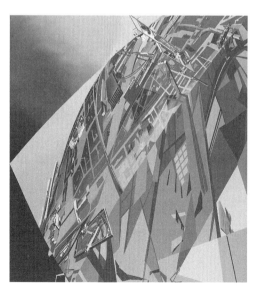

图5-17　扎哈·哈迪德的《（89°）世界》

图5-18　蓝天组设计的深圳当代艺术与城市规划馆

在平面和立面，而且在窗的细部处理上也如法炮制，使人产生一种视觉与尺度感的混乱。在巴黎拉·维莱特公园设计中，作者将方格网构成的点系统、古典式轴线的线系统和纯几何图形的面系统相叠，其冲突的结果是：有的变形，有的得以加强，由轴线所限定的廊道被扭曲，面的纯洁图形被破坏，在漆成大红色的"疯狂"物中，构件相互穿插，构成奇特的建筑形象，使三个高度符合逻辑的系统失去逻辑联系。在这里，理性的元素已被转义、肢解并扩展到非理性的境地，他们用偶然性的机遇向机器美学的逻辑性挑战（图5-19）。

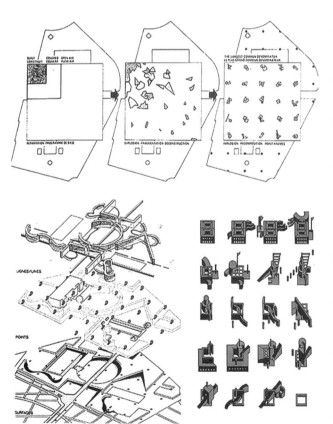

图5-19 拉·维莱特公园分析图

5.2.4 忽视经济理性

技术美学把经济要素视为重要的美学要素，提倡用现代工业手段来生产经济适用的房屋。早在1910年，格罗皮乌斯就主张建立用工业化方法供应住房的机构。他指出，用相同的材料和工厂预制构件，可以建造多种多样的住宅，既经济，质量又好。柯布西耶也极力强调经济因素在建筑创作中的地位，他赞美工程师在经济法则制约下和数学计算支配下，使人们与宇宙自然规律协调起来，并认为这就是创造美的活动。

现代建筑设计哲学的基本特征是：用科学的客观方式去理解事物，以逻辑推理的方式追求万物之本原，用精确的定义、清晰的思路和几何数理规律去把握设计程序。而这种设计哲学的产生，与其追求的经济合理的理性目标是紧密相关的。近代工业文明强调"时间就是金钱，效益就是生命"。因此，标准化、专业化、同步化成为工业时代生产的法则。精确的时间单位，通用的空间度量，这一切都使数理规律与逻辑在更大范围内适用。现代建筑的创作观正是建立在这一切的基础之上的。由于建筑构件与机械生产紧密相连，因此，美学法则就必须与数理规律和几何秩序相适应。简洁、明确的几何体形，意味着能源的节约；机械化程度的提高，也意味着能取得更大的经济效益。因此，现代建筑积极遵从这种数理规律，并强化这种逻辑的秩序，使之成为最重要的理性原则之一。

然而，在当代西方建筑创作领域，特别是在某些先锋建筑中，经济理性的追求已大为减弱。资本主义社会巨额的剩余资本，商品社会追求广告效果的价值观，使建筑变成了大量挥霍金钱的场所，高强度铝、镜面玻璃、昂贵的工业材料，使建筑造价扶摇上升，一掷千金使之变成"富人的建筑"，沉迷于富丽奢华之中。而现代建筑那标准化的形式、朴素的外表反倒受到冷遇，被斥为失去人情味。

5.3 审美变异的发展趋势

在西方传统理性主义哲学家眼中，宇宙是一个理性的整体，万物都被置于必然性链条中，他们否定特殊性、多样性与偶然性，重视逻辑与因果规律，把一切都归结于一个统一的本源，并认为所有事物都趋向同一个目标。这种哲学观的固有缺陷，就是容易产生机械而非辩证、线性而非发散、否异求同的僵硬思维模式。在这种模式影响下，现代建筑亦表现出"重统一、轻多样"和"非此即彼"的审美价值取向。这种价值取向，在文化价值观、历史观以及技术价值观等方面得以集中反映。

在当代建筑的审美变异中，"理性骨骼"的一部分正被非理性的"软组织"所取代，明显表现出观念多元化趋向，它抛弃了非此即彼、单一僵硬的审美模式，采取更为灵活兼容的审美态度，体现了一种"共生"精神，它表明了审美价值取向上的"软化"，即柔软、灵活化。在追求审美理想多样化、审美情趣大众化、审美标准情感化的同时，也不断扩展冲突、残缺、怪诞等"否定性"美学范畴，在种种审美变异表面后面，包含着"审美软化"这一基本内涵。

"审美软化"意指美学和艺术领域出现的概念模糊化、标准情感化、观念多元化、情趣大众化等审美倾向。这种"非此即彼"的价值取向，在文化价值观、历史观以及技术价值观等方面得以集中反映。在当代，随着建筑审美观念体系中理性的失落，现代主义那种机械、刻板、僵硬的价值标准受到严峻的挑战。人们抛弃统一的价值标准，代之以柔软、灵活、多元的审美观念，"兼容"而非"排斥"的审美态度，"发散"而非"线性"的思维模式，表现出价值观的多元取向。故此，我们将这种从"一"到"多"的过程视为"软化"的过程。

软化的基本目的是在建筑创作中实现人性的复归，即摒弃概念化之"人"的模式，把个性化之"人"作为建筑创作的核心、出发点与归宿。在建筑美学的本体论、认识论和方法论三个层次上，都从"物"回归到"人"本身。

在建筑审美领域，审美软化包括：

审美价值观的软化——多元化；

审美情趣的软化——个性化与俚俗化；

审美信息的软化——模糊化与虚幻化；

审美时空的软化——艺术化与情感化等内容。

多元化、俚俗化、模糊化、短暂化与过程化、情感化与艺术化，这是当代建筑审美变异的基本特征，也是其总体趋势，亦即审美软化的趋势。

5.3.1 观念多元化

建筑是人类技术与文化的结晶，作为存续于历史过程中的"时空艺术"，建筑的美学观念主要反映在"文化价值观""历史价值观"以及"技术价值观"等方面，而当代建筑的审美变异，正是由于这些价值观的多元取向，才出现各种复杂的审美现象。

追求国际大同的建筑文化，这是现代建筑一个典型的审美文化特征。一些建筑师甚至认为："为了国际性，必须废除地方性。"并表露出对民族文化、地方风俗习惯的厌恶，并提出要用"异口同声"的情感模式来创造新的民俗。

这种文化观念的出现，除了与20世纪初大力提倡工业化、标准化有关外，"西方文化中心论"的影响不容忽视。在近代，"西方文化中心论"曾颇为盛行，他们把东方文化和其他地区的文化视作人类文化的支流，甚至视之为原始、不发达的异端邪说。在20世纪初，随着西方现代化进程的加快，这种观念亦充斥于建筑创作领域，它导致了国际式建筑文化的广泛流传，几乎将地域文化和民族文化逼向绝境。

然而，在20世纪60年代以后，人们逐渐认识到，各种文化均有自己独特的价值，西方文化技术并非万能。在这种情况下，民族文化与地方性又成为建筑师思考的问题。"国际风格"那种无视地域、民族和文化不同的做法受到抵制，"文化共生"的观念得到赞赏。

随着多元文化价值观的确立，首先在世界范围内打破了单一的审美模式。建筑艺术从表现"功能"这一世界大同的内容，被有地区性差别的"文化"所代替。同时，随着各种文化价值观的兴起，使建筑呈现了各异的风格。在当代多元的文化价值观念中，最有代表性的就是：新技术主义、批判地域主义、传统主义以及多元拼贴式的文化价值观。

1）新技术主义的文化价值观

它是现代主义在当代的发展，其特点是利用当代高技手段创造不分地域和民族的建筑形

式。这种文化模式在晚期现代建筑作品中表现得最为充分。他们耻于任何历史和文化的关联，而是关注建筑的空间形式、几何造型。例如J.约翰森（J. Johansen）利用雕塑手法处理马塞诸塞州伍斯特市克拉克大学图书馆，富有节奏感的表面，粗重的雕塑形体，构成建筑独特的个性（图5-20）。J.波特曼则善于利用建筑光亮的外表、共享空间、景观电梯等创造迷人的魅力。

最为典型的是R.皮亚诺（R. Piano）、R.罗杰斯（R. Rogers）以及N.福斯特（N. Foster）等人的高技派手法，利用套筒拼接技术和巨大的钢桁架，塑造了蓬皮杜中心、香港汇丰银行等"通用"性建筑形象。装饰与复杂的表现是这类建筑异于现代主义的基本特征，而创造普遍适应的建筑文化模式，又是它们共同的审美追求（图5-21）。

2）批判地域主义文化价值观

这种文化观念广泛存在于第二、第三世界，它对西方技术和本地区、本民族的文化，均采取有选择地吸收的态度。其基本措施是：借助建筑的环境要素，以缓和全球性文明的冲击，

图5-20　克拉克大学图书馆采用了"雕塑"以及"节奏夸张"的手法

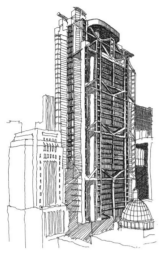

图 5-21　香港汇丰银行

图 5-22　摩洛哥某博物馆与文化中心方案

立足于本地区的地理环境、气候特点进行建筑设计，反对国际式的建筑文化模式，摒弃无场所感的环境塑造方式。同时，追求具有地域特征与文化特色的建筑风格，并借助地方材料和吸收当地技术来达到这些目的。

为了矫正现代主义过分注重视觉语言的倾向，他们还将听、触等环境信息融汇进建筑艺术中，表现出一副"后锋"的姿态。在建筑创作中，批判地域主义以多种手法体现地方特色。有的利用建筑强化地域特征和环境气质；有的采取协调的手法，从环境的关联中表达地方文化的内涵；更有的注重气候特点，从地方建筑中吸收成功的经验，从而使新建筑充满浓郁的地方文化气息。如 EGA 事务所与 OKA 事务所在摩洛哥达克拉合作设计的一座博物馆与文化中心方案，选用了传统的游牧民族帐篷的建筑形式。参观者在博物馆的连续体量内随意走动，并未设计固定的交通流线、走廊，因此，就像在撒哈拉沙漠里散步一样（图 5-22）。

3）多元拼贴的文化价值观

其特征是：随意采撷世界范围的古今建筑遗产作为创作素材。在这种文化价值观念中，"拼贴"即是创造，"现有的"就是"传统"。故无所谓"本国的"还是"外国的"，"古代的"还是"现代的"，只要合用，即可照搬，表现出"等价并列"的审美价值取向（图 5-23）。

在这种审美观指导下，他们将东方阴阳的哲理，西方文化的精华，密斯式的精雕细作，

图 5-23　文丘里设计的美国普林斯顿大学胡应湘堂，把西方古典与中国古典建筑元素拼贴在一处

苏联构成主义的手段等，都被视作可混杂和拼贴的材料，从而使作品出现无文化特征的"拼贴文化"情调。同时，由于失去历史与逻辑线索，故常常产生一种超现实主义的梦幻之美。

4）传统主义的文化价值观

传统主义的文化观念，是当代建筑文化思潮的重要组成部分。其特点是：强调建筑文化的历史沿袭性，倡导文化必须遵循时空与地域的限制，肯定文化的民族差异性，承认审美活动中的怀旧成分，反对现代主义激进的审美时空观和国际大同的文化观念。这种文化价值观，在具有悠久历史文化的国家尤其盛行。

5.3.2　时空情感化

时空处理的艺术化与情感化是对现代主义"重物轻人"价值取向的反驳，也是对"均质化"时空处理所采取的情感补偿措施。

西方古典理性主义一个重要特征，就是将自然现象与社会现象、人与物等同对待，固守"纯之又纯"的绝对客观真理，笃信理性万能，否定人的主观能动性，表现出不是以人，而是以"物"为中心的价值取向。

20世纪初机械文明的飞速发展，进一步促进了这种重物轻人，以及重客观、轻主观的思维模式的发展。特别是在实证主义哲学思潮的影响下，人们认为，只有自然科学才是唯一的科学。因此，人类一切精神活动，包括人文科学在内，只有以自然科学为模式，才是严密的、科学的。

在这种观念推动下，出现了把物理学、化学规律，也简单地推广到社会科学各个层面的现象。例如，在医学领域，生物物理学和生物化学把人体精确分析到了分子构成这一层次；在工程与造型艺术领域，人机工程学也日益完善精确，一句话，工业文明把活生生的"人"物质化、概念化到了无可复加的地步。

日本建筑师铃木博之指出："20世纪文明结晶产生的新的观念是'机械的观念'，机器不仅是近代的产物，而且变成了世界的模式，'机器美学''住宅……'机器''机器论的哲学''人体是精密的机械'，在各种领域，机械作为观念模式开创了一个新纪元。机械的观念成为打开20世纪大门的一把钥匙，机器在创造现实世界的同时，也成为使观念世界物化为可视的模式。"

第二次世界大战后，随着人本主义思潮的兴起，现代主义重物轻人的价值取向逐渐受到人们的摒弃，在建筑和城市设计领域显示出对人的关注。

1）城市环境中情感化探索

20世纪50~60年代，高技术非人化的倾向受到人们的关注，重物轻人的价值取向开始受到质疑，情感化倾向也首先在创作理论中显露出端倪。

1954年，十次小组的《杜恩宣言》对《雅典宪章》的四项功能分区的观点首先发难，认为它所形成的城市化，不能表现生机勃勃的人际关系，并认为，随着社会的发展，人的生活需求已得到基本满足，人类将为具有更充实的生活内容而奋斗。

同时，现代技术的发展，使人们的闲暇时间增多，人际关系更为复杂。高技术的非人性促使社会寻求情感的补偿，这种倾向导致了一种个人化价值系统的出现，要求环境设计努力表现包括人的主观愿望在内的一切现实形态，赋予人类更广泛的感知范围，维持个人与整个社会的联系。

　　针对 CIAM 的种种弊病，十次小组提出了人际结合——以人为核心的城市设计思想。十次小组认为，柯布西耶的理想城市，是一种高尚的、文雅的、有纪律的机械环境，或者说，是具有严格等级制度的技术社会中的优美城市，但是这种城市不能适合现代人的居住要求，也不是理想的环境秩序。他们认为当代社会的显著变化，首先是人有了更多的消费时间，可以进行更多的娱乐活动等，并认为，人际关系越来越复杂，这是改变城市结构的决定因素。强调城市设计必须以人的行动方式为基础，城市形态必须从生活本身的结构发展而来。

　　因此，十次小组格外重视人与环境的关系，始终把人放在第一位，认为现代城市的设计，不但要为人们提供与大自然接触的机会，而且应为人们提供物质的、心理的、美学的条件，使个人有可能与整个社会维持联系。十次小组的设计方法深受勒·柯布西耶的影响，在史密森夫妇的伦敦金巷改造规划中采用的住宅类型就取自于马赛公寓。为了建立人对城市的认同感和归属感，十次小组将勒·柯布西耶以建筑物为街道的概念发展成空中街道，使高层住户亦能领略充满人情味的传统街道之乐趣，以补偿现代城市中水平方向人们情感的失落（图5-24）。这些都表明了对现代主义重物轻人的价值取向的摒弃。

　　时空处理情感化的另一个标志，是社会学与人文学在城市设计领域的渗透。

　　20 世纪 60 年代前后，人们对大师们过多

图 5-24　伦敦金巷住宅区规划

地沿用传统视觉艺术的设计方法，以及过分关心城市的艺术形态的做法提出了质疑。认为这种城市设计方法单纯强调视觉艺术，忽略了人对城市环境的行为心理要求，不能适应现代社会日趋复杂的人际关系。

　　通过详细研究人的行为，并在对典型可靠的社会生活进行大量观察的基础上，城市设计领域实现了根本性突破，社会学、生态学、人文科学和行为心理理论的交互渗透，使现代主义"重物轻人"的僵硬的设计教条得以软化，从单纯关注"硬环境"，转而重视"软""硬"并举。

　　如 C. 亚历山大通过研究人的活动与场所情感相对应的图式，在《关于形式合成的纲要》等论著中指出，传统设计哲学只关心形式，忽视场所与人的活动之间丰富多样的联系。D. 阿普莱雅得（Donald Appleyard）通过研究人的行为，更新了城市设计观念，他认为，城市设计应以大多数人的舒适为标准，通过观察使用者的行为，他提出了安全、信息、联系、使用者控制等质量指标，并指出美学应避免单纯从艺术角度上去理解，而应立足于群众的生活

实践。随着人的行为研究的深入，"场所"概念逐渐取代了传统的空间概念。

场所和空间相比，其主要差异在于，空间基本上是一个物体同感觉它的人之间产生的相互关系形成的，具有抽象概念。而场所则强调物体或人对环境特定部分的占有，以满足人对场所的社会使用要求。

通过深入研究场所，情感需求、领域和私密等问题也日益引起人们的注意，简·雅各布斯（Jane Jacobs）在《美国大城市的生与死》一书中，提出街道需要领域划分，人行道要有不同年龄的使用者，以获得对街道的监视和保证安全。

O. 纽曼（Oscar Neumann）也在《可防卫空间》一书中，提出了领域与监视的重要性，并把居住环境分为私有、半私有、半公共、公共领域。他在城市设计中更多地考虑了人、社会和管理因素。

同时，通过研究场所组织、形态、材料对人认知的影响，促使人们在城市设计中关注情感因素、重视场所的交往活动，满足人对场所决策参与的要求，这一切都表明了在城市设计中，以人为中心的价值取向的确立。

场所理论与社会使用方法的推广运用，反映了价值观念的转变，它是美学内涵"善"的层次上的变革，而不仅仅是设计手法的变异。"场所"理论与社会使用方法注目于人的行为，根据人的认知特点，创造满足现代人使用要求的城市环境，它摒弃了传统视觉艺术仅着眼空间组合、比例尺度等"硬件"塑造的方法，转而重视群体行为以及环境使用者的情感要求；否定了传统的"空间序列—人的感受"的设计

程序，采纳了"情感—场所"新的设计方式，使现代的城市空间呈现情感化—软化的倾向。

2）均质空间的艺术化与情感化

现代建筑空间是一个各向同性的均质空间，它以抽象的"人"作为共同尺度，在理性主义观念指导下，它抛弃了人的情感，无视地域与文化的不同。

今天，人们普遍认为这种抽象均质、无向性的空间冷漠无情，缺乏历史与文化的关联，导致了人与环境的"疏离"。一些建筑师认为，这种疏离是过分强调物质功能，忽视情感认同的结果。"因此，更确切地了解'同感'和'特性'的概念乃成为当务之急。"

面对现代主义建筑师忽视精神象征功能、无视建筑场所感的种种倾向，挪威建筑师诺伯·舒尔茨指出："建筑意味着场所精神的形象化，而建筑师的任务是创造有意义的场所，帮助人定居。"他强调人不能仅由科学的理解获得一个立足点，人还需要象征性的东西，认为"人要定居下来，他必须在环境中能辨认方向并与环境认同"。

存在主义哲学家海德格尔认为，场所中的"存在感"是因为汇集了天、地、人、神四元，并认为住居必须响应四元的召唤。舒尔茨以此为出发点，深入分析了住居的意义，强调了"方位感"与"认同感"的重要意义。在他看来，"要想获得存在的立足点，人必须辨别方向，认清置身何处"，即"定向"；而了解与某场所之关系，即"认同"，当人无法定向，就会产生"失落感"，而无法与环境"认同"，就会产生"疏离感"。他进而指出，现代建筑的危机，就在于缺乏本身的意义和造型特征，无法与场所认同，

从而导致人们失去归属感。因此，必须使场所精神具体化，让人"诗情画意"地定居。

美国建筑师查尔斯·穆尔（Charles Moore）也认为，建筑并非仅仅是依据笛卡儿抽象模式塑造的，它还必须能诉说感觉，唤起记忆，与历史对话。因此，在当代建筑创作中，各流派采用不同方式去"软化"均质空间构成。在后现代建筑空间中，常常利用平直与弯曲的交织，内部与外部的渗透，大自然与人工物的混和，实体与虚空的对比，有色与无色的相融等艺术化手段，创造出富有个性的空间。同时，不仅从地域角度考虑了气候、材料等客观特殊性，而且从历史、文化和民俗上综合考虑了情感的补偿。

如穆尔设计的克雷斯格学院（Kresge Collage），始终贯穿了反纪念性，追求场所感，亲切宜人的主题思想。亲切的广场，弯曲的小路，带有形而上内容的景物，滑稽的形象……在这里穆尔摒弃了无场所感的空间模式，摆脱了追求崇高的审美旧俗，塑造了一个村庄形象（图5-25）。

日本建筑师槙文彦（Fumihiko Maki）亦十分强调场所感，他从日本传统城市空间中挖掘了"奥"的美学内涵，认为"奥"是日本人宇宙观及集体无意识在建筑中的凝积。因此，他在城市规划和建筑设计中，冲破现代主义空间语言的局限，导入一切有活力的因素，用西方古典式的严谨与含蓄，后现代隐喻和拼贴技法以及东方的哲学观念，去重新组织一些"奥"的模式（图5-26）。

如果说，引进历史、文化、情感等因素，是后现代软化"均质空间"典型手法的话，那么，晚期派和解构主义则多用色彩组合、光影变化和戏剧性的构件穿插等手段去丰富空间的构成。

在高技建筑中，层层的管道、传送机械和密集的网架等产生了令人炫目之美学效果，在这里，镀铬设备与色彩鲜艳的管线相互交织，构成了美丽的空间图案，一反现代主义纯洁表面和干净利落的空间构成。

尽管高技建筑也采用"均质空间"这种模式，但已引入了复杂化的因素，应用极度的构件重复和巨形空间等手段，使建筑具有娱乐感，并利用视觉疲劳等心理学原理，创造敬畏与崇高的美学感受，从而使均质空间艺术化，即空间构成语言的软化。

图5-25 克雷斯格学院

图5-26 槙文彦"螺旋"大厦内部引用了"奥"的模式

图 5-27　哈迪德罗马当代艺术中心草图

在解构建筑中，空间已被充分戏剧化，支离破碎的画面，蒙太奇式的景物拼贴，爆炸状的空间构成，既外又内的空间干涉的"踪迹"，这一切均可以从屈米、盖里、哈迪德、库哈斯、埃森曼等人的作品中看到（图 5-27）。

5.3.3　信息模糊化

所谓模糊化，就是指事物呈现类属边界不清晰和性态不确定的发展趋向。而审美信息的模糊化，则是指艺术作品含义与构成的不清晰、不确定的发展状态。在当代建筑审美领域，它是变异的一个重要内容。

然而这一美学原则正面临严峻的挑战。后现代的"双重译码"、含混折中，晚期现代的"矛盾修辞法"，解构主义的"鼓励含义的交织与分散性"，都把古典作品中清晰的主题和现代主义纯洁的理性予以抛弃，并代之以含糊的形象与非稳态的审美信息，使作品随审美主体的文化背景不同，而产生各异的审美效果。

后现代建筑的一个重要特征，就是企图用含混多元的信息构成，以满足不同层次的审美交流。他们认为，现代主义设计观念的主要弱点，就是过分强调功能的单一性和信息构成的纯洁性，"在历史漫长进程中积累起来的多种功能的混杂，被当作反现代的东西而遭拒斥。功能的纯净、空地的纯净、空气的纯净成了人们的口头禅。"这种审美价值取向，导致了现代主义排斥性的审美态度——排斥俚俗、装饰、幽默和象征性手法，将文化与情感置于与功能对立的另一极，全然缺乏模糊性，结果导致了情感的疏离。

因此，后现代建筑师极力反对精确、清晰的空间组合关系，用模糊化审美信息，创造多义的建筑形象，使传统的"硬美学"在信息构成方面得以软化。虚构、讽喻式拼贴，象征手法，滑稽的模仿，在矛盾对立中引进第三者……，这些都使后现代建筑呈现出游离不定的信息含义。空间构成的模糊性，主题的歧义性，时空线索构筑的随机性，这一切都包含在"是，然而……"这种矛盾复杂的语法结构中，形成层层相叠的美学"迷宫"。

在当代建筑创作中，信息模糊化的审美倾向的出现，与文丘里的推波助澜有很大的关系。他摒弃清晰明确的审美追求，首肯"含混""折中""杂乱"的美学价值。他抛弃了密斯的"洗练"和"条理性"，提出"少就是烦"，也无视勒·柯布西耶的纯洁与明晰，企图把复杂与矛盾结合起来，"目的是使建筑真实有效和充满活力"。

为了强调建筑审美信息的不定性与复杂性，文丘里用"两者兼顾""亦此亦彼"，以反对现代建筑的"非此即彼"；用双重功能，以抵制功能简化；用讽喻式装饰，以丰富古今文化信息；赞成矛盾共处，以取代古典美学单纯追求和谐。在他的作品中，建筑既是雕塑又是广告，构成信息的多元混合，彻底打破了现代建筑的纯洁与完美。他设计的圣迭戈当代艺术博物馆庭院的柱廊，被认为是当地最受欢迎的城市空间（图 5-28）。

美国建筑师迈克尔·格雷夫斯，亦在建筑中追求信息构成的含混多义。受语义学的影

图 5-28　圣迭戈当代艺术博物馆庭院柱廊

图 5-29　丹佛中心图书馆

响，他认为建筑是一种语言，是传达意义的一种工具，如同文学中存在通俗语言和诗化语言一样，建筑中也应有两种语言：通俗语言，表述功能、结构和经济等因素；而诗化语言，则对应于建筑物的外观、社会风俗与习惯等。他常采用比喻、象征、联想等艺术手法进行设计，并表述文化上的深层含义。因此，他在设计中广泛应用隐喻象征手法，如人神引喻、抽象引喻、古典引喻，以及夸张与戏剧性处理。在众多的小住宅设计中他常借用曲线状的梁隐喻浮云，把建筑构件漆成黄色或绿色以隐喻风景，同时利用各种屏风般的直墙与曲墙相对，楼梯与栏杆的交叉、异形门窗和挑台出现，使空间信息构成分外含混与复杂。他的空间处理既像内又像外；既使用抽象构成，又使用具象手法，产生了暧昧、含混与虚幻的效果（图 5-29、图 5-30）。

日本建筑师黑川纪章，从日本传统文化和东方哲学中挖掘"灰"的美学内涵，建立了"灰"的美学框架。其基本内容是：

（1）追求肯定又否定的矛盾状态，强调多种对立因素的矛盾共存，推崇含混多义的美学效果。

（2）追求中性的非物质性之美，企图在时空暂时凝结的两向量平面世界中，创造深远的美学意境。

（3）强调建筑美的非永恒性，认为建筑像社会和自然一样，处于经常性的运动变化之中。

为了使信息构成含混多义，黑川纪章或采用局部与整体等价处理、内外空间互渗、对立两极中引进异质等方法，形成复杂暧昧状态；或采用异类事物混合处理、各种历史构件并置

以及细部处理情感化的手段达到上述目的。

　　局部与整体的等价处理，表明了他反对西方传统思维中严格的等级思想，通过各种空间细部的处理，使等级观念模糊化与虚幻化，用各种信息构成来满足人类生活要求的多样性。

　　内外空间互渗，则强调消除内外差别，以否定建筑与自然的对立。借助第三因素引进，建筑师企图以此表达多重含义审美信息追求。异类事物的混合共生，则在现代技术与传统文化的交织中，扩展审美信息的含义。而细部处理情感化，则考虑到引进信息构成的人文因素。

　　日本名古屋市立现代美术馆（图 5-31），是反映黑川纪章"共生思想"与"灰的美学"的一个力作。在这里，他用梁柱和墙等构件组成一个独立的框架，置于建筑前部，既象征大

门又是一室外展品。位于底层的下沉式庭园，通过舒展的玻璃幕墙向中庭延续，形成内外交融的中间领域。

　　高度抽象的不锈钢与混凝土所构成的"鸟居"式框架，带有天文图案的圆窗、类似幛子的墙面、象征朽木的柱子，圆形、方形、三角形等不同形状的组织，花岗石、大理石、瓷砖、不锈钢……各种要素相互冲突，又相互包容，创造出饱含模糊信息的建筑区域。

　　另一位日本建筑师石井和弘，也在建筑中努力增加建筑构件的信息含义。在增谷医院这个作品中，他借助等跨框架和板形成 54 扇不同形式的窗户，以传递不同的意义（图 5-32）。用现代建筑的基本观念来判断石井的作品，无疑是荒谬不经的，但他却认为，建筑可与日木

图 5-31　名古屋市立现代美术馆

图 5-30　丹佛中心图书馆室内

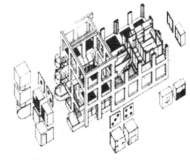

图 5-32　增谷医院

语言相比，虽然语法结构有时可以省略，但每一个单字都有多重意义，且可以与别的字组合，以此强调信息构成的模糊性。

与之相比，解构主义强调的是"意义的虚化"。受结构主义的影响，后现代主义符号学极力强调作品所隐含的深层意义，他们将作品的艺术手法视作一种"能指"，而将作品所表示的含义作为"所指"，并赋"所指"予特权，通过隐喻象征使作品多义。但是，解构主义哲学极力否认这种等级观念，如德里达认为，追求一种纯净的意义，这是西方人的一种形而上学顽症。因此，解构主义者否定作品有终极的意义，否定作品有稳定的结构，认为"文本的诠释严格说来是个无穷尽的过程"。

因此，他们用含意不定的信码，去取代单义与一成不变之物。为了表明意义的不稳定性和多重性，德里达使用了众多具有歧义的概念，如"缓别"（Differance）既表示延缓又表示区别；"替补"（Supplement）既表示替换又表示补充。同时，他还用"踪迹"（Trace）这一核心词来强调意义的不确定性，因为它既"出场"，又不"出场"，既存在，又不存在。说它"出场"，是指它显示某种意义；说它"不出场"，是指它处于流变之中；说它存在，是指它能代表各种含义；说它不存在，则是指它总是处于变化、消失之中。

"互文性"（Intertexuality）是他们阐述的另一个概念，它强调作品内部诸意象和诸隐喻之间、作品与作品之间错综复杂的交织关系，借此说明意义的不确定性，以及解释终极意义的不可能性。

这样，解构主义就强调观众的"读"，不应是求解原始意义，而是承认"原意已隐"的一种"游戏"，他们认为"游戏"式的"读"不是消极的，而是积极的，它不是"文本"意义的见证人，而是"干预"，读者不是"见证人"，而是"干预者"。这种观念亦在建筑创作领域得到反映。例如，解构主义建筑师屈米（Bernard Tschumi）在谈及巴黎拉·维莱特公园设计思想时指出："……拉·维莱特是一种不断产生、持续变化的词语，它的含义从来不固定，而总是以它所铭刻的含义多元化所延续。"他还指出："公园三个自立的和叠置的系统，以癫狂的无限结合的可能性，提供了一条印象多元化的道路。每一位观者都可以提出自己的解释，又导致一种能再解释的缘由。"

日本解构主义建筑师藤井博已亦表现出相同的审美志趣，早在 20 世纪 70 年代初，就强调用"无意义"的物质集合创造建筑，并用布满平面与立面的方格网去表达这种含义。在他的解构主义理论中，尤其强调意义的不定与虚化，并借助东方园林中的艺术现象去说明它。他认为，日本庭园的一个特点，就是意义的不定性。由于景物的相互重叠、错动、移置和变化，使人们的视线和审美对象均呈散逸状，无法目测距离，风景片断呈之字形似地滑来滑去，视通性好的景物与视通性差的相叠。在这里，风景被切断，封闭成一个个片断，虽然想把握其整体意义，但是这些意义又不断从脑海中逃逸出去，其结果是意义的虚化。

他把日本庭园中歪斜的组石、移动的光影、多层次的空间片断、散逸状的风景和潺潺的流水等称之为"意义生成的场所"，反对把庭园中的池、山、石等用大海、仙山、岛等陈腐的宗教观念解释，认为它实际上窒息了意义的生成。同时，他还认为空间与物质的表现，并非用"意义"的透明物覆盖成透明的光环，而是用"多义性"所编织的不透明复杂结构。这种多义性，并不仅仅意味着空间和景物的复杂构成，而是表明不能追溯初始含义的意义生成过程。

借助语言学的原理，他认为日本庭园空间的意义生成是借助隐喻与换喻手法。隐喻即借助暗示，它起到引导人们寻找初始含义的线索作用。换喻则使意义呈非透明态，它具有潜在的多义性和瞬间意义的作用。但在东方园林的多重空间中，隐喻并非一种具有固定含义的代置手法，而是形成一种"意义待定"的状态。在这空间中，一方面由于景物依靠类似、置换、选择而形成的隐喻，另一方面，借助非一点透视的景物组合形成的换喻，这两种方式相互交织生成一系列关联词语。因此，在散逸的多重空间中，由于透视和移动就生成了系列意义。

从表面上看，藤井博已的设计理论很像以语言学为基础的符号学理论，但这种符号是建

筑化的符号，而非建筑的符号学解释。在他的设计理论中，经常出现"多重""差异""相距""反复""内涵关系""出场"等与解构主义哲学用语相近的词汇（图5-33）。在设计中，则在失去建筑本来面目的无意义状态下，通过打散—重构的手法，去体现建筑自身的规律，在他的建筑中，表现出表里混淆、正反共存的信息模糊现象。

这种信息模糊的现象，出现在其他解构主义建筑作品中。如 C. 希梅尔布劳（Coop Himmelblau）的维也纳屋顶改造（图5-34），利用拉紧的富有弹性的金属结构，给人造成它不仅是一个翅膀、一个飞行器，同时也是一个指导方向的锋刃或一个叶片这种紊乱而多义的现象。

追求多义与含混，是反形式美学有别于形式美学的一个基本特征。传统理性主义美学和技术美学都把明确的主题、清晰的信息构成，视为艺术作品第一生命。因而表现出追求纯洁、反对含混；追求和谐统一、反对矛盾折中；追

图5-33　藤井博已利用"图—底反转法"，在多重空间中留下"不出场"的标记（左）
图5-34　维也纳屋顶改造（右）

求信息构成明晰，反对杂乱的审美倾向。

　　然而，这一美学原则正面临严峻的挑战。一些建筑师认为，过分强调功能的单一性和信息构成的纯洁性，将产生排斥性的审美态度——排斥俚俗、装饰、幽默和象征性手法，使文化与情感置于与功能对立的另一极，全然缺乏模糊性，结果会导致情感的疏离。

　　因此，当代一些建筑师极力反对精确、清晰的空间组合关系，强调建筑的"双重译码"，用含混多元的信息构成，创造多义的建筑形象，来满足不同层次的审美交流，使作品随审美主体的文化背景不同，而产生各异的审美效果。

　　在审美变异的美学语言中，虚构、讽喻式拼贴，象征手法，这些都是常用的手法，空间构成的模糊性，主题的歧义性，时空线索构筑的随机性，使建筑作品呈现出游离不定的信息含义。

　　同时，一些建筑师从东方文化中寻求哲学根据，努力挖掘"中间状态"的美学内涵，追求肯定又否定的矛盾状态，强调多种对立因素矛盾共存的美学效果。为了使信息构成含混多义，或采用局部与整体等价处理、内外空间互渗、对立两极中引进异质等方法，形成复杂暧昧状态；或采用异类事物混合处理、各种历史构件并置以及细部处理情感化的手段达到上述目的。

5.3.4　环境生态化

　　由于环境的破坏，人类对重塑平衡的生态环境越来越关注，生态化审美已成为当代审美的一个重要发展趋势，是否符合生态学原理、是否有助于生态平衡成为当代审美的一种趋势。

　　20世纪，随着科学技术的发展，人们注意到技术文明在给人类带来幸福的同时，也给人类带来了灾难性的后果：环境污染和无序开发，使人居环境日益恶化；对资源无节制地开采与破坏，使生态危机进一步加剧；城市文化特色丧失，一些富有地方特色的城市正在被千篇一律的面孔所取代。它提醒人们，人类在获得极大物质享受的同时，地球的环境却在不断恶化，人类的文化环境也在逐渐消弭。在这一背景下，人类已进入"生态觉醒"的时代。

　　事实上，在现代建筑运动中，一些建筑师已经在建筑和环境的融合上作过一些探索，如赖特、柯布西耶、阿尔托、富勒等都不同程度地介入所谓的"有机建筑""节能建筑"和"自持续"建筑的设计，例如赖特的"流水别墅"、柯布西耶的北非迦太基别墅（1928，图5-35）和"奥布斯"规划（1930）、富勒的戴马克松住宅（Dymaxion House）和短线穹隆（Geodesic Dome）等。注重绿化，开发地下空间，使建筑对环境的破坏达到最小，是该时期重要的探索手段。不过，由于当时生态建筑理论尚不成熟，这些大师们只不过通过建筑做了一些解决建筑节能和建筑与自然环境融合的尝试而已。

图5-35　柯布西耶：迦太基别墅草图

20世纪60~70年代，西方学者更深切地感到了人类对宇宙秩序和自然环境破坏的严重程度，利用生态疗法恢复宇宙秩序和修复被损坏的自然环境，已提到议事日程。在一种使命感和紧迫感的双重驱策下，建筑师意识到生态的智慧同建造的智慧进行有机结合的必要性，为重新恢复生态平衡，对生态学理论做了富有成效的探讨，他们提出了生态建筑学理论，极大地推动了人们环境意识和生态建筑美学观念的提高。

赛特（Sert）早在20世纪40年代就在《我们的城市能否幸存》（Can Our City Survive）中警示了环境破坏的后果。芒福德（Lewis Mumford）最早认识到城市发展会带来人与自然关系的失衡，反对小汽车和城市无序蔓延。建筑师P.索勒里在20世纪60年代初创建了"城市建筑生态学"理论，并设计了阿科桑底城，意在倡导一种新的城市模式和节能建筑，以阻止城市的无序扩张和掠夺性，限制建筑的能耗。从20世纪70年代开始，国际上城市生态研究和实践都蓬勃发展起来，如美国生态学家理查德·雷吉斯特（Richard Rigester）于1975年成立的以"重建城市与自然的平衡"为宗旨的"城市生态组织"。该组织在美国伯克里进行了一系列的生态建设活动，并产生了国际性影响。20世纪70年代，建筑师E.R.舒马赫在《小即是美》（Small Is Beautiful，1974）一书中，提出了一整套生态设计方法，尤其是它所倡导的采用"中间技术"手法设计建筑的思路，对建筑师具有深刻的启示作用。20世纪80年代由《盖姬：地球生命的新观点》（Gaia：A New Look at Life on Earth）的作者

詹姆斯·拉乌格克（James Lovelock）和《自然住宅手册》（Natural House Book）的作者D.皮尔森推动的"盖姬运动"和20世纪90年代由美国国家出版社倡导的"可持续发展"运动，使生态建筑进入了一个更新的关键的阶段。建筑与生态的融合已经成为西方当代建筑师的一种自觉的追求。赛特事务所的建筑师詹姆斯·威勒斯（Jame Winse）宣称："这个阶段是信息时代开始的，但是，它正在变为生态时代。"

1987年，联合国环境发展署提出了可持续发展（Sustainable Development）这一概念，提倡在满足当代人需求时，不危及后代人的需求及选择生活方式的可能性。5年之后，在联合国的环境与发展人会（里约会议，又称地球首脑会议）上，这一观念被广泛接受并被定位为总体策略。其后，联合国教科文组织发起"人与生物圈（MAB）"计划，提出了生态城市（Eco-city）这一概念。生态城市的理念迅速发展，成为当前城市发展的新理念。

1996年，雷吉斯特领导的"城市生态组织"提出了建立生态城市的九项原则（Urban Ecology，1996）：

（1）修改土地利用开发的优先权，优先开发紧凑的、多种多样的、绿色的、安全的、令人愉快的和有活力的混合土地利用社区，而且这些社区靠近公交车站和交通设施；

（2）修改交通建设的优先权，把步行、自行车、马车和公共交通出行方式置于比小汽车方式优先的位置，强调"就近出行"；

（3）建设体面的、价低的、安全的、方便的、适于多种民族的和经济实惠的混合居住区；

（4）培育社会公正性，改善妇女、有色民族和残疾人的生活状况和社会地位；

（5）支持地方化的农业，支持城市绿化项目，并实现社区的花园化；

（6）提倡回收，采用新型优良技术（Appropriate Technology）和资源保护技术，同时减少污染物和危险品的排放；

（7）同商业界共同支持具有良好生态效益的经济活动，同时抑制污染、废物排放和危险有毒、有害材料的生产和使用；

（8）提倡自觉的简单化生活方式，反对过多的消耗资源的商品；

（9）通过提高公众生态可持续发展意识的宣传活动和教育项目，提高公众的局部环境和生物区域（Bioregion）意识（M. Roseland，1997）。

澳大利亚的城市生态协会和欧盟都提出了自己的生态城市发展原则。我国著名生态学者马世骏和王如松提出了"社会—经济—自然复合生态系统"的理论，并通过对国内外生态城市的理论研究，认为生态城市蕴含了四个层次的思想，即生态哲学层次、生态文化层次、生态经济层次和生态技术层次。

由此可见，"生态"已经不再是单纯的生物学的含义，而是蕴含社会、经济、自然复合生态的综合概念。社会生态化表现为人们具有生态环境意识和环境价值观念，生活质量、人口素质以及健康水平与社会进步、经济发展相适应，有一个保障人人平等、自由、教育、人权和免受暴力的社会环境。

经济生态化表现为采用可持续的生产、消费、交通和住区发展模式，实现清洁生产和文明消费。对经济增长，不仅重视增长数量，更追求质量的提高，提高资源的再生和综合利用水平。

环境生态化表现为在建设活动中，必须以保护自然为基础，与环境的承载能力相协调，合理利用一切自然资源和保护生命的支持系统，使建设活动始终保持在环境承载能力之内。这些均表明，生态化已成为社会的迫切需求，它也成为引导建筑审美的重要方向。

5.4 审美变异的美学手段

在当代审美活动中，审美变异在美学手段上主要表现为二元消解、多极互补、边缘拓展、中心虚化等各种美学手段。

5.4.1 二元消解和对立融和

传统的思维把认识对象分成个别要素，并以二元对立的方式来把握，如主体与客体、存在与认识、优与劣等。在建筑中，这种观念和方法也由来已久。

早在文艺复兴时期，阿尔伯蒂就通过身体和性别的特征来描述建筑，并建立以二元对立为特征的理论。他认为，建筑首先是裸露地被建造出来的，而后才披上装饰的外衣，他将建筑表皮当作结构的附属物，认为表皮是可以撕脱的外层，它掩饰着内部建筑结构的真实面目，结构则是内在支撑物。因而，结构隐喻坚韧不拔的男子，而表面装饰则暗喻依伴它物而存在的弱女子。阿尔伯蒂的隐喻与古典建筑的特征相吻合，同时也赋予人一层隐约的暗示，就是结构不为装饰存在，有结构才能有装饰。换言之，装饰不超出结构的范围。这种关系即使在晚期哥特建筑以及巴洛克建筑中，依然得到清晰的呈现。显然，在阿尔伯蒂的表皮与结构的二元对立理念中，先有结构后有表皮，前者是建筑的主要方面，处于支配地位。

现代主义虽然对传统的建筑观念有所反叛，但仍是基于以二元的角度来考虑建筑。他们将建筑的形式看作是依附于功能的，故提出"形式追随功能"的口号。

20世纪80年代末期出现的"解构建筑"思潮，反对传统的二元对立思想方法在建筑艺术中的有效性，极力颠覆内容对形式的统治地位，从根本上怀疑建筑艺术中功能与形式的必然联系，并肯定形式的价值。同时，强调内容的复杂性和表达与理解的不定性，并认为内容应有无限不定的可能性。

事实上，随着当代世界经济、科技、文化、信息等的迅猛发展，众多学科之间交叉渗透，各类边缘学科也不断涌现，传统观念上的"两极对立"，如物质与精神的对立、主观与客观的对立、美与丑的对立等，正在逐渐消失。在建筑创作实践中，建筑师也在不断地超越二元对立的观念，在跨文化、跨地域、跨学科的交融中创造新的建筑观念。

同样，传统的国际主义和地域主义的二元对立观念，在今天有了新的诠释。这是因为，由于信息传播技术和交通工具的日益进步，使地域界线不断模糊，它导致传统的文化隔离机制日益减弱，从而使任何一个国家的建筑文化的发展，都超越封闭自律的阶段而受到外界的影响。大众传播媒体的应用和跨国经济的影响，使文化交流日益广泛：人类的共同利益，产生

全球性共同意识，都促使全球性文化日益广泛。

因此，在全球经济一体化、全球信息网络化等环境中，人们发现将"传统与现代""本民族的与外来的""地域性与国际性"截然分开的二元对立思维方法已经过时。在许多场合，它们相互融合，相得益彰，并且满足了人们多元的审美需求和多样化的功能需要。这一切都使建筑师认识到，在信息社会中，地域性与国际性并不完全是二元对立的，在一定条件下，地域性、民族性文化可以转化为国际性文化，国际性文化也可以被吸收、融合为新的地域与民族文化。当今世界，建筑文化的发展和进步既包含前者向后者的转化，也包含前者向后者的吸收、融合，这两者既对立又统一，相互补充、共同发展，在全球化的环境中重构多元共存的民族建筑文化。

在建筑创作中，一些建筑师也利用消解二元对立的方法，如将传统文化与现代文明、乡土与现代技术的嫁接与融合，或高科技与传统手工艺并置，外来与本土文化互融，国际性与地域性文化相互转化，现代生态技术与传统节能技术的相互结合等发展趋势，从对立要素的互融与共生中，实现观念的更新和拓展。

如日本建筑师原广司设计的"大和世界"（图5-36），从世界各地的聚落形式的表现与交融中，塑造当代日本的建筑文化。该作品既充满现代气息，又体现传统日本文化对外来文化的包容与吸收的精神。再如，我国建筑师设计的广州南越王墓博物馆（图5-37），也突破狭隘的传统文化概念，广泛吸收中国传统建筑文化的精华，创造了一个当代建筑精品。[①]

同时，在可持续发展观念和现代信息技术、

① 曾坚，袁逸倩. 回归与超越——全球化环境中亚洲建筑师设计观念的转变 [J]. 新建筑，1998（4）：3-5.

图 5-36 原广司设计的"大和世界"充分展示
了光影的魅力

图 5-37 广州南越王墓博物馆

新材料技术以及新能源技术影响下，建筑师在创作中，强调物质与精神并重，技术手段的软硬并举，使各种相互矛盾元素出现既多元对立又互融共生的现象。

技术的生态化、地域化与情感化，改变了现代工业技术与人文对立的倾向，使当代建筑具有兼容性的特点，并通过矛盾因素的相互作用和互融共生，使建筑文化系统始终保持动态平衡状态，从而充满旺盛的勃勃生机。

5.4.2 多极互补与等价并置

多极互补是采用吸收各元素包括对立面的有利因素，使之出现新的形象的一种美学方法，它是破除二元对立后的观念创新。在建筑设计思潮中，常常采用多元拼贴和等价并置等手段。

多元互补拼贴的文化审美取向，在 20 世纪 80 年代的日本建筑师中颇为流行，构成日本后现代建筑的一大特色。如木岛安史，在建筑中表现出文化拼贴的痕迹，在他设计的松尾神社——被誉为"日本第一个后现代作品"中，借用了东西方传统建筑与现代建筑各种要素——经过简化的多立克柱廊，矫揉造作的万神庙天花板状的拱壳，铺设铜盖瓦的传统

日本神社外形，密斯式精巧的构件细部，均被梦幻般地拼贴在一起，显示出一种超现实之美（图 5-38）。

在对待东西方文化的态度上，矶崎新同样采取了"等价并置"的态度，而且在创作中熟练地应用了多元拼贴的手法。他经常把东西方建筑的历史风格、细部与现代建筑的抽象形式含混并用。柏拉图的方与圆、金字塔形式、米开朗琪罗的造型、河神之女与月桂树的传说、东方阴阳五行的哲理、苏联构成主义手法、勒·柯布西耶的雕塑母题……只要能满足创作要求便信手拈来，运用并列、对峙、交错、渗透等多种方式加以拼贴或打散—重构，颇有"解构"的艺术之风。

例如，在美国洛杉矶现代艺术博物馆设计中（图 5-39），金字塔、立方体、圆柱体与其他形式构成鲜明的对比。黄金分割的比例组合，凹凸对峙、交错穿插的东方阴阳哲理共存于建筑整体中，反映出多元拼贴之美。他设计的筑波中心，更是用各种古今要素拼贴而成的建筑，且包容了更多的西方古典成分而非日本传统形式。面对人们的非议，矶崎新却认为，多元含混是日本文化的特征，而折中正是近代日本建

图 5-38　松尾神社

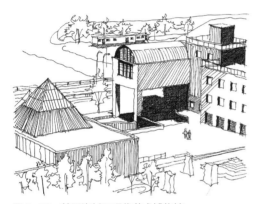

图 5-39　美国洛杉矶现代艺术博物馆

筑的风格。正是这种文化价值观念，使他经常体现出分裂—折中的创作态度。

5.4.3　边缘拓展与中心虚化

1）边缘拓展

边缘拓展的一种方法是对一些在传统的艺术范畴未被重视的审美要素进行创造，或将非主流的美学范畴上升为主流性的审美要素，开拓一些陌生的审美领域，实现美学疆土拓展的目的。例如，在传统中重视对美、和谐的表现，而当代建筑师往往在建筑创作中，通过夸张、变形、扭曲、破碎等手段，将"丑"的要素引入设计中；从否定性审美要素中，发掘艺术的

"表现力"，通过"另类审美"，实现审美边缘拓展的目的。

边缘拓展的另一种方法是通过交叉学科和边缘学科的引入，在交融和嫁接中，突破原有审美概念，运用跨学科的美学手段，创造新的审美天地，一些建筑师则通过这种手段，实现建筑创新的目的。

例如，在当代的建筑创作中，一些建筑师将传统的地域性建筑观念加以拓展，在地域文化构成、设计元素以及关注问题等方面进行探索，在继续保持对气候环境地域性这一共同特点关注的基础上，打破封闭和单一的观念，向文化观念、生活模式、宗教信仰等更广泛的、共同性的方向扩展；从封闭自律性生存系统，向成为开放他律性社会文化系统转化，从而创造了广义地域性建筑。在文化扩展方面，这一创作倾向尤其关注民俗和宗教问题。让·努维尔在阿拉伯世界文化中心的设计中，关注了清真寺建筑的雕刻窗，设计师采用了如同照相机光圈般的几何孔洞，材料是铝，通过内部机械驱动光圈开阖，根据天气阴晴调节进入室内的光线量。将阿拉伯文化符号巧妙地融入建筑语境中，在建筑的外部和内部形成了深具文化感染力的空间氛围（图 5-40）。

在创作中，往往表现为对气候与环境、技术与人文、信息与能量、生态与社会等从微观到宏观的多维探索。例如，传统的地域性建筑往往是对宏观气候的关注，而在当代创作中，不仅强调宏观气候环境的应对，也重视建筑的微气候设计，杨经文的生物气候学设计就是一例。

2）中心虚化

西方当代建筑美学的一个特点是建筑美学

的平面化，即提倡无中心、无深度的审美构成方式。它取消了审美的时空深度、意义深度，用片段化的艺术素材构筑拼贴式的美学景观；它摒弃建筑事件的历史逻辑性，追求审美的时间并行性网络组织，使中心虚化的美学手段广为流行。

中心虚化是指在当代建筑创作中，出现虚化主题，消解艺术表现中心，实现审美时空扁平化、无深度的美学手段。

"一切都四散了，再也保不住中心，世界上到处弥漫着一片混乱"。这是象征主义诗人威廉·勃特勒·叶芝对20世纪初社会分崩离析的绝妙评析。实际上，当代建筑审美领域也出现了无中心、片断化的现象。

作为一个古老的美学概念，千百年来，"中心"以各种方式出现在艺术中。例如，在传统艺术作品中，皆存有坚硬的"核"——主题中心，在构筑中心的同时形成"深度"。在小说中，情节紧紧围绕中心人物的命运展开，随着情节构成一幅幅"历时性"的画面。在绘画中，常将最重要的人与物放到中心位置，次要东西环列四周。虚实的使用，意象的安排，色彩的铺陈均为了把人的视线吸引到中心部位上来。

古典建筑亦然，不仅存在明显的主题，且用轴线对称、对比等手段去创造主题性的时空系列。在我国的传统建筑中，这种时空处理方式也十分常见。人们常常把空间意识转化为时间进程，使人在多重的院落行进中体会到皇权的威严，把封建礼制不容僭越的观念植入层层展开的时空系列中。西方古典建筑更是用对称布局来突出中心：在城市规划中，强调主体和从属与轴线的关系，常出现平面上以广场、立面上以中央穹顶统率城市格局的艺术处理手法。

现代建筑运动尽管从形式上打破了以"对称"为核心的古典格局，并发展了"均衡"这一美学法则，然而"中心"的等级观念仍牢牢地残存在大师们的脑海中，并时有表现。例如，1951年勒·柯布西耶所做印度昌迪加尔城规划，将政治中心布置于居高临下、处于控制和俯视全城的特殊位置，并将商业中心置于近期规划范围的几何中心（图5-41）。事实上，对

图5-40　阿拉伯世界文化中心

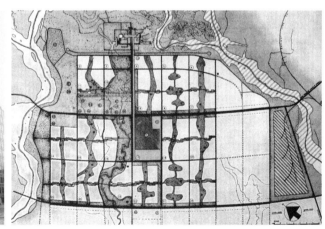

图5-41　印度昌迪加尔城规划

称、秩序、中心的布局方式一再出现在他的"明日城市""光明城"等规划方案中，可见古典美学观念之根深蒂固。

这种中心与等级概念，同样也被许多现代建筑师所接受，如巴西建筑师 L. 科斯塔（L.Costa）、奥斯卡·尼迈耶（Oscar Niemeyer）所做的巴西利亚规划，是个典型的纪念碑式的城市，该城市平面严格对称，象征飞机形象，东西主干道从三权广场出发，与十字干道轴线交叉，穿过干道下部的电视塔，止于火车站（图5-42）。三权广场上矗立着三座独立的建筑物——立法、行政与司法建筑。几何形体的构图，富于雕塑感的巨大体量，以及古典的等边三角形布局，显示出城市中心高高在上、睥睨一切的气势，体现出"中心"的古典等级精神。

其实，这种围绕中心的处理方式，早在20世纪初，就为现代艺术、现代文学所不齿。他们认为，"中心"反映的是理性文明的等级秩序，对它的取消则反映了他们渴望"软化"这种强硬关系的心理。因此，自立体主义之后，

画面的中心物体已被裂解和虚化，代替主题的是"手段"的表现，覆盖画面的是同等重要的体量与色块。现代文学亦然，不仅主题这一"坚核"被取消，有时连时间线索亦消失，展现在人们面前的是支离破碎、失却深度的共时性文学画面。同时，"文明社会"中人的"疏离""荒诞"与"无意义"使他们失却了精神支柱，尼采宣称"上帝已死"，叶芝惊呼"失去中心"，这一切都使艺术家去竭力表现"中心虚无"这一主题。

后现代建筑师吸收了现代艺术的种种非理性手法，他们或用破损的手法和片断的历史构件"拼凑"建筑，或借助支离破碎的形象阐述"没有主题的故事"。在他们的一些作品中，时空连续的感觉已经崩溃，给人们带来的是一种新的时间体验，表现出零散化，失去中心，只关注当时的精神分裂特征。如矶崎新的筑波中心，该建筑集中了各历史时期的标记，并以"废墟"的形态出现在公众面前（图5-43）。失去文脉关系的建筑历史片断，被布置于中心空虚物——椭圆形广场四周，下沉式的广场和汇交

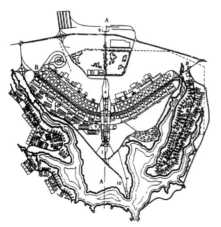

图5-42 巴西利亚规划

图5-43 筑波中心

于中心的溪流，取代了传统建筑纪念碑式的中心处理方式。在这里，各种景物之间，既无时间主线，亦缺乏捆扎历史片断的逻辑绳索，审美时空全凭公众在阅读中随机构筑。难怪别人称之为"没有主题的故事"。在筑波中心，建筑师发展了"中心虚化"的概念，在这中心空缺处，可以容纳人们各种审美意向，容纳各种生活之梦与诗。

作为一种新兴的先锋建筑流派，解构主义明显带有从整体上否定人类文化的特点。他们企图否定几千年来人们所建立的美学法则与艺术经验。因此，"反"成了他们的典型特征。"解构""分离""主题的死亡""意义的埋葬"变成他们专用的术语。

因此，"中心"作为一个古老的审美模式和等级观念，自然也成了他们攻击和排斥的对象，不仅如此，与"中心""等级"相关的一切概念，如"统一""主体""对称""秩序"都遭到摒弃。德里达指出："人们一直认为，中心本质上是唯一的，它在一定结构内构成某物，中心支配着结构，同时又逃避结构性。正是由于这一点，传统的结构观认为中心既在结构之内，又在结构之外。然而，中心既然不属于总体性，那么总体性的中心就在别处，这样中心也就不成为中心了。所以承认有中心的结构会使我们陷入于困难境地。"在这种观念的影响下，亦以各种方式向"中心"质疑。他们或反对古典的透视法，或用散构与分离手法消解内在结构与中心。

在建筑创作中，向西方传统的透视法则质疑，是中心虚化的一种表现。西方自透视法出现以来，"中心"与"主体"便在艺术作品中得以确立。在透视法支持下，所有物体都指向一个灭点，即构图中心，随之而来就是强求统一，任何与"中心"不统一的因素都作为异端而剔除。其实，透视并非人类的视察方法，在移动的视觉运动中，它只不过是一种片断与特例。因此，在现代艺术中，它首次受到冲击。

而解构建筑师对它的质疑，出自对其深层美学内涵的反叛。他们认为，透视法中的灭点在西方古典建筑与园林中被赋予了特权，它仿佛神居之处，一切物体都要向它聚集，顶礼膜拜。同时为了维持这种等级观念，视野中任何歪斜和不统一的物体都将删除，而风景亦随之蜕变为仅仅一个画面，因此它代表的是一种特权意识。

解构建筑师认为，在现代错综复杂的社会中，如仍用这种"统一"与"中心"的视点来看待事物，既失实又不可能，故必须代之以网状的多视点，在颠倒西方古典构图法则、否定透视特权中建立解构主义美学。因此，他们用"散构"和"分离战略"去向追求和谐统一的古典美学和机器美学挑战。

5.5 审美变异的美学情趣

当代建筑的审美变异，其审美情趣主要表现在开拓了个性化审美、对立面审美、片断化审美、过程化审美等方面。

5.5.1 个性化审美

追求永恒的美的本体，建立普遍适用的美学法式，寻求艺术的本质规律，是西方传统理性主义的审美理想，这也是"硬美学"的重要标志。

在这种美学观念的指导下，理性主义美学家表现出种种重普遍、轻个体的美学倾向。他们强调共性与规律，否定个性与特殊性，排斥感性因素，以其变幻不定而否定其实在性。

在理性主义艺术家那里，普遍适应的美学法是艺术的灵魂，而个性、情感、艺术特征则是无足轻重的。他们推崇的是艺术中的一般概念，而不是具体的表现细节。

与古典美学相类似，重普遍、轻个体也是现代建筑的一个重要美学原则。早在 20 世纪初，现代建筑大师就企图建立普遍适应的美学框架，努力寻找"通用的"艺术语言，而"控制线""人体模数""数理规则"就是他们普遍适应的美学原则。

这种审美价值取向也反映在对标准化的热衷上。格罗皮乌斯甚至认为，标准化的简化与融合过程"……首先必须剔除设计者有个性内容及其他特殊的非必要的因素"，[①] 可见他对个性与特殊性的轻视。

柯布西耶在该时期亦竭力寻求艺术语言上的"固定词"，尝试用数理符号去建立通用的艺术法则，他表现出对机器般精确外表及普遍性美学法则的偏爱，而反对历史、文化、民俗以及带个人色彩的东西。

在他 1921 年发表的一篇文章中，他把人的感觉分为永恒不变的最初的感觉，以及因人而异的联想这两种类型。他认为："最初的感觉是这种造型语言的基础，这些都是造型语言中的固定词句，……凡是有普遍通用价值的东西，均较仅仅具有个别价值者更有价值。这条基本

真理似乎已不需要再加详细的说明了。"[②]

这清楚地反映了他重普遍、轻个体的审美倾向，对于柯布西耶来说，产生这种审美观念并非偶然。20 世纪 20 年代中期，正是现代建筑运动走向高潮的时期，作为竭力把工业化生产当作主要手段的倡导者，他不得不剔除妨碍工业化进程的因素。另外，他认为建筑是时代精神的产物，而当时的时代精神恰恰是文化形式走向世界大同，可见勒·柯布西耶追求普遍性的艺术语言是历史的必然，但我们也不能否认，这种追求又带有一定的历史局限性。

在这方面，密斯的追求有异曲同工之妙。20 世纪 50 年代，他举起了"万能空间"的法宝，这是一种无特性的、灵活的、夹心面包式的空间，同时又是与基地、气候、保温、功能毫无关系的通用空间。按照密斯的设想，万能空间具有可拆卸的构件、可容纳各种功能的内容，这种空间由于采用梁柱结构而到处是直角的形式。这正体现了理性主义心目中完美的概念，即直角是一条先验真理，它不仅满足了结构的逻辑性，而且它又是一种最容易把握的秩序体系和最简单的形式概念。同时，这种万能空间的确实现了密斯"要在我们时代绝望的混乱中创造条理性"的理性主义目标，并树立了一个优美而虚无的纪念牌。然而，就像文丘里在《建筑的矛盾性与复杂性》一文中引述的那样："密斯所以能设计出许多漂亮的建筑，就是因为他排斥了建筑的许多方面，如果他试图解决再多一点问题，就会使他的建筑变得软弱无力。"[③]

① （德）沃尔特·格罗皮乌斯. 新建筑与包豪斯 [M]. 张似赞，译. 北京：中国建筑工业出版社，1979：7.

② Charles Jencks. Modern Movement In Architecture[M]. London：Pengvin，1987：144.

③ （美）罗伯特·文丘里. 建筑的矛盾性与复杂性 [M]. 周卜颐，译. 北京：中国水利水电出版社，知识产权出版社，2006.

从重普遍、轻个体的美学原则出发，现代建筑大师以寻求建筑艺术的普遍范式为使命，他们或从某一类具体事件中抽象出一般概念，把它升华为独立存在，并视为最为实在的本体；或从无数艺术形式中，提供某种手段，作为普遍适用的典范。与此同时，极力贬低建筑艺术的独特个性和设计者的自我意识。他们认为，普遍的标准、样式的实用是文明的标志。在这方面，格罗皮乌斯的观点颇为鲜明："历史上所有伟大的时代都有其标准规范——即有意识地采用定型的形式——这是任何有教养和有秩序社会的标志。因为毫无疑问，为同样的目的而重复做同样的事，会对人们的心理产生安定和文明的影响。"①

在这种观念指导下，反对装饰，纯化表面被视为一种行之有效的艺术手法；通用空间、直角构件则是另一种手段与武器。因此"新建筑的五点""少就是多"就自然而然地成了至高无上的艺术典范了。

在当代西方建筑审美领域中，重普遍、轻个体的审美取向遭到抨击。人们认识到，面对复杂多元的社会，艺术形式应有千差万别、难以约同的独特个性。因此，在创作中出现弘扬个性、追求怪异的倾向。在追求个性化的历程中，20世纪60年代前后，西方建筑师以功能为依据，运用现代结构与材料，以几何象征、抽象象征、具象象征三种方式表达建筑个性。这种表达并没有脱离功能内容。因此，可视为建筑客体的个性表达。

从20世纪70年代开始，这种个性表达注入了更多的文化内涵，变成以文化为依据，国际式文化被地域性文化所取代，东方文化、伊斯兰文化、非洲文化等各种文化价值均被肯定，功能主义受到严峻的挑战。因此，建筑的个性表达增加了民族性与地方性内容。当然，这种"个性"是相对国际主义风格而言的。

个性化的第三个阶段，是建筑师主体意识的崛起。有的先锋派建筑师把大师们的美好愿望说成是"乌托邦"式的幻想，从而轻松地摆脱了建筑师的社会责任。他们极力强调建筑师自身的价值，甚至把建筑作品视作个性表达的工具。

因此，建筑设计打破了从功能出发的单一模式，在创作中，或强调偶然性和主观随意性，或玩弄形式游戏，使建筑作品脱离社会，并失去统一的客观依据。

在这方面，日本建筑师矶崎新表现尤其典型，在建筑设计中他极力强调个人的艺术价值，企图"在现有语汇中表现个人独创的风格"。他的作品充满内在气质和强烈的个性。作为丹下健三的学生，他抛弃了丹下健三通常表现的社会和工业化题材，而是采取反抗社会、排斥社会的反叛姿态，甚至把建筑创作视为纯形式的游戏，表现出明显的手法主义倾向。

他通常灵活地选取适合自己主观意图的各种历史题材和象征形式，在漠视文化连续性的虚无主义态度指导下，用多元拼凑的手法，表现自己主观意向。他摆脱了和谐统一等经典美学原则的约束，通过片段、夸张、变形、倒置等艺术处理寻求审美机理，在对立冲突中捕获辩证美；抛弃静态、永恒的审美追求，追求暧昧、模糊、变幻不定、猜测联想等审美效果，并把建筑艺术建筑在"从形式到形式""为风格而风格"的理念之上。

---

① （德）沃尔特·格罗皮乌斯.新建筑与包豪斯[M].张似赞，译.北京：中国建筑工业出版社，1979：8.

在设计程序上,他常借用方与圆两种柏拉图形式作为建筑母题,但又不忘记渗入一些非理性因素,以表现自己追求不完美这一审美情趣。如在群马县近代美术馆(图5-44)的设计中,矶崎新发展了立方体相叠的建筑语法,该建筑把立方体单元作为空间构成的基本元素,表面饰以大小一致的正方形,在这高度理性的空间构成语法中,他引进了诸多表现自己叛逆性格的非理性因素——外表面闪光的铝和玻璃加强了建筑的飘浮感,大小不同的立方体相套,使空间更加丰富,且使内外概念含混不清。内外构架覆盖与敞露相交,反向透视语汇的楼梯处理,这一切都加深了矛盾和滑稽的美学效果。

在富士乡村俱乐部的设计中,他利用高尔夫球曲棍的形式表现自己幽默的性格。在原始的方形构图和流畅弯曲、被极度夸张的建筑形体中,渗透了理性与浪漫交织的情感(图5-45)。在北九州图书馆的设计中,由两根半圆拱构成的建筑形体,它们并列出发,而其中一根又垂直分开,并向后偏转,使建筑布局流畅而又舒展,理性的圆拱再次被非理性的整体布局所左右。在这里,功能被塞进形式的构思中,体现了从形式主义出发的构思。

在矶崎新个人主义语汇中,柏拉图形式、梦露曲线、废墟概念……应有尽有,而"九个隐喻来源九个象征"则是他个人主义设计观的一个表白。

实际上,在日本的某些先锋派建筑师中,把建筑作为个性表达工具的做法相当普遍,他们应用自己独特的理论指导设计,有的甚至不考虑功能和社会要求,随心所欲地进行纯形式的创作,如相田武文在建筑中极力贯彻他的建筑游戏观,他认为,在消费社会里,建筑的任务就是要为人们带来欢乐,而游戏是达到欢乐的手段,欢乐是游戏的目的(图5-46)。现代建筑的弊病,就是忽视了这种"游戏性"才遭到人们的非难。他反对把建筑形式简单地依附功能,而是把它看作一种文化,它明确地刻印着作者的目的。因此,他应用搭积木的规律来进行建筑创作,并在积木游戏中挖掘美学内涵。他认为积木有积垒起来的欢悦,也有坍塌之后的美姿,积木的趣味性并存于构筑与坍塌的不同情况中,从而开创了他独特的创作风格。

图5-44　群马县近代美术馆

图5-45　富士乡村俱乐部

图5-46　相田武文的仿骰子住宅　　图5-47　盖里用碎塑料片制　图5-48　德国魏尔维特家具博物馆
　　　　　　　　　　　　　　　　　　　　　成的鱼灯

　　先锋建筑师强调个性的另一个典型特征，就是图解自己的审美观念。在这方面，解构建筑师盖里颇有代表性。他把"鱼"作为自己心目中完美的象征，他认为"美"的本质规定存在着主观随意性，人们可以认定和谐统一等古典式的完美，他就同样可以认定"鱼"是完美的标志。因此，他把"鱼"作为自己解构建筑的符号——不仅用塑料制作鱼灯，而且在建筑中反复运用"鱼"的母题（图5-47）。在他设计的德国魏尔维特家具博物馆中（图5-48），也明显反映了这种审美观念，空间网架集合体宛如被斩去首尾的鱼背鳍，充满了个性和标新立异的精神。

　　他的审美观曾受到当代艺术家，如画家R.戴维斯（R.Davis）、雕塑家R.塞拉（R.Serra）、艺术家C.奥尔登伯格（C.Oldenburg）的影响，故他的作品像无法复制的雕塑品，用各种几何形体塑造出奇特怪异的作品——不仅立面丰富，而且充满动感，如加州航天博物馆设计，不同形状和光线的运用几乎杂乱无章，充满超现实之美（图5-49）。

　　在当代，追求个性表达具有广泛的哲学文化基础。西方哲学中非理性思潮的泛滥，使"尊重个性、肯定个人价值"的呼声日益高涨——尼采愤怒地谴责黑格尔抹煞个性的概念化做法，萨特则把个体存在视作先于普遍性本质，并作为哲学原点，认为排除了个人存在，就意味陷入了"虚无"。总之，万物统一于我，融合于我，将个性自由作为存在的最基本属性。这种思潮在建筑领域的反映，就是表现自我，弘扬个性，追求怪异。

图5-49　加州航天博物馆

5.5.2　对立面审美

在传统美学中，推崇优美、典雅、崇高等艺术效果，并把优美、典雅、崇高等作为美学范畴的肯定性因素。而在当代的审美文化中，出现对钟情丑陋、滑稽、怪诞的审美倾向，即将审美扩展到美学的否定性或对立面的审美范畴中，表现出变异的审美倾向。

20 世纪初，这种倾向首先在现代艺术中出现，它的突出特点就是对理性和传统美学的反叛，它嘲笑现实的荒诞和无意义，讽刺人类理性的虚伪，践踏和谐完美的审美理想，认为它们整个都显得滑稽可笑。

20 世纪 70 年代以来，西方艺术又以"讽刺"和"亵渎"作为重要手法和题材，如给裸体的维纳斯穿上比基尼泳服，裸露身体在艺术殿堂表演等。这种亵渎和嘲弄风气同样影响了建筑艺术，成为否定形式美学的一项重要内容。于是，在当代某些建筑师的作品中，完美已被怪诞的形象所代替。滑稽的情调、荒唐的手法、残缺的柱子、破损的山花、败落的形象……这一切均在建筑中出现。

在发展怪诞、破落的审美情趣方面，美国的塞特集团的创作实践可谓是独树一帜。他们从"反建筑"（De-architecture）的概念出发，设计了一系列坍塌、败落的建筑形象，在休斯敦 Best 超级商场，塞特将正面设计成坍落的形象，以这种方式反对古典式的完美（图 5-50），用幽默感对抗现代主义冷冰冰和无表情的建筑面孔。在这败落和表象后面，隐含着塞特的美学内涵，他们提出要重新解释建筑的本质，借用建筑自身树立"反建筑"形象，企图用残墙断壁表明：坚硬、安全牢固、没有变化的东西在世上是不存在的（图 5-51），用虚构的灾难和坍塌的形象去扩展他们的美学影响。在怪异丑陋的审美尝试中，日本某些建筑师另有特色，他们采用了许多荒诞不经的艺术语言，去创造独特的建筑形象。

例如，日本建筑师高松伸设计的"织阵"（图 5-52），尽管平面比较简单，但建筑形式却充满不可思议之谜——类似昆虫的触角，机器般的外形，八角形塔外表排列着 16 根刀刃

图 5-50　Best 超级商场　　图 5-51　Schullin 珠宝店用裂纹将磨得　图 5-52　高松伸的"织阵"
　　　　　　　　　　　　　　光亮如镜的花岗岩断为两段来装饰店面

般的竖墙在护卫着顶端的圆拱。建筑的外表仿佛双缸发动机，整个建筑功能与形式阴差阳错地拼凑在一起，恰如一台仿生机器，在这里，怪异、动态取代了完美永恒的古典艺术。

对怪诞、丑陋、败落等美、崇高的对立范畴的审美扩展，除了与资本主义社会的商品广告价值观有关，也反映了现代人审美情趣的转变。尽管人们仍欣赏和谐统一、高贵单纯的静态之美，但已愿意接受那种放纵不羁、标新立异、追求怪异新奇等不和谐、不统一的艺术形式，从滑稽丑怪中去领略那种惊心动魄、刻骨铭心的奇趣。他们从梦幻、错觉、疯狂、裂解的无序状态中，去开拓新的审美领域。

其实，这种现象并非今天才出现，早在文艺复兴后期，巴洛克建筑就以那扭曲的形态和矫揉造作的手法引起世人的注意。19世纪末，又出现了对"丑"令人难于置信的欣赏。但相对于当代的审美变异，不过是小巫见大巫罢了。在当代建筑思潮中，这种对丑、怪的欣赏已有一定市场。美国建筑师埃森曼认为："……怪诞涉及现实物质，涉及物质的不定性的表达。由于建筑被认为与物质存在有关，那么怪诞在某种程度上就在建筑中存在了。这种怪诞情况是可以接受的，只要它作为一种装饰，在怪物体和壁画的形式中。这是因为怪诞所引导的丑的、反形式的、被假定为非自然的观念在美中总是不断出现。美在建筑中试图压制的就是这种不断出现的状态或者说已经存在的状态。"[1]

正是由于丑、怪作为"美"的对立面出现，而千百年来又总是处于被支配、非主流的地位，于是，解构建筑师就要将这种关系加以颠倒，把丑、怪作为建筑表现的重要要素。于是，他

们用"丑"取代"美"，以"怪异"代替"崇高"，表现出崇尚丑和怪的审美情趣。

5.5.3　冲突性审美

1）扭曲与破碎

古典的形式美学和技术美学均追求和谐完美，但在当代的一些审美领域，却表现出追求扭曲与破碎等冲突化的审美倾向。

事实上，在今天被称为解构主义建筑师的审美观念中，强调冲突破碎的意向尤其明显，在他们的作品中，经常出现支离破碎的建筑形象和爆炸式的空间构成。"飞梁法""扭曲""畸变""错位""散逸""重构"……从他们的建筑艺术语言中，就可见一斑（图5-53）。

因此，詹克斯在《新现代主义》一文中，把强调混乱与随机性，注意现代技术与机器式的碰撞拼接，否定和谐统一，追求破碎与分裂，形式和结构上半圆柱的滥用，采用穿孔铝制板装饰等艺术倾向作为"新现代主义"的突出标志。

从审美心理学角度看来，当代先锋建筑师利用扭曲、变形和残缺、破碎的手段去取代"美"，

图5-53　哈迪德设计的解构主义室内装饰，表现了扭曲与畸变的审美特征

① Eisenman Peter. En Terror Firma：In Trails of Grotextes[M]. Princeton：Princeton Architectural Press，1996：152.

并非毫无根据地"胡作非为"，它多少带有一些美学依据。格式塔心理学研究的成果表明：较复杂、不完美和无组织性的图形，具有更大刺激性和吸引力，它可以唤起更大的好奇心。当人们注视由于省略造成的残缺或通过扭曲而造成偏离规则形式的"格式塔"时，就会导致审美心理的特有紧张：注意力高度集中，潜力得到充分发挥，从而产生一系列创造性的知觉活动。

对复杂与刺激性的追求，与人们文明发展状况有关：原始艺术多数表现为二度平面，它追求的是规则、对称和简单的图形；古典艺术追求的是和谐统一、丰富的表现力与完美的造型；在现代艺术中，则出现对不完美、丑、扭曲等的审美。对于原始人来说，规则、对称与简洁代表了迷乱中的秩序，混沌中的条理。在古典社会中，和谐完美代表了人们对理性的信赖。而在当代西方社会，贫乏而又丧失个性的工作与生活方式，更需要的是强烈的刺激；表达失衡心理的，自然也是扭曲与变形。

冲突、破碎、怪诞等不和谐美，是当代社会的产物。它用非理性、违反逻辑的扭曲变形、结构解体、时空倒错为手段，向传统的审美法则挑战，以创造传统美学法则无法认同的作品。在这些作品中，寻常的逻辑沉默了，理性的终极解释与判断失效了，出现的是陌生化审美境地。

如果说，技术美学强调的是主体和客体、功能与形式、合目的性与合逻辑性的契合与统一；那么，反形式美学恰恰表现为主体和客体、功能与形式、合目的性与合逻辑性的冲突与离异。如果说，前者追求的是"增一分太长，减一分太短"的美学意境的话，后者则以极端化或贫乏化的手段打破和谐统一。

2）否定与裂解

否定与裂解的审美情趣是指否定秩序与规律，追求无序、混乱、冲突、破碎之美的审美情调，表现出一副美学反叛者的姿态。

日本建筑师筱原一男就是一例，他极力推崇"混乱"与离散状的美学价值，认为城市商业的繁荣和经济波动必然会导致视觉的混乱，这是信息社会中独有的现象，也是城市有生命力的表现。因此，他把现代科学中的混沌理论引进建筑领域，把城市各种功能归结为使用的混合和文化的交叉，表现出对离散状态和带生活特点的波动系统的极大兴趣。

他还认为，建筑规范和高技术的秩序的混乱掺和，即几何和微观上的控制，是通过宏观上的随意性噪声来平衡的，而这种混乱的美，墨守成规的人是无法看到的。他指出，东京正是因为缺乏所有美学系统中所具有的统一性和记忆性才谓之美，从而表现出对现代主义机器美学的反叛。

同时，他把这种混乱冲突融进艺术构思中，在东京工业大学百年纪念馆中（图5-54），他利用纯几何的片断构成建筑的整体。该馆平面由南北两个长方形加上斜墙连接而成，在顶部，则斜向相贯了一个轴线略有弯曲的半圆柱体，在玻璃幕墙映衬下，仿佛飘浮在半空中。

埃森曼设计的韦克斯纳视觉中心也表明推崇冲突的意向——相冲突的两套体系共存建筑要素—— 一堆砖砌的墙体、一组金属构架、重叠断裂的混凝土块，以及西北、东北两角的红砂岩植物台基，同时他又将挖掘的军火库加以肢解和扭曲，塔体和圆拱都像被撕裂了一层皮，他认为"军火库的肢解就是历史学家专业性思

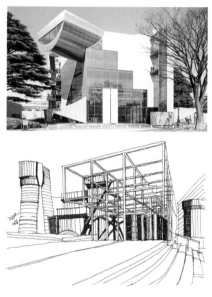

图 5-54　东京工业大学百年
纪念馆（左上）
图 5-55　埃森曼的韦克斯纳
视觉艺术中心（左下）
图 5-56　汉堡媒体天际线大
楼（右）

想的破裂"（图 5-55）。

C. 希梅尔布劳亦用破碎的手法，去取代完美的追求，在他的汉堡媒体天际线大楼设计中，垂直剥开的建筑形体取代了体态优美的大楼形象（图 5-56），以此向世人宣布其美学观念："我们看够了帕拉第奥和历史的面孔，因为我们不要建筑排斥令人不安的事物，我们要使建筑拥有更多东西，要使建筑受伤、衰竭、混乱乃至破裂。"

5.5.4　过程化审美

重永恒、轻短暂是西方古典理性主义美学和现代建筑美学的共同特征，也是"硬美学"所具有的突出标志。在当代建筑审美领域，其中一个重要倾向，就是对短暂性美学和审美过程的关注，它构成了审美时空软化的又一基本内容。

古往今来，永恒之美都是西方理性主义共同的审美理想，他们重视永恒的美学规律，轻视流动变化的美学物体，认为世间存在着一个客观、先验与永恒的美的范式，并认为它处于严格的形式或形式逻辑的抽象关系中。

早在古希腊时期，柏拉图就提出了一个美的本体——理念美。认为事物美只是理念美的影子，前者具体偶然，后者抽象必然。他声称："这种美是永恒的，无始无终、不生不灭、不增不减的。它不是在此点美，在另一点丑；在此时美，在另一时不美；在此方面美，在另一方面丑；……它只是永恒地自存自在，以形式的整体永恒与它自身同一。"因此，他把它归结为数的关系或几何关系，并认为任何个体之美都是那永恒、普遍性之美的具体显现。唯理论美学家布瓦罗也认为，真理都带有普遍性、永恒性。由于美真同一，因而美也是永恒的。

在现代艺术中，重永恒、轻短暂的审美追求也很普遍。如风格派极力贬低艺术中的传统和情感因素，并把它看作虚假的东西，在他们的作品中，只运用垂直与水平构图，以及纯粹的三原色，以此追求艺术永世长存的风格。

在现代艺术特别是立体主义和风格派的影响下，现代建筑大师格外重视高度抽象的艺术手法，企图用纯之又纯的造型，合乎逻辑的结构，精确的细部构造去表达那种不受空间、时间和文化差别限制的永恒之美。

由于现代主义崇尚"永恒"与"静止"的美学观念，极力强调人为环境的"纯净"与理性，因而在建筑设计和城市规划中，突出几何性与逻辑性，把自然环境要素和传统文化当成异质加以剔除，使建筑与城市文化从零点起步，表现出鄙视暂时性，追求永恒纪念性的审美理想。

在当代建筑与城市设计的审美追求中，对"永恒"与纪念性的追求热情已大大减弱，代之以流动变化的审美追求。

早在 1954 年，"十次小组"（Team10）就针对早期 CIAM 的功能—交通为主体的规划理论和追求纪念碑化城市所出现的弊病进行了批判，其后，又提出了强调生长变化的"簇群城市"（Cluster City）理论。

他们认为，城市设计不是从一张白纸上开始的，而是一种不断进行的工作。同时，任何新的东西都是在旧机体中生长出来的，城市的生长是城市重新集结的过程。与现代建筑重视永恒之美相比，十次小组更为重视动态之美。例如，史密斯夫妇首先提出了"改变的美学"（The Aesthetics of Change）。他们认为，生长和变化是城市设计的一个基本要素，城市设计应考虑时间因素，即新的建筑不仅要能适应改变，同时还要能指出将来改变的尺度及大小，甚至要求建筑物不仅能够改变，还要"暗示改

变"，从而提出了一个新的美学构架。他们甚至认为："如果我们需要的是一种短暂性的建筑物，我们就必须面对现实，创造一种'短暂的美学'（图 5-57）。"

图 5-57　1956 年在 CIAM Ⅹ展示的关于"识别、联合、建筑组群、流动性"的声明

为此，他们把某些投资巨大的重要建筑，如法院、市政厅等视为城市的固定物，把住宅、商店、广告及人们的服饰、汽车等视作短暂存在的东西，认为城市设计既要集中考虑长周期使用的建筑，又要考虑短暂性因素，使之能体现城市的情趣，并提出城市环境应反映循环变化，使"永恒"与"短暂"之美共存。

20世纪60年代前后，在十次小组的影响和飞速发展的科学技术刺激下，阿基格拉姆（Archigram）进一步推进了追求运动变化的城市设计美学思想。出于对高度发达的科学技术的乐观崇拜和对商业文化的肯定态度，使它们提出了"插入式城市""行走城市""即时城市"等方案，构筑了运动、变化和"消耗品"的美学体系。他们把住宅单元和办公空间视作一种"消耗品"，设计成带有万能插头的密封舱式建筑单元，以便随时都可在城市构造体上装卸，并提出了完全可动的、能"应答环境"的建筑构思，从而使现代建筑追求静止、永恒的纪念性建筑观念解体。

如彼得·柯克（P.Cook）设计了一种插入式城市，这是可以随生产、生活的变化而周期地更替房屋建筑和各种设施的可动式城市设施。它包含有交通设施和各种市政设施构成的网状构架，构架上可插入或更替带插座的房屋或构筑物。柯克借助这种方式，向静止、永恒的城市观念挑战（图5-58）。

R.赫隆（Ron Herron）的构思更为奇特，他设计的"行走城市"是一种模拟生物形态的金属巨型构筑物，借助可步行的腿，可在气垫上从一地移向它地（图5-59）。

受当时兴起的电子技术和航天技术的影

响，阿基格拉姆还发展了"计算机城市"的概念。如D.库罗普顿（Dennis Crompton）的"计算机城市"方案，利用电子计算机技术，使城市构造能随时对外界作出反应。

阿基格拉姆的出现，充分地说明了科学技术对人们哲学与美学观念的巨大影响。它是在20世纪60年代信息技术与航天技术刺激下，人们在建筑与城市这一古老领域，进行观念变革的结果，他们主动引入现代高技术，用运动、变化和生长的审美观念，取代了"静止""永恒"与"绝对"的思维模式。

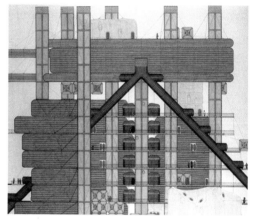

图5-58　插入式城市

图5-59　行走城市

人们看到，他们从航天技术的"座舱"中，吸收了科学时代的空间概念和高度理性化的生存空间模式，从电子技术中，认识到信息对城市生长与结构变化的重要性，从波普艺术和商业文化中，体会到信息社会观念传播的重要性，从而在一系列创作活动中，强烈地冲击了几千年来建筑的古老观念。

如果说，具有优美外表，又有完善功能的现代机械，启发建筑大师发展了机器美学的话，那么，阿基格拉姆则从当代高科技发展中，领悟了科学思维中"运动""变化"与"不确定性"的美学内涵，从而开创了"第二代机器美学"的先河。

与此同时，日本的新陈代谢派亦在此方面进行了激进的理论探索。他们认为，建筑和城市不具备生命系统的新陈代谢功能，这是产生社会混乱的原因之一，如果不引进新陈代谢体系，就会在现代机器文明中丧失人的主动权。

"采用新陈代谢这一生物学术语，不外是把设计与技术看作是人的生命力的外延。反对过去那种把城市和建筑看成固定的、自然进化的观点，认为城市和建筑不是静止的，而是像生物新陈代谢那样的动态过程，主张在城市和建筑中引进时间因素，明确各个要素的使用'周期'，在周期长的因素上装置可动的短周期因素，以便更换过时的建筑单位。"

新陈代谢论的主将黑川纪章认为，在将来，城市会与生命结构一样，具有 N 次功能的复杂结构，因此把"熵"的概念引进新陈代谢城市设计方法是必要的。城市应视作一个开放系统，存在着各种"熵"与"负熵"，建筑师的任务就是使它们从无序走向有序。他注目于城市与建筑中所包含的节奏与周期，根据建筑物内部设备的耐用年限定出各自的使用周期，并以此作为代谢的依据。

基于生长变化的新陈代谢美学观念，他反复强调："所谓建筑是信息的流动，所谓城市是流动的建筑。"从而向现代主义静止、机械式审美观提出挑战。

同时，他把 CIAM 的小区规划方法看作以"地域集团"为基础，植根于"封闭的社会结构"模式上的东西，认为现实生活中的城市生活结构，正变成以剧裂的"活动集团"为基础的开放性社会结构。因此，固定的地域和居住区模式已失去意义，必须创立能支撑流动的"活动集团"的城市系统。

因此，他用"流动"的概念取代 CIAM 功能分区的概念。这种"流动"包括人流、物流、能量流与信息流。其中，他特别强调信息的流动，并以此提出了"开放的美学"的概念。所谓开放的美学，实际上是指系统的开放与未完结状态，是强调在任何时候，都保持着向下一个状态移动的可能性，具有动态平衡的美学观念。

在设计中，黑川纪章把生长变化与灵活机动的方针作为造型和开放美学的关键点。他设计的索尼公司大楼（Sony Tower）将透明的楼梯、电梯、舱体和管道都暴露在建筑外部，使得室内空间具有了高度的灵活性。一组带有舷窗的金属舱体插入主结构，使整幢建筑具有树状结构。各个组成部分像枝、叶一样为整个树木服务（图 5-60）。

黑川纪章认为，具有"原型"的形式，包含各种"表情"，这种相同的"媒介空间"可以变换出不同的私人住宅，由"原型"产生各种不确定要素，而开放的美学，正是由"原型"所支撑的。至此，我们看到，黑川纪章的"开放的美学"实质上包含了"耗散结构"的科学思维成分，它强调建筑与城市作为一个开放系统，包含无序、不稳定和非线性关系，进而强

调动态平衡，从而否定了 CIAM 刻板机械论的设计思想，使现代主义以功能为依据、形式美为造型原则的美学教条受到严峻的挑战。

从上可见，20 世纪 60 年代前后，当人们基本解决了住宅问题，而现代建筑那机械刻板，追求永恒与纪念性的审美理想及其设计方法，暴露出越来越多的弊病时，建筑创作领域就出现了讲求生长、运动变化的审美探索，尽管这些探索带有不少片面性，而且他们的方案大都停留在纸上，但是却对后来的建筑和城市设计理论与实践产生了深远的影响。

进入 20 世纪 80 年代，这一审美观念已为广大建筑师所接受，并在实际中广为应用。如当代日本建筑师从东方哲学和美学中汲取养料，在建筑创作中体现出追求短暂性和过程化的审美倾向。例如安藤忠雄在建筑中追求佛教的无常与虚幻感，他认为，一切事物的存在都是暂时的，都处于易变的流动状态。因此他经常巧妙地利用光和影作为塑造和追求时空变化之美的手段（图 5-61）。

图 5-60 索尼公司大楼

图 5-61 安藤忠雄巧借光和影以追求时空变化之美

日本建筑师菊竹清训在设计江户—东京博物馆时（图 5-62），着眼于建筑的"可变性"，他认为，每一种生物都处于一种细微地调整或顺应环境的不停变化的过程中。"生物"建筑意味着一个建筑也能像人类生存环境一样变化。实际地说，建立这种建筑可行的办法是要提高永久（刚性）空间与暂时（柔性）空间之间共存的水平，换言之，就是要把人们从那样容易迷惑人的理想化"完美"中解脱出来。

一些建筑师从传统的非理性哲学和美学中寻求短暂与运动之美的根据，另一些建筑师则运用高技手段强调建筑本身的流程与运动感，

图 5-62 江户—东京博物馆

他们用第二代机器美学的灵活、夸张和结构生长的概念，取代第一代机器美学的功能、结构逻辑与外表的纯洁，用多样化取代标准化，声称建筑应像服装可以应时而变。

如西德慕尼黑1972年奥林匹克体育场，应用轻质的帐篷结构，塑造了像航行在海上帆船的桅杆与风帆的建筑形象，丙烯外墙板随风起伏，在阳光照耀下闪闪发亮，构成壮丽的大地景观。奥林匹克帐篷表现了与现代主义的纪念碑完全不同的风格，它是晚期资本主义消费概念的产物（图5-63）。

美国建筑师西萨·佩里，极力追求建筑的灵活性和生长变化，在他众多的作品中，体现出对未来发展的关注。他用"循环系统"的概念组织平面和空间扩展，并留有"开放端"以适应建筑物的变化，显示出对短暂与过程性美学的关注（图5-64）。

在这种审美观念的指导下，一些建筑师对有缺陷未完成之美表现出特殊的钟爱，并有意在建筑中塑造未完结的建筑形象。盖里说："我感兴趣于完成的作品。我也感兴趣作品看上去未完成。我喜欢草图性、试验性和混乱性，一种进行的样子。"他的住宅（Gehry House）就是一个追求不完美、未完成的建筑宣言。（图5-65）。

对于过程性，解构主义有独到的理解，与其说是关注建筑物"硬件"的过程性，还不如说他们关注的是"软件"——意义及其理解上的"过程性"。

现代、后现代、晚期现代所关注的是审美的"结果"，即读者理解其美学意图后的审美愉悦。为此，现代建筑用"自明性"的美学语言——清晰、明了、表里一致……；晚期现代则借助"直观性"美学语言——宏伟、漂亮、富有动感、丰富的色彩；后现代另有高招，采用的是隐喻式美学语言——含混、多义、象征。手法虽不一，但均注重"可读性"。

与之相反，解构主义重视的是审美愉悦的

图 5-63　慕尼黑1972年奥林匹克体育场的轻质帐篷结构

图 5-64　西萨·佩里设计的福冈海鹰酒店屋顶和墙面的曲线参照了建筑周围环境中的两个元素：空气和水

过程性，即"读者"阅读时的审美愉悦，故他们强调的不是文本的"可读性"，而是"可写性"。他们认为意义不是隐藏于文本后的某种坚实之物，而是从能指到所指的运动。故德里达说："意义不在行动之前，也不在行动之后。"

不言而喻——意义在行动之中。所以，解构主义重视"可写性"价值，即"过程性"审美价值。在这方面，另一位解构主义哲学家巴尔特表述得很清楚："为什么可写性就是我们的价值呢？因为文学作品的目的是使读者不再是文本的消费者，而是它的生产者……。"

在他们心目中，"可读性"是视读者为"消费者"，而"可写性"则是将读者视为"创作者"，这种颠倒正好符合"作者死亡"的含义。

而且，"可读性"受表象所制约，它是不可逆的、决定性的，且还被统一到基于表意所指，首尾一贯的整体中去，而"可写性"则永远是多元的能指与差异变化自由的，不受表象

考虑制约的。它超越任何将意义确定、统一并整体化的愿望。这一切正符合他们追求过程性的审美要求，故此，他们大力推崇"可写性"。

从注重永恒，到关注短暂、过程性美学，表明了人类审美领域的扩展，而从注重硬件的"过程性"，到开拓"软件"审美的过程性，不能不说是一个飞跃。这一飞跃是隐含在对僵硬审美模式的软化过程中的，这又是我们所说的"审美软化"。

特别是随着电子媒体的出现，使现代社会表现失掉思考的能力、追求新奇感、喜欢直接感官瞬时收受的特点。随着永恒感的消失，即时消耗性建筑已经逐渐成为现实（图5-66）。为了满足新奇感的需要，临时性或类似临时性建筑大为盛行，如用庞大的经费建造世界博览会性质的建筑，使用期仅为半年。商业建筑更因装潢业的盛行，往往以不时改变其室内外形象，令人耳目一新。

图5-65　盖里自宅

图5-66　杂乱而疯狂的街景艺术，在这里怪异、动态取代了完美永恒的古典艺术

第 3 部分
建筑美学的理论体系

Part 3
Theoretical System of
Architecture Aesthetics

在本章，主要简要介绍从古典建筑美学、
现代建筑美学到当代建筑美学的各项内容。

第6章

传统建筑美学理论

所谓传统建筑美学观念主要指基于传统农业与手工业文明的建筑美学理论，它主要包括建筑形式美法则、自然主义美学法则等，这些均深深影响着古代的建筑创作观念。

6.1 建筑形式美法则 [①]

人们认为，一个建筑给人们以美或不美的感受，在人们心理上、情绪上产生某种反应，存在着某种规律。建筑形式美法则就表述了这种规律。建筑物是由各种构成要素，如墙、门、窗、台基、屋顶等组成的。这些构成要素具有一定的形状、大小、色彩和质感，而形状（及其大小）又可抽象为点、线、面、体（及其度量），建筑形式美法则就表述了这些点、线、面、体以及色彩和质感的普遍组合规律。建筑形式美法则可以归纳为以下几方面：

6.1.1 以简单的几何形状求统一

古希腊时期人们认为圆，正方形、正三角形这样一些简单、肯定的几何形状具有抽象的一致性，是统一和完整的象征，因而可以引起人们的美感。古希腊许多哲学家和数学家坚信，审美是到达真理彼岸的途径之一。这种美是通过数学形式体现出来的，尤其是几何形式。柏拉图认为，几何美不仅是形式的美，而且是现实世界的实质性的构造，他认为正十二面体是"神"用来界定宇宙轮廓和生物形状的工具。他特别重视研究五种正多面体，人称这五种正多面体为"柏拉图体"，它是柏拉图数学宇宙观的表现形式之一（图6-1）。

古希腊这种美学观点对当时建筑构图影响很大。古代许多优秀建筑作品不论是平面形状、体形组合，乃至细部处理，都以上述几种简单的几何图形作为构图的依据，从而获得了高度的完整统一性。图6-2是罗马万神庙的圆形平面和罗马圣彼得大教堂的方形平面。后来虽然突破了古典建筑形式，出现了多种不规则的构图法则，但有时仍然借助于简单几何图形来达到构图上的完整统一。

6.1.2 重点与一般

主和从 古希腊哲学家赫拉克利特发现，自然界趋向于差异的对立。他认为协调是从差异的对立产生的，而不是由类似的东西产生的。例如植物的干和枝，花和叶，动物的躯干和四肢等，都呈现出一种主和从的差异。这就启示人们：在一个有机统一的整体中，各个组成部分是不能不加以区别的，它们存在着主和从、重点和一般、核心和外围的差异。建筑构图为

[①] 本节主要参考彭一刚先生为《中国大百科建筑全书》所撰写的建筑形式美法则条目。

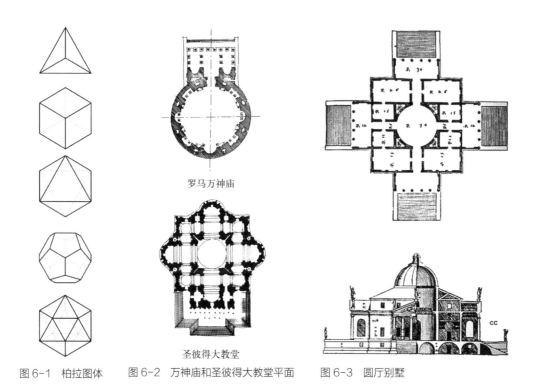

图 6-1　柏拉图体　　　图 6-2　万神庙和圣彼得大教堂平面　　　图 6-3　圆厅别墅

罗马万神庙

圣彼得大教堂

了达到统一，从平面组合到立面处理，从内部空间到外部体形，从细部处理到群体组合，都必须处理好主和从、重点和一般的关系。在一些采用对称构图的古典建筑中，对此做了明确的处理，如图 6-3 所示帕拉第奥设计的圆厅别墅。现代强调形式必须服从功能的要求，反对盲目追求对称，出现了各种不对称的组合形式，虽然主从差异不像古典建筑那样明显，但还是力求突出重点，区分主从，以求得整体的统一。国外一些建筑师常用的"趣味中心"一词，指的就是整体中最富有吸引力的部分，如图 6-4 所示美国亚特兰大桃树中心广场旅馆中庭。一个整体如果没有比较引人注目的焦点——重点或核心，会使人感到平淡、松散，从而失掉统一性（图 6-5）。

对比和微差　建筑要素之间存在着差异，对比是显著的差异，微差则是细微的差异。就形式美而言，两者都不可少。对比可以借相互烘托陪衬求得变化，微差则借彼此之间的协调和连续性以求得调和。没有对比会产生单调，而过分强调对比以致失掉了连续性又会造成杂乱。只有把这两者巧妙地结合起来，才能达到既有变化又谐调一致。对比在建筑构图中主要体现在不同度量、不同形状、不同方向、不同色彩和不同质感之间。

不同度量之间的对比　在空间组合方面体现最为显著。两个毗邻空间，大小悬殊，当由小空间进入大空间时，会因相互对比作用而产生豁然开朗之感。中国古典园林正是利用这种对比关系获得小中见大的效果。各类公共建筑

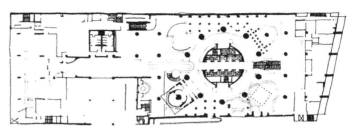

图 6-5 美国亚特兰大桃树中心广场旅馆中庭平面图

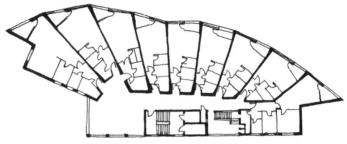

图 6-4 美国亚特兰大桃树中心广场旅馆中庭　图 6-6 不来梅高层公寓平面图

往往在主要空间之前有意识地安排体量极小的或高度很低的空间,以欲扬先抑的手法突出、衬托主要空间。不同形状之间的对比和微差在建筑构图中,圆球体和奇特的形状比方形、立方体、矩形和长方体更引人注目。利用圆同方之间、穹窿同方体之间、较奇特形状同一般矩形之间的对比和微差关系,可以获得变化多样的效果。如不来梅的高层公寓用有微差变化的扇形单元组成了整体和谐的构图、不同方向之间的对比,即使同是矩形,也会因其长宽比例的差异而产生不同的方向性,有横向展开的,有纵向展开的,也有竖向展开的。交错穿插地利用纵、横、竖三个方向之间的对比和变化,往往可以收到良好效果(图6-6)。

直和曲的对比 直线能给人以刚劲挺拔的感觉,曲线则显示出柔和活泼的感觉。巧妙地运用这两种线形,通过刚柔之间的对比和微差,

可以使建筑构图富有变化,西方古典建筑中的拱柱式结构,中国古代建筑屋顶的举折变化都是运用直曲对比变化的范例。现代建筑运用直曲对比的成功例子也很多(图6-7)。特别是采用壳体或悬索结构的建筑,可利用直曲之间的对比加强建筑的表现力(图6-8)。

虚和实的对比 利用孔、洞、窗、廊同坚实的墙垛、柱之间的虚实对比将有助于创造出既统一和谐又富有变化的建筑形象(图6-9)。

色彩、质感的对比和微差 色彩的对比和调和,质感的粗细和纹理变化对于创造生动活泼的建筑形象也都起着重要作用。用石墙、木廊柱和瓦屋顶等不同质感材料作建筑构件可形成对比和微差,如图6-10所示。荷兰声音与影像学会的建筑立面就采用了丰富的彩色玻璃表现色彩的对比和微差(图6-11)。

图 6-7　巴西议会大厦的直线和曲线对比

图 6-8　代代木体育馆

图 6-9　虚实对比的萨伏伊别墅

图 6-10　江南园林中的各种材质对比

图 6-11　荷兰声音与影像协会

6.1.3　比例和尺度

　　谐调的比例可以引起人们的美感，公元前6世纪，古希腊的毕达哥拉斯学派认为万物最基本的原素是数，数的原则统摄着宇宙中心的一切现象。这个学派运用这种观点研究美学问题：在音乐、建筑、雕刻和造型艺术中，探求什么样的数量比例关系能产生美的效果。著名的"黄金分割"就是这个学派提出来的。在建筑中，无论是组合要素本身，各组合要素之间以及某一组合要素与整体之间，无不保持着某种确定的数的制约关系，这种制约关系中的任何一处，如果越出和谐所允许的限度，就会导致整体比例失调。至于什么样的比例关系能产生和谐并给人以美感，则众说纷纭。

模数比例　一种看法是，只有简单而合乎模数的比例关系才易于辨认，因而是和谐和美的。从这种基本观点出发，认定像圆形、正方形、正三角形等具有确定数量制约关系的几何形状可以当作判别比例关系的标准和尺度。至于长方形，它的长和宽可以有不同的比，就存在一个什么是最佳比的问题。经过长期的探索发现，长宽比为 1：1.618 的长方形最为理想，这就是模数比例中的黄金分割原理（图 6-12、图 6-13）。

相同比率　还有一种看法认为，若干毗邻的矩形，如果它们的对角线互相平行或垂直，就是说它们都是具有相同比率的相似形，一般可以产生和谐的关系。同这种情况相似的还有 $1：\sqrt{2}$，$1：\sqrt{3}$，$1：\sqrt{5}$ 的长方形，由于它们能够划分成为 2 个、3 个、5 个与原素比率相同的长方形，因而它们之间也保持着和谐的关系。上述几种矩形中，$1：\sqrt{5}$ 的矩形最受推崇，因为通过对古希腊神庙的分析，发现许多部分都符合这种比率关系（图 6-14）。

模度体系　现代建筑师勒·柯布西耶把比例和尺度结合起来研究，提出"模度体系"。从人体的三个基本尺寸（人体高度 1.83m，手上举指尖距地 2.26m，肚脐至地 1.18m）出发，按照黄金分割引出两个数列——"红尺"和"蓝尺"，用这两个数列组合成矩形网格，由于网格之间保持着特定的比例关系，因而能给人以和谐感（图 6-15）。还有人认为良好的比例关系不能单纯按抽象的几何关系来确定，他们强调

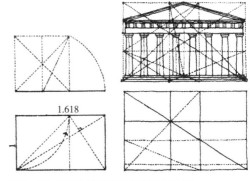

图 6-12　对帕提农神庙所作的几何分析

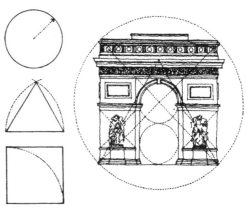

图 6-13　对巴黎凯旋门所作的几何分析

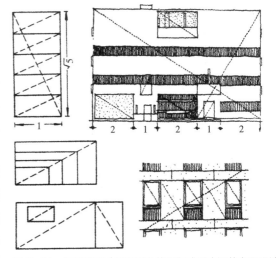

图 6-14　相同比率（利用对角线平行或垂直调节立面设计）

功能要求，结构、材料以及民族文化传统都会对构成良好的比例发生影响，良好的比例不单是直觉的产物，并且还应当符合理性的尺度。

尺度　同比例相联系的是尺度。比例主要表现为整体或部分之间长短、高低、宽窄等关系，是相对的，一般不涉及具体尺寸。尺度则涉及具体尺寸。不过，尺度一般不是指真实的尺寸和大小，而是给人们感觉上的大小印象同真实大小之间的关系。虽然按理两者应当是一致的，然而在实践中却可能出现不一致。如果两者一致，意味着建筑形象正确反映了建筑物的真实大小。如果不一致，可能出现两种情况：一是大而不见其大——实际很大，但给人印象并不如真实的大，二是小而不见其小——本身不大，却显得大。两者都叫作失掉了应有的尺度感。经验丰富的建筑师也难免在尺度上处理失误。问题在于人们很难准确地判断建筑物体量的真实大小。通常只能依靠组成建筑的各种构件来估量整体的大小，如果这些构件本身的尺寸超越常规（人们习以为常的大小），就会造成错觉，而凭借这种印象去估量整体，对建筑真实大小判断就难以准确了。建筑中一些构件如栏杆、扶手、坐凳、台阶等，因有功能要求，尺寸比较确定，有助于正确显示出建筑物的整体尺度感。一般说来，建筑师总是力图使观赏者所得到的印象同建筑物的真实大小一致，但对于某些特殊类型的建筑如纪念性建筑，则往往通过尺度处理，给人以崇高的尺度感。对于庭园建筑，则希望使人感到小巧玲珑，产生一种亲切的尺度感。这两种情况，虽然产生的感觉同真实尺度之间不尽吻合，但为了实现某种艺术意图是被允许的（图6-16）。

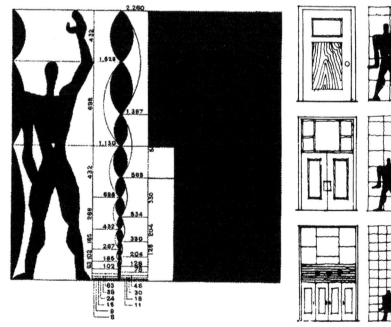

图6-15　柯布西耶模度图示　　　　　　　　图6-16　不同尺度的门

6.1.4 均衡与稳定

处于地球重力场内的一切物体只有在重心最低和左右均衡的时候，才有稳定的感觉。如下大上小的山，左右对称的人等。人眼习惯于均衡的组合。通过建筑的实践使人认识到，均衡而稳定的建筑不仅实际上是安全的，而且在感觉上也是舒服的。

对称均衡 对称本身就是均衡的。由于中轴线两侧必须保持严格的制约关系，所以凡是对称的形式都能够获得统一性。中外建筑史上无数优秀的实例，都是因为采用了对称的组合形式而获得完整统一的。中国古代的宫殿、佛寺、陵墓等建筑（图6-17），几乎都是通过对称布局把众多的建筑组合成为统一的建筑群。在西方，特别是从文艺复兴时期到18世纪后期，建筑师几乎都倾向于利用均衡对称的构图手法谋求整体的统一（图6-18）。

图6-17 紫禁城

图6-18 圣彼得大教堂及广场俯瞰

不对称均衡 由于构图受到严格的制约，对称形式往往不能适应现代建筑复杂的功能要求。现代建筑师常采用不对称均衡构图，这种形式构图因为没有严格的约束，适应性强，显得生动活泼。在中国古典园林中这种形式构图应用已很普遍（图6-19）。

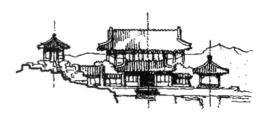

图6-19 避暑山庄烟雨楼的不对称布局

动态均衡 对称均衡和不对称均衡形式通常是在静止条件下保持均衡的，故称静态均衡。而旋转的陀螺，展翅的飞鸟，奔跑的走兽，所保持的均衡，则属于动态均衡。现代建筑理论强调时间和空间两种因素的相互作用和对人的感觉所产生的巨大影响，促使建筑师去探索新的均衡形式——动态均衡。例如把建筑设计成飞鸟的外形（图6-20）、螺旋体形，或采用具有运动感的曲线形等，将动态均衡形式引进建筑构图领域。

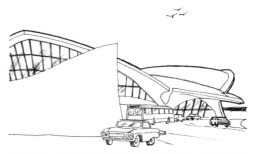

图6-20 纽约肯尼迪机场美国环球航空公司候机楼的动态平衡

稳定 同均衡相联系的是稳定。如果说均衡着重处理建筑构图中各要素左右或前后之间的轻重关系的话，那么稳定则着重考虑建筑整体上下之间的轻重关系。西方古典建筑几乎总是把下大上小、下重上轻、下实上虚奉为求得稳定的金科玉律（图6-21）。随着工程技术的进步，现代建筑师则不受这些约束，创造出许多同上述原则相对立的新的建筑形式（图6-22）。

图6-21 具有稳定感的埃及金字塔

6.1.5 韵律与节奏

自然界中的许多事物或现象，往往由于有秩序地变化或有规律地重复出现而激起人们的美感，这种美通常称为韵律美。例如投石入水，激起一圈圈的波纹，就是一种富有韵律的现象。蜘蛛结的网，某些动物（包括昆虫）身上的斑纹，树叶的脉络也是富有韵律的图案。有意识地模仿自然现象，可以创造出富有韵律变化和节奏感的图案。韵律美在建筑构图中的应用极为普遍（图6-23），古今中外的建筑，不论是单体建筑或群体建筑，乃至细部装饰，几乎处处都有应用韵律美形成节奏感的案例。无怪有人把建筑比喻作"凝固的音乐"。表现在建筑中的韵律可分为下述四种：

图 6-22 突破传统稳定观念的
CCTV 大楼

图 6-23 芝加哥马里纳大楼的韵律
和节奏

图 6-24 建筑立面上的连续韵律

连续韵律 以一种或几种组合要素连续安排，各要素之间保持恒定的距离，可以连续地延长等，是这种韵律的主要特征。建筑装饰中的带形图案、墙面的开窗处理，均可运用这种韵律获得连续性和节奏感（图 6-24）。

渐变韵律 重复出现的组合要素在某一方面有规则地逐渐变化，例如加长或缩短、变宽或变窄、变密或变疏、变浓或变淡等，便形成渐变的韵律。古代密檐式砖塔由下而上逐渐收分，许多构件往往具有渐变韵律的特点（图 6-25）。

起伏韵律 渐变韵律如果按照一定的规律使之变化，如波浪之起伏，称为起伏韵律（图 6-26）。

图 6-25 嵩岳寺塔渐变的韵律

图 6-26 悉尼歌剧院的起伏韵律

交错韵律 两种以上的组合要素互相交织穿插，一隐一显，便形成交错韵律。简单的交错韵律由两种组合要素作纵横两向的交织，穿插构成；复杂的交错韵律则由三个或更多要素作多向交织，穿插构成。现代空间网架结构的构件往往具有复杂的交错韵律（图6-27）。

图6-27 具有交错韵律的莱比锡 Glass Hall 拱顶

6.1.6 重复与再现

在音乐中某一主旋律的重复或再出现，通常有助于整个乐曲的和谐统一。在建筑中，往往也可以借某一母题的重复或再现来增强整体的统一性。随着建筑工业化和标准化水平的提高，这种手法已得到愈来愈广泛的运用。一般说来，重复或再现总是同对比和变化结合在一起，这样才能获得良好的效果。凡对称都必然包含着对比和重复这两种因素。中国古代建筑中常把对称的格局称为"排偶"，偶是成对的意思，也就是两两重复地出现。西方古典建筑中某些对称形式的建筑平面，表现出下述特点：沿中轴线纵向排列的空间，力图变换形状或体量，借对比求变化，而沿中轴线横向排列的空间，则相应地重复出现。这样，从全局来看，既有对比和变化，又有重复和再现，从而把互相对立的因素统一在一个整体之中，同一种形式的空间如果连续多次或有规律地重复出现，还可以造成一种韵律节奏感。如哥特式教堂中央部分就是由不断重复同一形式的尖拱拱肋结构屋顶所覆盖的空间，而获得优美的韵律感（图6-28、图6-29）。现代一些公共建筑等也

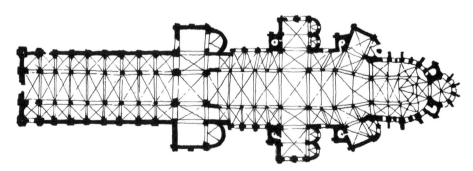

图6-28 坎特伯雷大教堂平面上相同大小和形状的重复

每每有意识地选择同一形式的空间作为基本单元，通过有组织的重复取得效果（图6-30）。

6.1.7 渗透与层次

1）流动空间

西方古典建筑多为砖石结构，各个房间多为六面体的闭合空间，很少有连通的可能。近代技术的进步和新材料的不断出现，特别是框架结构取代了砖石结构，为自由灵活地分隔空间创造了条件，从而使空间自由灵活"分隔"的概念代替了传统的把若干个六面体空间连成

整体的"组合"概念。这样，各部分空间互相连通、贯穿、渗透，呈现出极其丰富的层次变化（图6-31、图6-32）。所谓"流动空间"正是对这种空间所作的形象的概括（图6-33）。中国古典园林中的借景就是一种空间的渗透。"借"是把彼处的景物引到此处来，以获得层次丰富的景观效果。"庭院深深深几许"就是描述中国古典庭园所独具的幽深境界（图6-34）。近年来国外一些公共建筑，更加注意空间的渗透，不仅考虑到同一层内若干空间的相互渗透，而且通过楼梯、夹层的处理，形成上下

图6-29 坎特伯雷大教堂拱肋结构的屋顶

图6-30 相同形状的重复与再现（西班牙莱勒会议中心）

图6-31 范斯沃斯住宅的室内外空间渗透

图6-32 利用玻璃围护建筑求得内外空间渗透（Glass House）

多层空间的相互穿插渗透，以丰富层次变化（图6-35）。

2）空间序列

　　建筑是三度空间的实体，不能一眼就看到它的全部，只有在连续行进的过程中，从一个空间到另一个空间，才能逐次看到它的各个部分，最后形成整体印象。逐一展现的空间变化必须保持连续关系，观赏建筑不仅涉及空间变化，同时还涉及时间变化。组织空间序列就是把空间的排列和时间的先后两种因素考虑进

图6-33　多层次空间渗透效果（Eames House）

图6-35　上下层空间互相渗透的效果（华盛顿国家美术馆东馆）

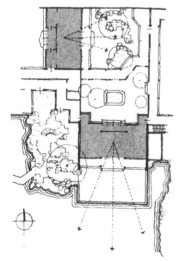

图6-34　中国古典园林中的多层次渗透（狮子林荷花厅向南看园内景色）

去，使人们不单在静止的情况下，而且在行进中都能获得良好的观赏效果，特别是沿着一定的路线行进，能感受到既和谐一致，又富于变化。

从北京紫禁城宫殿中轴线的空间序列组织中可看到：经金水桥进天安门空间极度收束，过天安门门洞（A）又复开敞。接着经过端门至午门（B）则是两侧朝房夹道，形成深远狭长的空间，至午门门洞空间再度收束。过午门穿过太和门（C），至太和殿前院，空间豁然开朗，达到高潮。往后是由太和殿、中和殿（D）、保和殿（E）组成的"前三殿"，接着是"后三殿"，同前三殿保持着大同小异的重复，犹如乐曲中的变奏。再往后是御花园（F）。至此，空间的气氛为之一变——由雄伟庄严而变为小巧、宁静，表示空间序列的终了。空间序列有两种类型：呈对称、规整的形式，呈不对称、不规整的形式。前者庄严而肃穆，后者活泼而富有情趣。各种建筑可按功能要求和性格特征选择适宜的空间序列形式。空间序列组织就是综合运用对比、重复、过渡、衔接、引导一系列处理手法，把单个的、独立的空间组织成一个有秩序、有变化、统一完整的空间集群（图6-36）。

高潮和收束　沿主要人流路线逐一展开的空间序列不仅要有起伏、抑扬，要有一般和重点，而且要有高潮。没有高潮的空间序列，会显得松散而无中心，无从引起情绪上的共鸣。与高潮相对的是收束。完整的空间序列，要有放有收。只收不放势必使人感到压抑和沉闷，只放不收则会流于松弛和空旷。没有极度的收束，即使主体空间再大，也不足以形成高潮。

过渡和衔接　人流所经的空间序列应当完整而连续。进入建筑是序列的开始，要处理好内外空间的过渡关系，把人流由室外引导至室内，使之既不感到突然，又不感到平淡。出口是序列的终结，不可草率从事，应当善始善终。内部空间之间应有良好的衔接关系，在适当的地方还可以插进一些过渡性小空间，起收束作用，并加强序列的节奏感。对人流转折处要认真对待，可用引导与暗示的手法来提醒人们：是转弯的时候了，并明确指出前进的方向。转折要显得自然，保持序列的连贯性。

在一个连续变化的空间序列中，某一种空间形式的重复和再现，有利于衬托主要空间（重

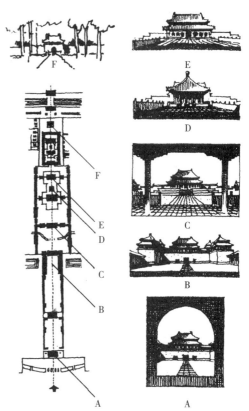

图6-36　北京紫禁城宫殿中轴线的空间序列组织

点、高潮）。如果在高潮前，重复一些空间形式，可为高潮的到来做好准备。

建筑形式美法则是随着时代发展的。为了适应建筑发展的需要，人们总是不断地探索这些法则，注入新的内容。20世纪20年代在苏联出现的"构成主义"学派，虽然在当时没有流行开来，但"构成"这一概念，经过不断地充实、提炼和系统化，几乎已经成为一切造型艺术的设计基础。其原则、手法也可为建筑提供借鉴。W. 格罗皮乌斯创办的包豪斯学校（图6-37），一反古典学院派的教学方法，致力于以新的方法来培养建筑师，半个多世纪以来，在探索新的建筑理论和创作方法方面取得了长足的进展。传统的构图原理一般只限于从形式本身探索美的问题，显然有局限性。因此现代许多建筑师便从人的生理机制、行为心理学、美学、语言学、符号学等方面来研究建筑创作所必须遵循的准则。尽管这些研究都还处于探索阶段，但无疑会对建筑形式美法则的发展产生重大影响。

图6-37　包豪斯学校

6.2　自然主义的美学理论

与西方建筑中发展了系统的形式美法则相比，东方则依托自己独特的哲学思想，在长期的艺术创作中体现自然主义美学观念。尽管这些未以系统的形式总结出来，但这些均在建筑和其他艺术领域中反映出来。

6.2.1　哲学理论基础

中国古代建筑所蕴含的"天人合一"的自然主义美学观念，根植于以自然经济为基础的农业文明中。对大自然的实践性依赖，使人们关注自然事物与现象的关系与作用，以及具有现实意义的自然规律。传统的自然主义美学观念涉及中国传统哲学的相关思想观念、民族精神，以及它们认识自然的方法和对民族精神的影响。

我国古人与自然和睦相处的生存方式是以宇宙生存论、有机整体论、生命价值论及"天人合一"思想为理论基础的，无论是老子的"人法地、地法天、天法道，道法自然。"[①] 还是张载的"民吾同胞，物吾与也。"[②] 抑或佛家的"青青翠竹，尽是法身；郁郁黄花，无非般若。"[③] 均反映与自然高度融合的思想，这些思想在我国传统建筑美学中有充分反映。这与现代西方生态哲学所依据的关于自然的自组织进化观、生态整体观、人类价值论和自然价值论、人与自然重返和谐的理想，有着许多相同的地方和深刻的一致性，但也同时有其独特的内容和重大的时代差异、文化差异，它充分体现了不同哲学观。[④]

---

① 《老子》二十五章。
② 《正蒙·乾称篇》。
③ 牛头禅成语。
④ 余正荣. 中国生态伦理传统的诠释与重建 [M]. 北京：人民出版社，2002：205.

1）中和与儒家自然观

中国传统建筑美学作为世界文化宝贵的遗产之一，既具有鲜明的地域风格和民族色彩，同时也表达着深厚的哲学美学内涵。其中，儒家自然主义思想在强调求"仁"、为"善"的道德伦理学基点上，[①]强调"和""乐"之美，进而追求"天人合一"的生存境界，并从城市选址与布局，园林和建筑设计等多方面表达出来。

儒家的天人合一的思想，包含着追求人与自然和谐相处的生存境界。所谓"和"，就是性质不同的多种事物共同构成的互济互补、均衡协调、和谐有序的有机统一体。在董仲舒的天人宇宙图式中，"中和"是天地生成的根由和自然秩序的依据。"中者，天下之所终始也，而和者，天地之所生成也。夫德莫大于和，而道莫正于中。"[②]于是才有自然中万物各就其位、各循其轨和相互协调而达成的以阴阳五行为骨架的天人同构的感应系统。

这种人与自然和谐的美学追求和艺术精神，体现为"外师造化，中得心源""远取诸于物，进取诸于身"，即从来不把自然与人当作疏离的对立物，而是认为自然界与人有相互联系，有同构性、同型性，确信自然景物能够寄予人的心性情感，能够从自然中发现人本身。与西方二元对立的思维方式不同的是，以"中和"为特征的城市美学观念强调的绝不是主体与客体的分裂与对抗，而是主体与客体的和谐统一。这一点在中国古代城市规划、园林、陵寝乃至民居的建设中均有体现，并凝结积累为我国古代建筑和城市的艺术传统（图6-38）。

我国古代城市规划注重与自然环境的巧妙结合，把自然环境要素作为城市景观的重要组成部分，借助自然山水，结合人工完善、发展，兴建园林，使之有机结合；城市的水系建设与自然水系合理贯通，使其不仅具有军事防御、漕运等功能，还往往具有供水、防火、防洪排涝、农业灌溉等综合利用功能，同时对调节城市气候、美化城市环境发挥重要作用（图6-39）。李约瑟（J.Needdham）在评价故宫建筑群的艺术特色时就指出，故宫是把"对自然的谦恭的情调与崇高的诗意组合在一起，形成了一个任何文化都未能超越的有机图案"。[③]

我国传统建筑与城市规划的美学基点是"人与自然的中介"。在对建筑与城市布局时，其内在精神指向正是天地万物。在审美体验中，人的主观情感与城市形象在天地万物的境界中交融为一。人因城市与自然的和谐产生愉悦和快乐，自然与城市的和谐之美因人的体验而更美。天与人，景与情，在对城市进行美学考察中和谐不分。也因此，决定了我国传统城市设计思想反对人与自然的分离与对抗，不主张通过改造自然来创造城市人工美，而只是合理开发、体国经野，在顺应自然的同时建设自己的家园，在对城市的有机建设中实现人与自然的主客合一、心理合一、情境合一。

2）无为与道家哲学观

主张"顺其自然"的道家思想，被西方学者看作是当代生态哲学的重要思想来源之一。[④]道家的"顺其自然"的生态思想，主要体现在先秦时期的《老子》《庄子》《吕氏春秋》及汉

① 儒家的天人之学认为，人道即天道，人的本质就是天的本质，这个本质就是仁义道德，故儒家的天人之学是建立在道德本体论的基础上。转引自：余正荣.中国生态伦理传统的诠释与重建[M].北京：人民出版社，2002：95.
② （汉）董仲舒.《春秋繁露·循天之道》。
③ 冯天瑜，等.中国文化简史（插图本）[M].上海：上海人民出版社，1993：188.
④ Richard Sylvan and David Bennett. Taoism and Deep Ecology[J]. The Ecologist，1988，18.

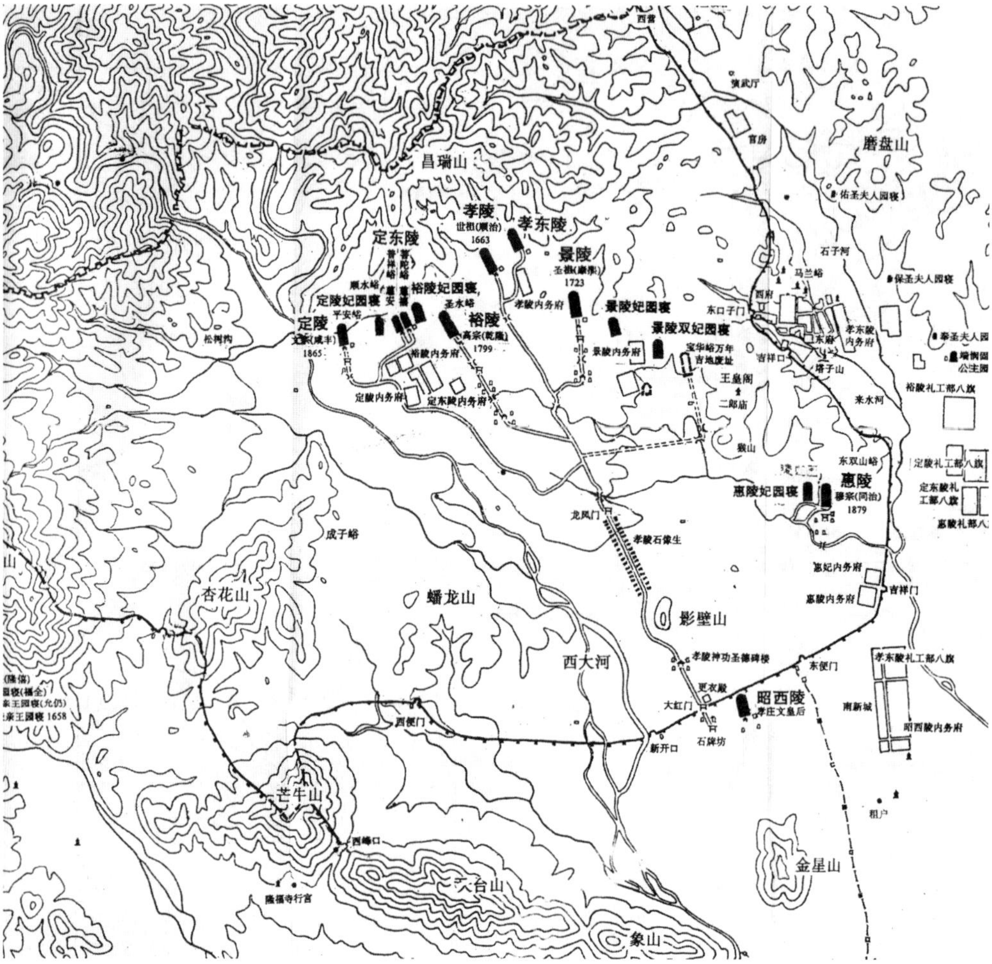

图6-38 清东陵图，建筑群布局与自然环境融为一体

初的《淮南子》等著作中，它表现为尊"道"、贵"德"的价值取向，"自然""无为"的处世态度，"知和""知常"地顺应自然秩序，"知止""知足"地利用自然资源，并最终呈现为对"与道为一"的生存境界的追求。[①] 道家思想中的"自然"是指事物自然而然、自生自发的本来状态。老子提倡自然，并非反对人为，而是强调人们必须顺应自然的本来面目和发展势态去认识事物。

尽管道家最终采取了"消极避世"的态度来回避社会生活，其"小国寡民"的城市追求对当今生态城市建设已无积极意义，但以其"顺其自然"的思想实际上强调了在城市规划和设计中要充分尊重自然规律，按照自然的规律而不是人的需要来重新规范和调整人类聚居环境。因此，道家"顺其自然"的生态观念具有了"非人类中心主义"的某些思想特征。这些朴素的思想不仅为当代生态哲学的建立提供了

① 余正荣.中国生态伦理传统的诠释与重建[M].北京：人民出版社，2002：56-85.

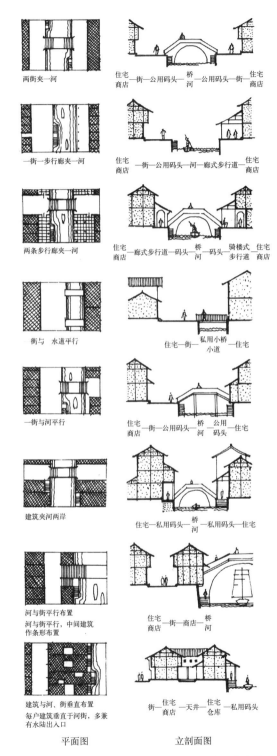

两街夹一河

住宅　街—公用码头　桥—公用码头—街　住宅
商店　　　　　　　河　　　　　　　商店

一街一步行廊夹一河

住宅　街—公用码头—河—廊式步行道　住宅
商店　　　　　　　　　　　　　　　商店

两条步行廊夹一河

住宅　廊式步行道—码头　桥—码头　骑楼式　住宅
商店　　　　　　　　　河　　　步行道　商店

街与　水道平行

住宅—街—私用小桥　住宅
　　　　　小道

一街与河平行

住宅　街—公用码头　桥　公用　住宅
商店　　　　　　　河　码头

建筑夹河两岸

住宅—私用码头　桥—私用码头—住宅
　　　　　　　河

河与街平行布置
河与街平行，中间建筑
作条形布置

住宅　街—商店　桥　住宅
商店　　　　　　河

建筑与河、街垂直布置
每户建筑垂直于河街，多兼
有水陆出入口

街　住宅—天井　住宅—私用码头
商店　　　仓库

平面图　　　　　　立剖面图

图6-39　江南水乡河、街、桥、廊、码头、住宅的相互关系

重要的理论来源，而且也为当代生态城市美学建设提供了精神导向。

3）普度与释家生态观

佛教的宗旨是探求人类和世界的真相，从而帮助人类和一切有情众生脱离苦海，使人从生死流转的烦恼中解脱出来。释家由于对生命的关切以及由此带来的对生命所依止（居住）的环境的关切，因而蕴含着丰富而深刻的生态观念。"普度众生"就是要把一切众生（所有生命）的痛苦当作自己的痛苦，重视救度众生脱离苦海的坚定不移的信念与实践。佛教的"普度众生"思想呈现出一种独特的整体观、无我观与慈悲思想，并带有"非人类中心主义"的倾向。

从哲学美学的角度看，"普度众生"的佛教思想表现为一种宗教、伦理与审美的复合体。它从"心是世界的本源"入手，虽然不直接讨论审美和艺术问题，却触及审美和艺术活动最基本，也最一般的特征，从而渗透到美学领域，并集中于审美心理学方面。[①] 由此，在中国古代城市设计中出现了重视主体审美心理，鄙弃刻意模拟和机械复制客体的观点，对人居环境的建设强调情景交融、心物合一、虚实相生的倾向（图6-40）。

在西方学者看来，中国佛教"普度众生"的生态观念从生命的直觉体验出发，认识到了人类与所有生物在自然生态系统中相互依存的关系，猜测到了人类在自然进化和循环过程中具有与其他生物在起源上的亲缘关系。它从生命普遍存在佛性的角度肯定了生物体的内在价值，强调了这些价值的平等性。佛教主张尊重所有生命，自觉地以慈悲心情怜悯和救助生命，要

---

① 李泽厚.美的历程 [M].天津：天津社会科学院出版社，2001：173-206.

图 6-40　台阁春光图中建筑与环境情景交融

求人们减少物质欲望，保护好生命及其生存环境，这不光与当代生态科学具有互补性，而且对当代建立非人类中心主义的生态城市也有着重大的促进作用。这是佛教生态思想有利于当代人居环境建设的地方，在生态城市美学观念中也应当积极吸收其具有时代意义的合理因素。[①]

不容否认的是，佛教思想中的生态观念也存在其时代局限性，它不是从生态系统中各种生命形式相互联系的客观规律出发，而是从主观的、唯心的、非理性的神秘主义直觉体验出发，因而存在着大量拟人说的错误与尚显幼稚的幻想，甚至非常荒诞的迷信。因此，对于佛教生态思想应以当代生态哲学为准则进行评价，清理与提炼并行；在生态城市美学观念研究中也要注意保留其合理因素，摒弃错误信仰，坚持重塑城市美学与发展城市科学齐头并进的正确态度。

综合而言，无论是强调"中和"的儒家，还是"顺其自然"的道家，抑或"普度众生"的释家，在其思想体系中所蕴含的环境观念，共同构成中华文明的重要基石，它实际上体现为一种生存策略。李约瑟就此指出，"古代中国人在整个自然界寻求秩序与和谐，并将此视为一切人类关系的理想。对中国人来说，自然界并不是某种应该永远被意志和暴力征服的具有敌意和邪恶的东西，自然更像一切生命体中最伟大的物体，应该了解它的统治原理，从而使生物能与它和谐相处。"[②]

6.2.2　自然主义美学的特征

中国传统建筑和城市设计无不遵循一定的美学原则进行规划和建设，而这些原则更是历代相延，贯穿着数千年的城市建设史。同时，古人也在建筑和城市美的创造中，对建筑美学所涉及的许多内在性问题，做了深刻的、极富特色的研究。与西方传统建筑美学追求系统明晰、注重逻辑的特点相异，中国传统美学更加

① 余正荣.中国生态伦理传统的诠释与重建 [M].北京：人民出版社，2002：128–147.

② 李约瑟，潘吉星.李约瑟文集·李约瑟博士关于中国科学技术史的论文和演讲集 [M].陈养正，等译.沈阳：辽宁科学技术出版社，1986：388.

注重主体的审美感受、审美观念，表现为"美学的至高境界是人与自然的默契"。[①]

1）天人合一的意境追求

中国传统建筑中的自然主义美学的哲学特点之一是强调天人合一，这种审美理想在建筑，尤其在园林设计上反映格外典型。天人合一是中国独具特色的哲学观，它是中国古代文化和哲学的基本理论内容和逻辑发展线索。古代中国人的宇宙观、环境观、文化观、艺术观、审美观都与此有着或深或浅，或远或近的内在关系，中国古代的儒、道、风水学说等，都奉行"天人合一"说。

儒家"天人合一"观的立足点在主体性和道德性上，崇奉积极进取、奋发有为的人生态度，以"天行健，君子以自强不息"相勉励。对自然环境等自然美的认知则概括为"智者乐水，仁者乐山"（《论语·雍也》）。在建筑环境观上，儒家天人合一的理想追求表现为强化和突出建筑与环境的整合以及建筑平面布局和空间组织结构的整体性、集中性、秩序性、教化性，注重建筑环境的人伦道德之审美文化内涵的表达。从中国古代建筑的规划布局，能够深刻地感受到这一点。如在故宫建筑上，形成统一而有主次的整体；其空间布局层层推进，对比变换，给人以厚重的庄严肃穆之感。恢宏的建筑气势，整合的建筑组群，丰富多变的空间组织，威严崇高的集中性，井然鲜明的秩序性，都是封建皇权的隐喻和象征，抒发了封建统治者象天设都、象天为室，在更深层面上是儒家天人合一的环境理想和审美追求的形象表达。

道家的天人合一观念是从老子开始的。老子完全取消了天的宗教神秘性质，否定了天神的至上地位，赋予天以客观自然属性。老子还提出"道"的范畴，在大道之下建立天人合一。《老子》第二十五章中说："人法地，地法天，天法道，道法自然。"老子把万物生成的过程概括成这样一个公式："道生一，一生二，二生三，三生万物。"以老庄为代表的道家崇尚自然，主张人和自然的和谐统一，追求天人合一的环境理想。道家天人合一的环境理想、"道法自然"的环境美学观同样深刻影响到古代中国的建筑意匠。它一方面表现为追求一种模拟自然的淡雅质朴之美，另一方面表现为注重对自然的直接因借，与山水环境的契合无间。又如云南的丽江古城，生于自然，融于环境曲直而赋形，房屋建筑沿地势高低而组合，宛若天成，别具匠心，给人以自然质朴、舒旷幽远之美感。

天人合一的美学理念还表现在意境的追求上。意境是指通过独具匠心的艺术手法熔铸成的情景交融、虚实统一，能深刻表现宇宙生机与人生真谛，从而使审美主体超越感性具体，贯通物我，进入无比广阔空间的那种艺术境界。

"天人合一"的哲学观念，直接地影响了城市空间营造的各个方面，指导着城市（包括建筑、景观）的选址、规划、布局及形制。在城市的选址上，有所谓"体国经野""相土尝水""辨方正位"之说，就是要充分考虑到周边的地理地貌、当地的水土质量，以及天文气象等各方面因素的影响，注重自然生态环境和景观的和谐优美；在城市形态把握上，早在战国时代，《考工记》就有了"匠人营国，方九里，旁三门。国中九经九纬，经涂九轨。左祖右社，面朝后市，市朝一夫"的完整的规划思想（图6-41）；

① 余秋雨.文明的碎片[M].沈阳：春风文艺出版社，1995：314.

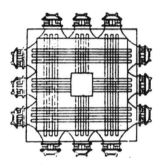
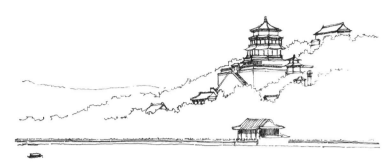

图6-41   中国古代理想都城图（三礼图）   图6-42   颐和园

在空间布局安排上，城市内部空间不是以单体建筑取胜，而是注重考虑整体形象，讲究各单体建筑之间的空间组合效果，用廊柱等元素将其联系成一个"知觉群"；在城市方位、色彩、空间图形，以及外部空间划分等方面，又深受"阴阳""五行""四象""八卦""河图""洛书""天干""地支""元气"等风水观念的影响，将建造活动始终保持延续的整体性，充分显示出传统规划思想不重条分缕析，而重宏观把握的思维特点。

中国园林规划最直接、全面、形象而又生动地展现了古代关于"天人合一"的宇宙模式。[①]不论是上古高耸的苑台，秦汉宫苑中的瀛海仙山，还是中唐以后的"壶中天地""芥子纳须弥"，园林都是人们理想中宇宙之艺术的再现。而无限广大和涵蕴万物的宇宙空间，也正是园林规划在有限的空间里所要表达的文化主题和构建的景观内容。在皇家园林和私家园林中，我们都能深刻地体会出这种收天地无尽之景于一园之内的努力（图6-42、图6-43）。

可见，情与境交融、虚与实互渗、有限与无限契合的"天人合一"的美学理想构成了中

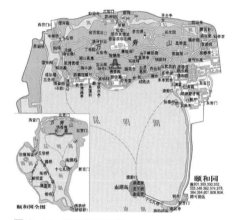

图6-43   颐和园平面图

国传统城市规划思想及城市景观艺术最终的美学追求。

2）寄情山水的美学取向

在中国传统城市规划设计中存在着诉"情"于山水之中的审美取向。以山比德，以水比智的山水观，使自然山水早已成为人们心目中独具文化魅力的"人文山水"。在中国古代绘画艺术中，山水画占有极高的地位，[②]它往往将人的情感融入对自然景物的描绘当中，其画境所体现出的意境是山水画最为注重的品质。中国山水画以及它所表达出的"寄情山水"的美学取

---

① 王毅. 园林与中国文化 [M]. 上海：上海人民出版社，1990：259.

② 中国古代将绘画艺术分为三等，一等为山水画、二等为花鸟画、三等为人物画。转引自：吴家骅. 景观形态学 [M]. 叶南，译. 北京：中国建筑工业出版社，1999：89.

图6-44　赵孟頫《重江叠嶂图》

图6-45　南宋临安与周边环境关系示意图

向，其本质就在于体验山水、品味人生，将自我的情感表达到画境中，达到主观的人与客观世界的融合统一（图6-44）。

中国古典园林设计中表达出来的心与境的契合无间，将"寄情山水"引向了更深层的审美境界。这种"心与境契"的审美境界就不再是某种情感与某种景物间单一的对应关系，也不是景物对情感简单、直接的象征、比喻和寄托，它是审美者全部审美情感、意趣直至潜意识的审美心态与一切园林景观完全的、无时无处不在的水乳交融。中国传统城市"寄情山水"的审美取向是山水哲学、文学、美学与自然的综合呈现，是古代城市规划建设的"气韵"所在。古代城市建设的各个方面，从大环境到建筑群，直至建筑单体、景观的建设，从初期选址到后期营造中都可以找到山水文化的痕迹。

例如在南宋临安的城市选址与规划中，宫城位于城南凤凰山东侧的山岗小平原上，其西北面的凤凰山和吴山海拔不高（60～80m），也是宫城的一部分。此地居高临下，北望西湖和城区，一览无遗；南眺钱塘江、大运河，西视南高峰、北高峰，风光秀美，夏季是全城最凉爽的地方。西北面临湖、临江有三座塔，位于小山上，使湖山更显文化气息。因此，主要兴建于唐、吴越国、北宋、南宋时期的杭州城市布局，是最具代表性的南方山水文化城市规划杰作（图6-45）。

"寄情山水"首先要顺应自然，善于利用自然。"寄情山水"还促进了城市的生态环境建设与景观建设的协同进行。例如苏轼任杭州知州期间，就曾通过大规模的疏浚治理西湖，并利用疏浚出的泥土修筑苏堤，堤畔遍植柳树、芙蓉，使西湖景色倍添妩媚，至今苏堤春晓仍是西子湖畔的一处胜景（图6-46）。浩若繁星的私家园林更是不胜枚举，据《扬州的历史和文化》一书记载，仅扬州一地颇具规模的私家园林就达百处之多。这些私家园林在有限的空间内写意自然山水，同时营造高品质的文化氛围，既满足了居住者在"咫尺山林"中欣赏、体味自然山水的审美要求，又满足了其寄情山水之中的精神需求。"在人类及其诸个体可能的活动和生活环境中，对于自然和谐关系美的理想化追求，以及面对山水来体味自然法则的审美道路，使人能够通过热爱自然山水环境的生机美来超越自我，并且在远非壮阔的景象和同自然相比很渺小的'法自然'式创造中，也能味得并赞誉大自然充满生机的意境。"①

3）有机统一的整体和谐

中国传统城市美学观念中的和谐美，是"天人合一"哲学思想在城市艺术中的再发展。崇"和"、尚"和"、重"和"、求"和"作为中国传统文化的根本精神，它几乎涵盖一切，贯穿一切。当西方古典美学把"和谐在于差异性统一"当作美的形式法则时，中国传统思维则更为看重有机统一中的整体性，并在此基础上发展出"和谐"的审美理想。

图 6-46　苏堤春晓

在古人心目中，"和"是宇宙中一种最为正常的、最具有创造性的状态，也是一种高级的审美状态。"和"有天与地之和、礼与乐之和、个体与社会之和、人与自然之和。这种有机的、整体的和谐美学观在城市中表现为"举天地之道而美于和"，② 反映在城市规划设计思想中，则形成了整体规划、统一布局、多元复合、礼乐相成的思想和社会生态关系，山系、水系、植被与城市空间的有机整合，街巷、园林、建筑群的相互依托，以及"法自然"中体会到的人生之乐。因此，中国传统城市设计美学思想中的"和谐"，正是意味着以丰富、多样为美，以整体性与有机性为美。

与有机统一的整体和谐相关的，是中国传统城市平面布置的均衡之美。在中国古代城市的平面布局中，中轴线南北贯穿，建筑物左右对称，秩序井然，成为我国古代城市形态的一大特征（图 6-47）。梁思成先生指出："以多座建筑合组而成之宫殿、官署、庙宇，乃至于

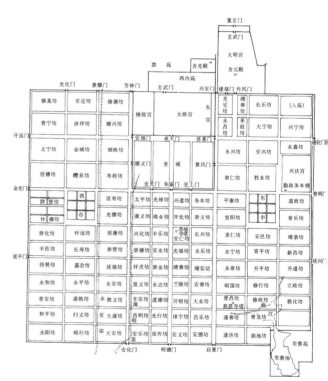

图 6-47　唐长安复原图

---

① 王蔚. 不同自然观下的建筑场所艺术：中西传统建筑文化比较 [M]. 天津：天津大学出版社，2004：133.

② （汉）董仲舒.《春秋繁露·循天之道》。

住宅，通常均取左右均齐之绝对整齐对称之布局。一切组织均根据中线以发展，其布置秩序均为左右分立，适于礼仪之庄严场合：公者如朝会大典，私者如婚丧喜庆之属。"①传统建筑的这种布局形式，凝固了礼的精神，赋予了乐的意蕴，契合了华夏民族的审美心理，体现出礼乐的完美和谐。

作为中国传统城市艺术形象的突出代表，中国园林是古代文人的和谐审美心态和审美意识的产物。作为一种特殊的出于人对大自然的依恋与向往而创造的艺术空间，它是人对大自然欣喜的回眸与复归，是自然美、建筑美、人文美的相互渗透与和谐统一。它汲取了传统诗论、画论的创作经验，把山水诗、山水画的意境与造园艺术巧妙地结合在一起，创造出"虽由人作，宛自天开"的佳境。在这里，一般没有横贯的中轴线，没有建筑物的对称，没有相同的建筑形体，其和谐美在于杂多与差异的有机合成，从而产生一种悠然自得、回味无穷的审美感受，在"物化"空间里营造出虚实相生、动静相济、淡雅幽远、自然含蓄的城市美学意境。

4）无往不复的表达方式

中国传统城市美学观念中蕴含着"无往不复""逝者如斯夫"的时空观，引导人们从有限的空间进入到无限的空间与时间当中去，得到"景外之景"与"象外之旨"的美学意境。《淮南子·原道训》中说，"四方上下曰宇，古往今来曰宙，以喻天地"。"宇"即指东、西、南、北、上、下各方向延伸的空间，"宙"则指包括过去、现在和将来的时间，在传统思维意识当中，"宇"和"宙"是作为一个不可分割的有机整体而存在的，宇宙即为无限延展的时间和空间的统一。

中国古人由农耕生活的切身理解，到对宇宙运行规律的朴素把握，进而形成时、空合一的时空观念，是中国特有的宇宙意识的必然外化。

同样，我国传统的城市规划、建筑设计美学观念与这种宇宙观是相通的。宗白华先生指出，"中国人的宇宙概念本与庐舍有关。'宇'是屋宇，'宙'是由'宇'中出入往来。中国古代农人的农舍就是他们的世界。他们从屋宇得到空间观念，从'日出而作，日入而息'（击壤歌），由宇中出入而得到时间观念。空间、时间合成他的宇宙而安顿着他的生活。他的生活是从容的，是有节奏的。对于他的空间和时间是不能分割的。春夏秋冬配合着东西南北。这个意识表现在秦汉的哲学思想里。时间的节奏（一岁十二月二十四节）率领着空间方位（东西南北等）以构成我们的宇宙。所以我们的空间感觉随着我们的时间感觉而节奏化了、音乐化了！"②

天文历法中也体现了时空一体的观念。古代天文学关于历法的《合八风虚实邪正》图中，时间和空间方位共同出现，互相配合（图6-48）。图中非常明确地将八个卦套入九宫之中，标明八方和二十四节气，反映出了八卦与五行之间在四方、四季上的对应关系。

因此，在"无往不复"的时空意识里，城市空间是春夏秋冬的时间推移、东西南北的空间变化、天地万物的生长衰枯以及人类身心的喜怒哀乐的有机统一。中国传统的城市设计思想所展现的，也不是独立于生命活动之外的物理时空，而是融时间、空间和情感于一体的生命时空。正如宗白华指出的，"我们的空间意识的象征不是埃及的直线甬道，不是希腊的立体雕像，也不是欧洲近代人的无尽空间，而是

① 梁思成. 梁思成文集（第三卷）[M]. 北京：中国建筑工业出版社，1986：10.

② 宗白华. 美学散步 [M]. 上海：上海人民出版社，1997：106.

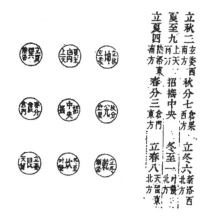

图 6-48　合八风虚实邪正图

漩洄委曲，绸缪往复，遥望着一个目标的进程。我们的宇宙是时间率领着空间，因而成就了节奏化、音乐化了的'时空合一体'。"[1]

5）直觉体悟的审美过程

在我国传统艺术理论中，一直强调由"观"到"悟"的审美过程，即一种重视直觉的心理体验。对于城市而言，"观"意味着"俯仰远近的游目"，[2] 是一种相对动态的、连续散点透视的观察方法。即通过视线的流动，以及对审美对象仰观俯察，由表及里、由外至内、循环往复的综合观赏，人们获得连续性综合印象，由形入意，自然"悟"入，进入到"其意象在六合之表，荣落在四时之外"[3] 的心理体验当中。"直觉体悟"不是感觉，更不能简单等同于理性思考。这是一种既感性而又超感性、含理性而又非理性的心理活动，是感性与理性的融合。

中国传统城市美学观念也同样受到这种直觉体悟审美思维方式的影响。在有关中国传统城市美学的著作中，经常可见的是许多颇具模糊性的概念，例如"气象""神韵""滋味""境界"等。提出者往往是用以表达自己的某种体悟，故不作明确的界说；运用者也主要是根据自己的体验，并没有严格的统一。因此，中国传统城市设计中的许多观念都富含想象性。这些观念大都是规划师直觉体悟的产物，而不是进行逻辑分析的结果，所以也往往只有结论而没有论证。若要对中国传统城市美学中"直觉体悟"的审美过程进行一个实质性的概括，那就是：在城市存在中体验自己的合乎于天的人格。

6.2.3　自然主义美学的局限

以"天人合一"为审美理想的中国传统建筑美学观念，由于我国传统文化与美学思想的时代局限性，必然导致了建筑美学内部的理论缺陷与实践局限，具体表现在以下几个方面：

1）消解差别的整体思维

我国"天人合一"的传统建筑思想是以整体观为基础的，是建立在农业社会基础上的，体现了人对自然的强烈依赖与顺应。但是，在中国传统思维模式中，以及在人与天地万物所构成的整体系统中，人与自然的关系是朦胧的、混沌的而非精确化的，它内含着人对自然的敬畏与依顺。所以，中国传统的"天人合一"带有非常明显的原始思维的特点。它作为一种传统的整体规划理论，是缺乏分析的整体，是具有片面性的整体，不是真正意义上系统的整体。

在这种整体性的指导下，中国传统建筑美学思想过分地强调了人与自然的主客体统一。在城市规划设计中完全顺应自然，城市形态与运行完

---

① 宗白华. 美学散步 [M]. 上海：上海人民出版社，1997：113.

② 张法. 中西美学与文化精神 [M]. 北京：北京大学出版社，1994：289.

③ （清）恽南田.《题洁庵画》。

全融于自然的同时，在一定程度上压抑了人创造性才能的发挥，限制了人的本质力量的发展。

同时，混沌的整体思维带来的设计思维定势是静态的，它所强调的稳定性、延传性进一步阻碍了人们对城市美的追求。"述而不作，信而好古"①就是讲应遵循已有的礼仪制度、文化典章，在效法古老传统的同时不能擅自创造发挥。这种对于古制、祖制、先王之制的盲目遵从和对创新、变革的禁锢是十分严重的，并极大地阻碍了传统城市规划设计理论与美学思想的开拓式发展。

此外，在趋于静态的整体思维影响下，中国传统城市规划在很大程度上表现出一种程式化的倾向，即通过固定的符号化手段对应审美情绪和欣赏节奏。这种倾向有利于人们按照美的规律识别、把握、体验城市，并进行相应的空间建构，但当它逐渐成为固定的美学规范，就变成一种惰性的存在，长时间缺乏变化或反应迟缓，从而禁锢了对城市美的自由创造。

2）宗法阴影下的审美观

宗法血缘关系在中国传统文化演进过程中是极为重要的机制。在中国传统文化中，对自然规律的探寻、对自然现象的揭示在无法找到充分的科学根据的同时，却往往成为推导封建宗法伦理道德的逻辑环节；自然的神圣性常常成为论证封建宗法伦理道德神圣性的铺垫。如自然界的灾异现象常被用作人事善恶评价的依据，阴阳大化之道、五行相克之序也被作为论证人世伦常秩序的材料。

在漫长的封建社会里，宗法伦理思想渗透到一切社会和人生领域，深刻地影响了中国传统城市的美学观念与思想表达。"天人合一"的

命题也在表达人与自然和谐主旨的同时，不可避免地成为阐述和论证封建宗法伦理规范神圣性与至上性的"原理论"。在"美"与"善"的相互关系中，宗法伦理是要以封建礼教之"礼"制约大众之"情"，从而限制人的审美理想，制约人的审美心态，同时也就将城市规划设计中的美感抒发禁锢于伦理纲要许可的范围内，这种时代的局限性是显而易见的。在中国古代城市的坛庙、都城、宫殿、陵寝等具体营建中，政治伦理通过城市与建筑物的对称、均衡、韵律、尺度等形式美原则以及数字、色彩等象征手法表达出来，它们是封建意识形态的产物，因此在很大程度上限制了城市审美思想的普及以及审美意识的多元化发展。

3）非逻辑化的美学体系

我国传统生态思想中人对自然的认识和利用，主要是依靠直接生存的感性经验体悟认知，依靠封闭内向的直觉体悟，始终缺乏客观抽象的理性分析和逻辑推论，科学理性思想欠缺，无法形成系统的科学思考体系。②在城市规划与建筑设计理论中，其美学思想表现为不具备严格的逻辑对应关系，不重系统思考，而重主观感受；不重理论分析，而重直观欣赏；不重逻辑推理，而重直觉体悟。可以看到，我国古代始终没有一部系统的论述城市美的著作，相关理论与论述多散见于非理论形态的历史、文学和笔记当中，且文学性很强，但作为美学论述则缺乏逻辑的分析和理论的概括。同时，这些著作中的直觉体悟意义远大于理性分析，在对城市景观的定性分析、层次结构的定量研究，以及对观念做具体的逻辑处理等方面，却要落后于理性思维的能力。

---

① 孔子.《论语·述而》。

② 余正荣.中国生态伦理传统的诠释与重建[M].北京：人民出版社，2002：255.

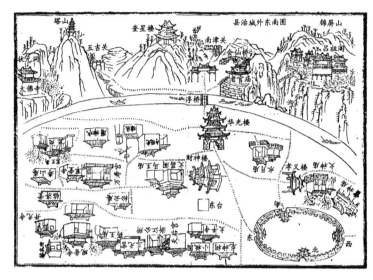

图 6-49　县治城外东南图

在现实生活中，我国许多传统的生态观念虽然能够导致有利于保护城市自然环境的行为，然而却很难说明其理由是具有科学合理性的。例如，最能体现农业文明时代人与自然和谐相处的环境观，当属"风水"理论。风水理论是一门传统的生态环境学。它小到生者的居所选择、死者的葬地安排，中到村落的选址、园林的修建，大到城市的规划、建设，均体现着中国天人合一的审美理想，包含着人们对理想生态环境的追求，具有相当的合理因素。"一个好的风水环境往往是地质构造、地貌形态、小气候、岩性、土壤、植被等自然地理要素相互综合的结果。"[①] 根据风水理论，在城市的选址与建设中，应该按照城市规模的大小，查看山体的脉络走势，河水的弯曲与聚集之处，交通的顺畅情况以及易守难攻之险要，使山明水秀的优美自然景观与社会生活的人文要求相得益彰。这种看法无疑是有道理的，也符合当代城市生态学的基本要求（图 6-49）。

然而，在中国传统的风水理论中，还大量混杂着神秘主义因素乃至非科学的迷信成分。如"寻龙认脉"，辨识"藏风得水""乘生气"和"点穴立向"之术，则很难以理性的方式解释清楚。而在阴宅风水中，父母及祖先葬地的美丑，能够祸福子孙后代的看法，明显是一种荒诞不经的迷信。因此，风水理论尽管包含着人与自然和谐相处的环境观因素，并且在历史上非常有效地保护了许多原生态城市环境，但它仍然需要以现代生态学和环境科学来加以批判性地总结。

综上所述，我们认为必须辩证地看待中国的自然主义美学思想：一方面要肯定我国传统自然主义美学思想中包容了许多能为当代生态城市与建筑设计所接纳、消化的思想养分；但另一方面，我国传统自然主义美学思想也存在许多缺失之处，并与当代生态城市与建筑设计思想的价值导向存在很大的矛盾与冲突。

① 刘沛林. 风水：中国人的环境观 [M]. 上海：上海三联书店，1995：166.

第7章

现代建筑美学及相关流派

7.1 功能主义美学

19世纪中叶，随着机器大生产的出现，现代建筑开始在欧洲和美国酝酿。工业革命带来的机械化生产方式，对传统的建筑观念产生了强烈的冲击，新技术的产品如蒸汽机、引擎、汽锤、车床以及用新技术和新材料所建造的建筑，如由预制的金属肋拱和薄片玻璃建成的"水晶宫"（图7-1）引起了人们极大的兴趣。这种由机械化大生产所引起的观念变革在建筑美学领域引发出两种截然不同的观点：一种是以约翰·拉斯金（John Ruskin）和威廉·莫里斯（Willian Morris）为代表的工艺美术运动，他们否定机器美学的观点，认为只有以传统手工作坊式的方式创造的作品才具有艺术价值（图7-2）；另一种是以 H. 格林诺夫（H. Greenough，1805 ~ 1852）和高弗雷·散帕尔（Gottfried Semper）为代表的"结合论"的观点。高弗雷·散帕尔意识到技术的进步是无可逆转的历史潮流，他在提出手工艺与工业相分离的同时也认为"应该教育培养新型的工匠，让他们学会艺术而理性的方式，理解并且开发利用机器的潜力"。格林诺夫第一个从审美角度来考察生物和机械的功能，他提出了"形式适合功能""形式适合于功能就美"（适合性

图 7-1　伦敦水晶宫

William Morris & Company

图 7-2　莫里斯设计的布料花纹

原则）"从内到外做设计"和"装饰是虚假的美"等观点，这些为功能主义奠定了理论基础，成为现代建筑美学的基本观念。

功能主义美学首先对建筑的外在装饰提出挑战。德国建筑师路斯是在理论上最激烈、最彻底地反对建筑装饰的一位建筑师，他在 1908 年出版了《装饰与罪恶》一书，采用文化史、社会学和经济学的方法，对装饰展开批判，并把它视为罪恶。在他的建筑作品中，采用没有装饰的几何形体，只有少数作品采用古典柱式，如 1923 年给芝加哥论坛报大厦做的竞选方案，整座大楼是一根多立克式柱子（图 7-3）。

图 7-3　路斯的芝加哥论坛报大厦方案

功能主义美学也重视形式的探讨，并提倡用比例、尺度创造视觉美感。勒·柯布西耶在 1919 年创建的《新精神》中，提倡"纯净主义"，认为：艺术应该排斥自然界大量偶然性的东西，艺术家应该精确地找出客观对象的内部规律，表现它的合理的、永久性的东西，艺术品应该是高度组织起来的人道主义的现实。纯净主义者认为，工业制品是具有最少偶然性的东西，它们本质上是合理的，因而是永久的，所以他们喜欢用工业品当作艺术题材。由于在当时工业化的大规模住宅的设计和建造方面，都要求与传统不同的精神面貌。同时标准设计和工厂生产迫使住宅放弃传统的建筑美学理想。在纯净主义思想的引导下，勒·柯布西耶汲取并发展了当时蓬勃兴起的技术美学，建立了大量性工业化住宅的新建筑美学。他把建筑的美跟合目的性、合规律性结合起来，跟基本几何形式的和谐结合起来。这就是建筑的技术美学。

奈尔维也对功能主义美学起到重要的推动作用。作为一位卓越的结构学家，他从另一个角度阐述了功能主义美学的巨大魅力。在罗马小体育宫的设计中他充分利用结构本身赋予建筑以优美的形式，使用 36 个 Y 字形混凝土柱围合，将直径 64m 的巨大圆形拱顶支撑起来，使结构设计与建筑形式美的创造合而为一（图 7-4）。奈尔维说："由于引入钢筋混凝土，建筑艺术与技术之间关系的丰富性和多样性获得了新的发展，……由于这一材料独特的施工技术和造型的潜在能力，正在引起一门新兴美学的发展，""所有钢筋混凝土结构构件在力学或者构造上都提供某些启示，可以转化为一种

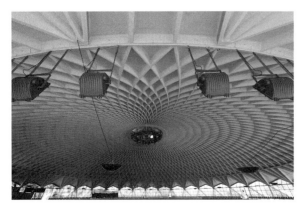

图 7-4　罗马小体育宫

有表现力的艺术形式典型"。他一生的创作都追求着这种技术向艺术的"转化"，并取得很高的成就。

功能主义美学主要表现为：理性化的审美方式、逻辑化的艺术语言、实用化的价值观念和技术化的审美追求等方面。

7.1.1　理性化的审美方式

现代建筑美学，是以现代工业文明为依托，融合古典理性、实用主义和近代科学思维为一体的机器美学，并表现出重普遍、轻个体，重永恒、轻短暂，重客观、轻主观，重统一、轻多样等基本美学特征。由于机器美学注重物质功能，具有清晰的理性目的，符合逻辑的审美追求，崇尚完美的审美理想，关注高雅的审美情趣，是以实用理性为基础的"硬美学"。

现代建筑专注崇高、典雅、纯洁之美，极力迎合上流社会的审美心理。古典美学的审美追求的是一种和谐、完美的美学意境，为了达到这一目的，他们严格遵循形式美的规律，阿尔伯蒂甚至认为"美即各部分的和谐，它不能

增一分，不能减一分""美是一种协调，一种和声。各部分归于全体，依据数量关系与秩序，适如'最圆满之自然规律''和谐'所需求。"

如萨伏伊别墅那机器般的外表和纯洁的形式，范斯沃斯住宅那精确的造型和高贵的材料，均表明了追求完美的意向。柯布西耶甚至把装饰看作初级的东西，认为色彩适合于单纯的民族、农民和土著人，而把协调、比例等看作有文化人的爱好，从而在设计中极力强调比例尺度的应用。

现代建筑的审美观念，建立在机器文明的基础之上，且表现出重"物"、轻"人"，重客观、轻主观等硬美学的典型特征。现代建筑以功能为设计原点，但是这"功能"是以抽象的"人"为依据的。他们充分考虑了人的生理要求和物理要求，但却忽视了人的心理、情感方面的要求。

7.1.2　逻辑化的艺术语言

在理性主义哲学观念指引下，西方传统美学和现代建筑美学都把明确的主题、清晰的信息构成视为艺术作品第一生命。因而表现出追求纯洁，反对含混；追求和谐统一，反对矛盾折中；追求信息构成明晰，反对杂乱的审美倾向。

柯布西耶在该时期亦竭力寻求艺术语言上的"固定词"，尝试用数理符号去建立通用的艺术法则，他表现出对机器般精确外表及普遍性美学法则的偏爱，而对历史、文化、民俗及带个人色彩的东西则嗤之以鼻。他在 1921 年发表的一篇文章中，把人的感觉分为永恒不变的最初的感觉，以及因人而异的联想这两种类型。

他认为："最初的感觉是这种造型语言的基础，这些都是造型语言中的固定词句……，凡是有普遍通用价值的东西，均较仅仅具有个别价值者更有价值。这条基本真理似乎已不需要再加详细的说明了。"这清楚地反映了他重普遍、轻个体的审美倾向，对于柯布西耶来说，产生这种审美观念并非偶然。20世纪20年代中期，正是现代建筑运动走向高潮的时期，作为竭力把工业化生产当作主要手段的倡导者，他不得不剔除妨碍工业化进程的因素。另外，他认为建筑是时代精神的产物，而当时的时代精神恰恰是文化形式走向世界大同，可见勒·柯布西耶追求普遍性的艺术语言是历史的必然，但我们也不能否认，这种追求又带有一定的历史局限性。

在这方面，密斯的追求与柯布西耶的主张有异曲同工之妙。20世纪50年代，他举起了"万能空间"的法宝，这是一种无特性的、灵活的、夹心面包式的空间，同时又是与基地、气候、保温、功能毫无关系的通用空间。按照密斯的设想，万能空间具有可拆卸的构件、可容纳各种功能的内容，这种空间由于采用梁柱结构而到处是直角的形式（图7-5）。这正体现了理性主义心目中完美的概念，即直角是一条先验真理，它不仅满足了结构的逻辑性，而且它又是一种最容易把握的秩序体系和最简单的形式概念。同时，这种万能空间的确实现了密斯追求"技术的完美"与"形式的纯净"的理性主义目标，并树立了一个优美而虚无的纪念碑。然而，就像文丘里在《建筑的矛盾性与复杂性》一文中引述的那样："密斯所以能设计出许多漂亮的建筑，就

图7-5 密斯设计的伊利诺伊理工大学克朗楼

是因为他排斥了建筑的许多方面，如果他试图解决再多一点问题，就会使他的建筑变得软弱无力。"

现代建筑大师以寻求建筑艺术的普遍范式为使命，他们或从某一类具体事件中抽象出一般概念，把它升华为独立存在，并视为最为实在的本体；或从无数艺术形式中，提供某种手段，作为普遍适应的典范。与此同时，极力贬低建筑艺术的独特个性和设计者的自我意识。他们认为，普遍的标准、样式的实用是文明的标志。在这方面，格罗皮乌斯的观点颇为鲜明："历史上所有伟大的时代都有其标准规范——即有意识地采用定型的形式——这是任何有教养和有秩序社会的标志。"因为毫无疑问，为同样的目的而重复做同样的事，会对人们的心理产生安定和文明的影响。

在这种观念指导下，反对装饰，纯化表面被视为一种行之有效的艺术手法；通用空间、直角构件则是另一种手段与武器。因此"新建筑的五种语言""少就是多"就自然而然地成了至高无上的艺术典范了。

7.1.3 实用主义的价值观

1）实用功能的价值观

功能主义美学的最大特点，就是着眼于理性的功用与效益。它认为，理性的观念在发生具体功效之前，本身没有内涵与价值，它的价值取决于解决问题的效果与能力。现代主义建筑师在设计中，亦追求建筑与城市发挥最大的实用功效和经济效益，以功利主义的态度来看待建筑物的价值。

因此，注目于实用功能，以此作为建筑设计的出发点，同时，轻视人类情感、历史文化、地方风俗等因素，在这种观念指导下，一些现代主义建筑师甚至把人类生存环境的创造，精简为满足最低限度生存要求的"机器"，把建筑设计等同于工业产品设计。

2）以"善"为中心内容的审美观

功能主义的理性精神，还表现在他们把建筑设计的目的，上升到美学中"善"的高度。古希腊哲学家苏格拉底认为，美与善的统一，是以功用为标准的。亚里士多德亦认为，美是一种善，其之所以引起快感正因为它是善。现代建筑大师亦认为"美"即"善"，"善"即"美"。因此，他们把"功能"作为建筑设计主要的美学依据，认为完善的功能表达就是"美"。同时，还把建筑设计看作是促进社会进步的手段，以及建设美好社会的伦理性行为，而非表达个人情感的工具。

3）以功能为依据的创作模式

功能主义摒弃先验、固有的理想模式，按照客观对象的功能、构造与材料性能进行建筑的形体设计。他们以功能关系作为建筑空间组合和城市布局的理性依据，以此向"学院派"的设计教条挑战，确立了一代设计新风。

这种创作模式在早期 CIAM 的城市规划方案中得以清楚的表达——严格的功能分区、树形的城市结构、几何图式的道路骨架，表现出唯逻辑至上的理性主义姿态（图 7-6）。

但是，由于物质功能具有超越文化和地区特色的特点，以致随着这种方法的广泛流传，便不可避免地产生千篇一律的国际式建筑风格，从而落入以"理想的功能关系"为模式的窠臼中。以功能理性为特征的设计方法具有不可磨灭的历史功绩，但不可否认，它也带有一定的历史局限性。

7.1.4 技术的审美

技术是建筑美学观念得以不断发展的重要因素。在建筑的发展史上，每当技术有新的发展时，就会随之出现全新的建筑艺术形式。如古罗马券柱式结构形式，开创了欧洲大穹窿屋顶的教堂建筑形式；尖券、肋架骨拱的发明，造就了哥特建筑；钢筋混凝土的应用形成了框架结构；钢框架、剪力墙、筒体等形式为高层建筑的崛起奠定了技术的基础；薄壳、悬索、钢结构网架、巨型结构、张拉膜等结构，造就了当代建筑丰富多彩的外貌（图 7-7 ～图 7-9）。

对于现代建筑而言，表达技术成就是它的一个重要的美学特点。现代建筑大师勒·柯布西耶和格罗皮乌斯均认为，技术是促使艺术变化的动力，为表现现代建筑真实感，必须充分适应和熟悉技术表现手段。密斯也是极力提倡技术与艺术的紧密结合。在 20 世纪 20 年代，

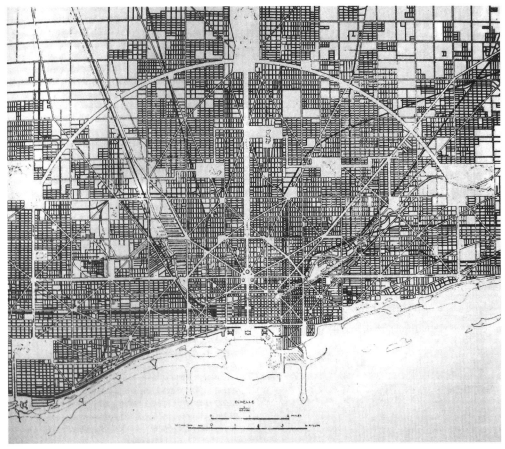

图 7-6 芝加哥平面图

图 7-7 伊甸园项目的 ETFE 材料构成的穹顶

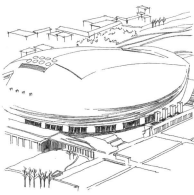

图 7-8 日本札幌天穹体育场可移动屋面

图 7-9 英国西方晨报公司总部玻璃幕墙与支撑体细部

他设计的几幢玻璃幕墙高层建筑方案，有意表现结构、构造和材料的特点（图7-10）。与此同时，他从事大量普及型住宅的设计，积极提倡工业化建筑的设计，强调建筑的功能作用，关心社会的进步并努力反映建筑的时代性。他致力于探索钢铁框架和玻璃幕墙所创造的建筑艺术表现力，塑造了构图简练、风格简洁明快的建筑风格。

对于技术审美的追求，最具代表性的应属高技派建筑师。高技派建筑是指20世纪60年代末以来，以第二代机器美学为基础，采用新材料和高技术，讲求材料的真实和精确的节点，着意表现结构、设备、运动等技术美的建筑设计倾向，其巅峰时刻是20世纪70年代末～80年代初。高技术建筑理论来自于20世纪50年代后期阿基格拉姆派（Archigram）机器美学思想，在建筑中提倡一种旨在表达现代生活和生产流程、技术管网的翻肠倒肚式的处理手法。

高技术建筑在外形构成方面通过暴露、交叉、重复、夸张等典型手法，通过自由和变动的内部空间、流线的强调、开敞的平面等来表现建筑。如罗杰斯在他设计的劳埃德大厦中夸张地使用了各种高科技特征，不断暴露结构，大量使用不锈钢、铝材和其他合金材料构件，使整个建筑闪闪发光（图7-11）。

从20世纪80年代后期起，高技派建筑师开始有意识地在设计中考虑使用者的感情需要。他们开始重视城市、自然和人类的需求等高情感课题，并大胆地将他们所拥有的高技术优势发展到情感领域，取得了非常显著的成果。建筑师开始更多地关注生态环境与建筑和人的关系，以诺曼·福斯特、尼古拉斯·格里姆肖等为代表人物，在高技术的支持下，以能源的合理利用和生态环境的保护为设计出发点，摆脱了单纯追求机械美学的形式而试图以技术的方式解决人类生存问题的阶段。

图7-10 密斯设计的IBM大厦

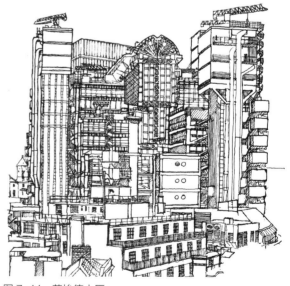

图7-11 劳埃德大厦

图 7-12　英国滑铁卢火车站新站房

图 7-13　朗香教堂彩色玻璃窗细部

格里姆肖以关注生态、注重建筑与生态环境的和谐而著称，他将紧缺资源和环境保护作为其设计的重要关注点。他十分关注室内外的交汇界面——建筑表层的设计，偏好以理性的工业化外墙构造出自由的、生物形体般的外部造型；加上透明、半透明的外墙及屋面，将建筑看作一个生命体，与环境间进行着有机的对话，因此有人称他为"仿生高技派"建筑师。他设计的英国滑铁卢火车站新站房中（图 7-12），巨大体量的空间塑造和优雅的细部设计结合，创造了一个极其壮观的"欧洲大门"。针对长 300m、宽 35~50m 的巨大体量，格里姆肖首先创造了一个变曲率的钢拱架，这一结构不但围合了生动的空间，还避免了声学的聚焦。格里姆肖设计出一套连接不锈钢龙骨、密封法兰和玻璃的复杂结构节点。

7.1.5　光与影的创造

路易斯·康认为"设计空间就是设计光

亮。"[1] 这句话也许有些偏颇，但是，通过巧妙利用光与影，展示建筑艺术的魅力，无疑是建筑设计的一项重要内容。自古以来，对光与影的塑造就是建筑设计的一项重要内容。在现代建筑运动中，建筑师更关注光与影所产生的艺术效果。

柯布西耶在设计法国马赛公寓和印度昌迪加尔行政中心办公大楼时，利用混凝土遮阳板，塑造出阳光与浓重阴影的对比，使建筑呈现出粗犷之美。在朗香教堂的设计中，柯布西耶充分利用光与影表现场所精神。他将建筑塑造为富有诗意的、雕塑般的空间。在建筑的南面，阳光通过大大小小的、各种各样的、装有彩色玻璃的窗洞射入，创造出神秘的效果（图 7-13）；顶棚与侧墙之间的一道窄窄的光带，缓解了屋顶的厚重感；教堂塔楼竖井倾泻下光线，这一切产生戏剧化效果，使信徒专注于教士的布道和精神的寄托，成为"一个强烈的集中精神和供冥想的容器"。

① 常志刚 . 建筑设计的理性之路 [J]. 华中建筑，1999（4）：3–5.

图 7-14 光的教堂

图 7-15 旧金山现代艺术博物馆

对建筑与光的关系，日本建筑师安藤忠雄有自己独特的见解。他认为，现代建筑大量利用玻璃幕墙，在将窗户从结构限制中解放出来的同时，却失去了阴影的魅力，使建筑处于一个泛光的世界中。"这种光晕般扩散的光的世界，就像绝对的黑暗一样，意味着空间的死亡。"当人们惊叹玻璃盒子晶莹剔透的时候，安藤忠雄却敏锐地意识到失去阴影之空间的乏味。在"光的教堂"（图 7-14）中，他利用清水混凝土和几何化空间，创作出一个理想的宗教场所。教堂正面十字形的透空墙面，大面积的明暗对比和富有动感的光影变化，反衬光的艺术魅力，体现了宗教的主题和场所意义。安藤忠雄认为，通过光线的变化，人们可以感到时空的运动和气候的变化，并产生亲近自然的感觉。

瑞士建筑师博塔深受勒·柯布西耶的影响，擅长用符号化、外向型的形式发挥光线对建筑形体的造型能力，他在厚重的条纹式的墙体上运用天窗、边角窗、空壁、小的缝隙及洞口、中心采光厅等元素，在室内展示出变换丰富的光线效果。在旧金山现代艺术博物馆，他运用了旧金山市"不寻常的清纯日光"，中心轴线上以斜切的玻璃圆柱体为采光器，打破带有水平线条的墙面的封闭感，使光线从顶部泻入室内（图 7-15）。

7.2 有机建筑美学

有机建筑所代表创作思想是现代建筑运动中另一种建筑创作潮流，它代表非主流的反工业化的设计思想，并表现出自然化审美、有机性表现和非理性追求的美学倾向，其代表人物是美国建筑师赖特。

7.2.1 自然化审美

强调建筑与地方性文化结合，追求场所精神，这是有机建筑美学观念的一个重要特点。作为有机建筑的领军人物，赖特与其他现代建筑大师不同，他的创作观中渗透了不少非理性的因素，同时也吸收了某些异于西方理性主义的东方哲学思想。

长期以来，西方一直崇尚数理规律。与之不同的是，东方则强调道法自然，在对待事物本体的认识上，东方人强调以直觉顿悟和"静观"去把握自然规律。受东方哲学的影响，赖特崇尚自然规律，鄙视几何秩序并向机器美学提出质疑："机械时代的建筑和艺术作品，虽然是机械所生产的，但为什么要与机械相似呢？如果不这样的话，是否就不合理了呢？"[①]

他认为，功能主义并没有对形式作全面考虑，如果人们超越功能与实用，它就再也没有值得称颂的东西了。因此，他把自然视作最好的老师，认为自然法则是人类建筑活动的根本法则，强调建筑要像生物一样，与天体运行、时序变迁同步，充满生机。

对于规律的把握，赖特也强调"直观体悟"的方式，甚至把它视为把握真理的唯一方式。在人与自然的关系上，他表现出与西方古典理性截然不同的环境观。

西方向来把自然作为人的改造对象，表现出强烈的天人对立。近代的工业文明，进一步强化了这种对立关系，造成了环境污染、生态

图 7-16 罗比住宅立面的水平线条

失调等严重后果。东方哲学更多地强调人与自然的调和，崇尚人性向大自然复归，"天人合一"是这种环境观的最高体现。这种观念使中国人很早就萌发了对自然美的自觉意识，给建筑和园林艺术注入了生机，在美的塑造中，达到心物合一、情景交融的境地。这种自然观亦被赖特接受，并极力在建筑中加以体现。他称赞老子的自然观是新建筑的哲理，"……中国哲人老子的自然哲学——道，不仅是健全的新建筑哲理，同时是有诗意的事物。"[②] 这些观念在他的草原式住宅和塔里埃森住宅中，得到完美的体现。

对于赖特而言，水平线条最能反映他的环境观。他从日本式住宅众多的水平线中受到启发，认为伸展的水平线是人类生存的基线，它表现了建筑与自然的亲和力，并能反映人们豪放不羁的性格。因此，在建筑中采用以横向构图为主的设计手法，摒弃了西方古典建筑中竖向构图为中心的格局（图 7-16）。同时，在建筑布局中一反西方直截了当的方式，而巧借东方藏露结合的手法。

赖特的创作观与现代建筑中理性主义设计哲学的差异，在与柯布西耶的比较中，就一目了然。柯布西耶在设计中，常夸大自然与人工

---

① F. 古特海姆 . Frank Lloyd Wright on Architecture（日文版）[M]. 鹿岛：鹿岛出版社，1980：283.

② Frank Lloyd Wright. The Natural House[M]. New York：Horizon Press，1954：50.

几何形体的对比，即使是引进自然要素，也强调人工对自然的控制。屋顶花园的做法，即是一例。赖特则努力寻求建筑与自然的有机统一，在他的作品中，自然形体的不规则与偶然性后面，隐含着几何关系，而在几何变形中，又体现了与自然的有机融合。例如，在约翰逊制腊公司（图 7-17），他借助睡莲来隐喻这种结合，即使在摩天楼里，也极力寻找与生物的某种联系。如古根海姆美术馆（图 7-18），他将它处理成像倒置的海螺。赖特认为，大自然应是我们时代的装饰和造型艺术的精髓，通过几何变形，就可以在艺术上加以应用。

理性主义推崇普遍性的美学模式，而赖特却追求个性化之美，他认为建筑应表现各种性格，极力强调个性在艺术中的体现。他指出："就像世界上有各种各样的人那样，也应有各种各样的住宅，像人有各种相貌，住宅的形式也应不同，作为被业主选择的建筑师，依照业主的个性不同，保护这种权益是建筑师的义务。"[1]

在强调人的个性的同时，赖特也注意发挥天然材料的特性，岩石、草地、水池、火炉这些人类生活素材，是赖特一生中着意表现的东西。柯布西耶对混凝土的力学性能和艺术表现倍加赞赏，并借助它形成了独特的雕塑风格。然而，赖特对这种材料不感兴趣，并斥之为"混合物"，认为从美学角度上，混凝土没有"诗"的成分，说这些是"人工石"，说差点是"石头状"的砂的堆积。[2] 相反，他对石块、木材等天然材料则极为赞赏，认为石材是坚固、沉重而又具耐久性的材料（图 7-19），并认为，利用木材的天然性能可以创造出高雅之美，赖特曾说过"土生土长是所有真正艺术和文化的必要的

图 7-17　约翰逊制腊公司

图 7-18　古根海姆美术馆

图 7-19　赖特 Storer House 中的石材装饰

①② F. 古特海姆 . Frank Lloyd Wright on Architecture. 日文版 [M].. 鹿岛：鹿岛出版社，1980：32，251.

领域"。他极推崇我国哲学家老子，常引"凿户
牖以为室，当其无，有室之用"，来阐明他的空
间概念。他的作品，尤其是住宅、别墅和自然
交融，好像是从环境中生长出来的，这充分反
映出他自然主义的审美观念。赖特对理性主义
的反叛，还表现在他的"相对"与"变易"的
美学观念上。在这方面，东方哲学的影响不容
忽视。

西方理性主义执着于永恒与绝对之美的追
求。然而，美在东方哲人眼里，却是辩证统一
的。在道家哲学中，永恒和绝对之美是不存在
的。赖特深得东方哲学这一精髓，他从老子的
书中，吸收了"变易"的思想，他说："……老
子在 2500 年前就告诉我们，在今日无限的变
动中，才有过去与未来之别。"[1] 因此，他在建
筑创作中，极力强调建筑的生长与变化，形成
了有机建筑设计哲学。

在当代的建筑创作潮流中，地域主义和
新乡土主义广为流传，在其中也可以发现有机
建筑美学观念的印迹。赖特追求建筑结合环
境、与自然融合的做法，成为当代建筑师抵
制国际式建筑文化的有力武器。同时，他们不
仅注意了建筑与自然环境的关联，也注意到与
人文环境的关联，它构成了建筑审美的一个
变化倾向。

7.2.2 有机性表现

有机建筑美学另外一个特点是注重建筑中
的"有机性"。这种有机表现为对几何的厌恶
和对自然形体的推崇。其中体现的建筑师当首
推赖特。赖特欣赏原始人的艺术，认为这些作
品打开了人们的眼睛，扫除了古典主义虚假教

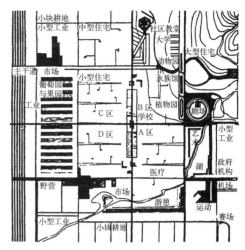

图 7-20　赖特广亩城市平面示意

条的垃圾，使人们能回归到自然和谐的、单纯
的约定俗成，这被他称之为美，称之为更真实
的文艺复兴。他信仰"真""诚""淳""朴"，
所以用木材有时锯而不刨。他的广亩城市规划
理想具有乌托邦色彩（图 7-20）。他的寓所庄
园，也给人以出世之感。作为艺术的一种，赖
特的作品有非常强烈的感染力，以及十分鲜明
的个性。

另一位对有机建筑美学有影响的是塞维
（Bruno Zavi），他生于意大利罗马。1941 年
获美国哈佛大学硕士，回国后一直担任罗马大
学建筑历史教授。早期写的《走向有机建筑》
影响广泛，20 世纪 70 年代初的《建筑空间论》
成为建筑理论中脍炙人口的著作。1978 年华
盛顿大学出版了他的讲稿《现代建筑语言》，在
这本书里他以惊人的语调提出了不少与众不同
的见解，从中仍然可以追寻到一条微弱的来自
他所称有机建筑观点的线索。此新著中的七点
原则，他曾在纪念赖特逝世 15 年的文章《追

---

① Frank Lloyd Wright. The Natural House[M]. New.York：
Horizon Press，1954：187.

随赖特的一种语言》里陈述过。其中关于"比例"，他说过这样一段话："对比例的癖好是另外一种需要切除的赘瘤。什么是比例呢？它是一座房屋匀质的各部分的约束关系。为了'综合'成一种更好的臆断手段，它成了神经官能病的渴望。但是如果各部分是不同的且各载有特定的信息，为什么要用比例来统一它们，把信息数量减到一个呢？惧怕自由、发展，因此惧怕生活。每当你看到一座'比例了的'建筑，千万小心！比例凝固了活跃的过程并掩盖了虚假和浪费。"

图 7-21　爱因斯坦天文台

7.3　表现主义美学

无视社会客观现实，追求艺术的自律性，运用神秘代码，图解自己的审美观念，表达个人主义价值观，是表现主义美学观念的一个重要特点。面对第一次大战前后的混乱与危机，表现主义从社会的对立中退缩到个人的天地里，把表现内心世界和主观感情作为他们的艺术纲领。由于深受康德、柏格森、尼采、弗洛伊德等人本主义学说的影响，他们把直觉看作认识世界的唯一方法，在创作中，他们反对对客观事物的单纯摹写，要求透过事物的表象，进一步表现事物的内在本质，企图展示永恒的真理。同时，他们对理性与技术统治的世界极为反感，如 A. 贝尼（Adolf Behne）说："我们必须推翻技术统治。如果再回原始时代，在内部的经验的世界中抑制我们自身的话，在那时技术的强暴也必将相应崩溃。"[1]

表现主义为了强调主观直觉，甚至不惜返回原始时代。与功能主义极力强调客观的物质功能相反，表现主义强调的是主观的"艺术意志"对建筑形式的制约。这种观念是黑格尔的艺术意志论和沃林格（Wilhelm Worringer）所竭力鼓吹的。沃林格在《抽象与移情》一书中，将抽象与移情视作艺术运动的两极，同时秉承了黑格尔的艺术意志学说，认为制约所有艺术现象最根本的要素，就是人所具有的"艺术意志"，它是所有艺术中的深层内核。他甚至说："这种内心要求是一切艺术创作活动的最初创作的契机，而且，每部艺术作品就其最内在本质来看，都只是这种先验地存在的绝对艺术意志的客观化。"[2] 这种观念对当时在包豪斯中任教的凡·德·费尔德影响尤其大。虽然他并不是一个表现主义建筑师，但在他设计的制造联盟展览剧院中，却极力证明了建筑物是艺术意志的自由表现。该作品所具有的高度表现性和独特的造型，后来成为孟德尔松设计的爱因斯坦天文台——一个真正的表现主义作品的造型范本（图 7-21）。

表现主义由于强调主观意志，所以在设计中常常排斥理性，表现出技术悲观主义甚至

---

① 　L. 希尔伯什莫. Contemporary Architecture Its Roots and Trunds（日文版）[M]. 鹿岛：鹿岛出版社，1973.

② 　（德）W. 沃林格. 抽象与移情 [M]. 王才勇，译. 沈阳：辽宁人民出版社，1987：10.

神秘主义的倾向。在强调感觉、幻想和激情的
审美取向指导下，他们的作品表现出两个明
显的特点：其一是借助有机曲线和曲面，强
调建筑的雕塑造型。这种倾向在 H. 菲斯特林
（Herman Finsterlin）扭曲作品的形体中，不
难发现表现主义艺术手法的痕迹（图 7-22）。
他认为欧几里得的几何形式对建筑艺术的表现
力有极大的妨碍，因而钟情于富有生命力的有
机形态，打破一切造型规则，追求自由表现。
他的方案带有生物造型的典型特征。其二是从
结晶中寻求创作灵感，对结晶体怀有特殊的兴
趣，他认为，结晶充满了宇宙的神秘性和几何
的纯洁性。因此，他竭力用玻璃等材料去塑造
建筑形体，以追求纯洁、透明这种高贵的光幻
效果。如 H·波埃齐格（Hans Poelzig）设
计的柏林大剧院，用钟乳石造型装饰杂技表演
大厅，尖锐的棱线和奇异的光感产生了虚幻的
意境（图 7-23）。表现主义虽然存在的时间
不长，但作为现代建筑源流中的异端，其影响
又是巨大的。在第二次世界大战后，一些建筑
师又在建筑中追求表现主义审美情趣，如 B. 戈
夫（Bruce Goff）这位被詹克斯称之为"矫
揉造作的米开朗琪罗"的美国建筑师，在 20
世纪 50 ~ 70 年代设计了大量自我表现的作
品，他们的"……首创性就是'回到源头去'，
即返回自然界；从晶体结构、植物形态、昆虫
形状中引申出装饰来。"[1] 可见其创作观念与表
现主义何其相似。类似的表现主义作品还包
括了悉尼歌剧院的"风帆"（图 7-24）、纽约
TWA 候机楼的"飞鸟"（图 7-25）、柏林爱
乐乐厅的"乐器"（图 7-26）等。

图 7-22　菲斯特林作品

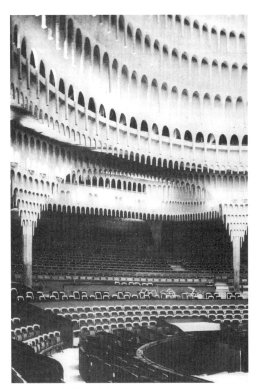

图 7-23　柏林大剧院内部

图 7-24　悉尼歌剧院

---

① 查理斯·詹克斯. 晚期现代建筑及其他 [M]. 刘亚芬，等
　　译. 北京：中国建筑工业出版社，1989：163.

图 7-25　纽约 TWA 候机楼

图 7-26　柏林爱乐乐厅

7.4　构成主义美学

作为一个艺术上的先锋派别，俄国构成主义的创作观念对当代建筑流派产生了不可忽视的影响。由于构成主义重视技术和材料特性，故人们通常把它归类于理性主义派别。而另一方面，他们又无视建筑的功能因素，并把所有问题都归结为美学问题。"作为象征性的表述，他们的设计常常极度漠视实用功能的基本要求，而现在留下来的只是在字面上对新世界充满激情的赞美——不过如此。"[①] 表现出种种超理性的特征。

构成主义的美学追求反映在漠视实用功能、强调形体纯洁、反对附加装饰、强调冲突与不稳定等几个方面。构成主义建筑师提倡废除装饰，企图把建筑从传统美学的束缚中解放出来，他们注重建筑的基本形式表现和纯洁的外表。认为新的工业材料和机器，本身就包含一种特殊的内在美。

他们宣称："我们拒绝把装饰色彩当作三维结构的绘画性因素。我们要求把具体形体的材料用作绘画性因素。""我们拒绝装饰性的线条，要求艺术品里的每一根线条都仅仅是为了表现塑造的物体的内在力量。"[②] 他们相信，线、形、色有其自身独立于自然的表现意义，并利用现代材料进行形式美学上的激进探索。因此，在某些方面与现代建筑中的理性主义很相近。在他们的作品中，纯洁的形式常常产生"不纯洁"、歪歪斜斜的构图，用倾斜、动感和各种线、面、体交织的空间组合，去塑造建筑形体，从而产生不稳定和冲突性的美学效果，以此向讲究和谐统一的古典美学挑战。构成主义建筑师坚信，一个新社会的秩序必然会给生活带来新的表现形式，他们的探索将会发现合乎逻辑和新材料固有特性的艺术规律。构成派另一个美学特征及其主要贡献，在于其将运动和时间因素引进建筑与雕塑。如罗德琴柯的《悬吊的构成》这个作品，第一次把实际运动引进雕塑中

① 阿伦·沙夫. 构成主义 [M]// 尼古拉斯·斯坦戈斯. 现代艺术观念 [M]. 侯瀚如，译. 成都：四川美术出版社，1988：178.

② 乌尔里克·康拉兹. 20 世纪建筑各流派的纲领和宣言选编（三）[J]. 陈志华，译. 建筑师，1987（28）：135.

（图 7-27）。该作品在流动的空气中，可以缓缓运动。塔斯林的第三国际纪念碑也引进了运动与时间因素（图 7-28），他用铁、玻璃和木头，构筑了一个螺旋式框架，各层之间可不停地旋转上升，以隐喻不断革命。

与正统的现代建筑相比，构成主义在注重材料特性、追求纯洁、反对装饰等方面与功能主义有不少共同之处。但现代建筑讲究和谐统一、均衡等形式美规律，而构成主义却极力打破经典美学的这些局限，表现出反叛者的激进姿态。现代建筑高度注重功能，而俄国构成主义却漠视实用功能，仅从形式着眼而几乎不考虑建造的可能性，故他们的建筑作品大都未予实现。但他们的审美观念又有深远的影响，特别是在当代建筑创作领域被再度认识。一些人认为，20 世纪 80 年代异军突起的被称之为解构主义的建筑，就是构成主义在当代的沿袭。如詹克斯把 R. 库哈斯（R.Koolhaas）、F. 盖里（F.Gehry）、B. 屈米（B.Tschumi）、Z. 哈迪德（Z.Hadid）等人视作新构成主义，认为盖里试图复兴早期构成主义，库哈斯和哈迪德则靠向晚期构成主义列昂尼多夫的作品（图 7-29），而屈米则趋向于最成熟的老手车尔尼可夫的风格（图 7-30）。[①] M. 威格利亦指出："产生这些解构的设计……它并不是从当代哲学所通称的'解构'（Decon struction）模式中得来的。它们也不是对解构理论的应用。而是从建筑传统中浮现出来的，碰巧显示出某种解构性质。"[②] 因而，他认为解构主义建筑是构成主义的当代发展。

---

① James Steel. Architecture Today[M]. London：Phaidon Press Limited, 1997：253.

② Philip Johnson, Mark Wigley. Deconstructivism Architecture[M]. New York：New York Museum of Modern Art, Little Brown and Company, 1988：10, 11.

从解构主义建筑追求扭曲、斜置、破碎、冲突等美学效果来看，这种说法不无道理。然而，我们说，解构主义决非仅仅是构成主义的翻版，而是从审美观念上进行了深层的再塑。从哲学倾向来看，构成主义的主流与追求都是科学与理性，尽管在形式探索方面它部分地超

图 7-27 悬吊的构成

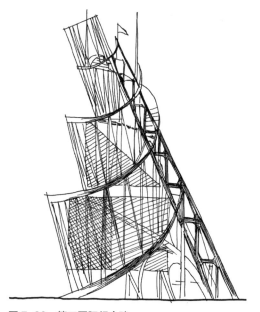

图 7-28 第三国际纪念碑

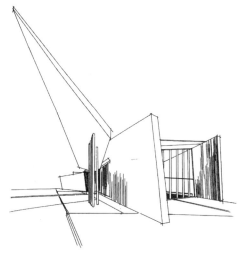

图7-29　维特拉消防站

图7-30　拉·维莱特公园

越了理性。然而，解构主义所追求的却是非理性与反逻辑的偶然机遇。它之所以用理性元素，其目的是通过理性元素的并置与冲突，去追求非理性的目的，向理性统治下的人们证明非理性的合理。借理性的元素，表述非理性的内涵，

这就是解构建筑的基本哲学特征。

另外，构成主义表现出技术乐观主义倾向，他们企图充分表现新材料的特征，建立更为"科学"的美学体系，创造新颖的建筑形式。而解构主义却欲超越物质与文化的制约，甚至可以用"虚构"来否定现实，他们的美学探索已走向极端，虽然使用高科技却常表现出毁灭的幻景与悲观主义情调。

构成主义强调建筑的社会象征性，解构主义却推崇形而上学的自我实现；构成主义表现的是激进的进化论，而解构主义却对历史与未来都表现出超然与淡漠的姿态；构成主义仅仅在形式层次对传统美学概念进行局部的变革，解构主义却欲整个地否定人类的全部审美经验。因此，他们的相似仅仅出现在形式层次，却存有哲学深层的裂痕。因此，解构主义尽管与构成主义在设计手法上相似，但毕竟存在着许多美学观念上的差异。

7.5　未来主义美学

未来主义美学也是现代主义运动中出现的一种美学思潮。在第一次世界大战前夕，未来派就表现了强烈的反古典美学的倾向。未来主义者主张表现人的根本冲动——"力的欲望"，强调经验的片段性、复杂性和各种情感的交织与渗透，歌颂"运动""速度""力量""机械"，推崇以动态的方式来表现现代生活。他们的主张对包括建筑、绘画、音乐、雕塑、服装在内的诸多艺术领域造成巨大冲击。他们攻击一切的麻木不仁，他们赞美革命之美、战争之美、现代技术的速度和动力之美……

桑·伊利亚（Sant Elia）宣称："我们已经丢掉了纪念性、重的分量、静态等等，我们用轻巧、实惠、短暂和迅速的趣味来丰富我们的感觉。"[①] 并提出要发明和重建未来主义的城市："它应该像一个巨大的、骚动的、生气勃勃的高贵的土地，所有部分都是动态的、未来主义的，住宅应该像一架大机器。"[②] 由于受当时的社会状况和技术经济条件制约，这种过分超越现实的理想只能成为纸上谈兵（图 7-31）。然而，在第二次世界大战后，当人们基本解决了住宅的匮乏，且现代建筑那机械刻板、追求纪念性的美学观念暴露出越来越多的弊端时，这种讲求生长、运动与变化的设计美学，就逐渐被人们所接受了。而且，随着新技术革命带来的电子技术、空间网架、充气结构、高强材料、轻质框架等的出现，这种追求运动变化的美学观念在建筑中实现的可能性越来越大，因而被当代各流派充分发展，这种发展不但有"量"的增加，而且也具有"质"的变异。

1914 年 8 月，伊利亚在其发表的未来主义建筑宣言中宣称"未来主义者的建筑装饰的价值在于仅仅使用并独创地安排原色的或是裸露的或是有强烈色彩的材料"。伊利亚反对一切静态的金字塔形的建筑，他倡导动态的螺旋形建筑并试图寻求由平面的相互渗透来达到物体和环境的融合。他设计的"梯度建筑"和"契塔诺瓦城市规划"，预示了工业文明所带来的未来世界的新建筑形态。

他作品的特点就像他在宣言中描绘的那样，大胆的团体和大规模的平面、体块，创造一种英雄般的工业表现主义，这与德国以及荷

图 7-31 伊利亚与《未来主义宣言》同时发表的设计图纸

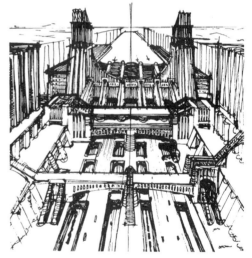

图 7-32 伊利亚的车站设计方案

兰的表现主义都是极不同的，倒仿佛与俄国的构成主义相关联，从某种意义上来说，都是一种技术的浪漫主义（图 7-32）。伊利亚持续关注的是高度工业化的、机械化的未来城市，在他看来，城市不是单个建筑体块的拼凑，而是围绕城市生活的、巨大的、多层的、互相关联的、

---

①② 乌尔里克·康拉兹.20 世纪建筑各流派的纲领和宣言选编（二）[J]. 陈志华，译. 建筑师，1987（27）：215.

组合的城市体系。他极端有影响力的设计草图的特点就是巨大的集成电路般的梯形摩天楼建筑，桥和空中步行廊形成了现代技术和建筑的欢乐颂。

7.6 新古典与传统主义的美学

7.6.1 古典主义美学

古典主义建筑面向过去，关注历史中正统和经典意义建筑事件的表现，并用宏大叙事的方式，用柱网、轴线等模式化的语言，展示古典的传统。它反对个性和个人价值观，而强调民族意志，进而表现主流文化的共同特性。

它强调政府和社会意志，所表现的内容往往为某些政治集团所控制，运用经典的规范性的建筑设计语言，反对任何形式上的建筑多元要素，与创造性的设计观念相对立。

对于西方的古典主义思潮而言，它所采用的建筑范本，不仅包含古希腊、古罗马、文艺复兴时期的建筑，同时还包括哥特式建筑。在纪念性建筑中，为表现庄严的秩序感，常用各种古代的装饰要素作为建筑的构成手段，在当代建筑中，古典主义采用柱式、巨大的台阶等装饰，中轴对称和三段式布局等，作为建筑的形式语言反复引用；在材料使用上，喜欢使用大理石、花岗石等高贵的材料，将统治集团的力量在建筑中表现出来。

当代古典主义建筑采用简化或抽象表现的办法，将古典建筑的要素融入新建筑的设计中，如采用轴线、对位以及三段式、传统的立面和空间黄金划分方式达到庄重、大方和典雅等美学效果（图7-33）。爱德华·斯东的新德里美

国大使馆和布鲁塞尔博览会美国馆，菲利普·约翰逊的阿蒙卡特西方艺术博物馆和加州大学谢尔顿艺术纪念馆，都是对古典语汇作了新的阐释和加工（图7-34）。

7.6.2 传统主义美学

与古典主义相类似的传统主义美学观念，重视历史文化的价值，在文化视野上，表现出向后看的特点。

图7-33 菲利普·约翰逊设计的电话电报大楼有着三段式的构图关系

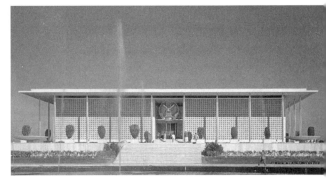

图7-34 斯东的美国驻新德里大使馆设计

国际式建筑表达理性主义观念，强调与过去决裂，并以此作为艺术语言。与之相反，传统主义不热衷于追求新生事物，它们高度重视经验的积蓄，强调适应自然条件，推崇保持建筑文化的特质，重视民族的生存观。

传统主义重视场所、文化和民俗，尊重民间文化和世俗化价值。在空间与形态上，它缺乏对场所的适应性和灵活性，往往与传统民居、风土等紧密结合，表现出保守的历史情调。同时，它怀念手工艺技术，认为现代工业技术是对人性化生存方式的主要威胁。

传统主义的建筑语言是多元和折中的，它能运用各种设计手法于不同的建筑类型。例如对纪念性建筑使用丰富的古典形式语言，对住宅则采用以朴素、坚固的艺术手法，对于城市设施、工厂等实用性建筑，采用最简单的语言加以考虑。同时，在材料使用上也因地制宜，认为必须从建筑实际出发加以使用，例如，用大理石等贵重材料建造高级建筑，并用砖、木材或低廉的混凝土材料建造住宅，而且尽量使用当地和低廉的材料代替高贵材料。

传统主义反对装饰主义的过度表现，也与理性主义彻底否定装饰保持一定的距离，他们深入思考了建筑的本质，并借助经过还原处理的单纯化的形式言语进行建筑创作。

在 20 世纪的 20~30 年代，他们不断减少形式语言的复杂性，并向同时期的理性主义靠拢，无装饰的建筑与流行时尚无关。倾斜的屋顶，与自然结合紧密的亭子、台阶，朴素的石墙，粗糙的质感，中间色调的使用和有限的装饰，明快的线条，规整的体积要素，这些从社会观点出发，并与当地的风土紧密结合。在阿尔瓦·阿尔托设计的珊纳特赛罗市政中心采用了简单的几何形式，在材料运用上具有明显的斯堪的纳维亚特点，使用了红砖、木材和黄铜等，既具有现代形式，又有传统特点的材料（图 7-35、图 7-36）。

图 7-35 珊纳特赛罗市政中心

图 7-36 珊纳特赛罗市政中心室内

第8章

当代建筑美学理论及其流派

与现代建筑相比，20 世纪 60 年代以后出现的诸多建筑作品的艺术观念已突破现有经典美学的范畴。用和谐统一的美学原则，将无法解释巴黎拉·维莱特公园的艺术布局；用形式美的法则，也难于评价埃森曼诸多的建筑作品。现代建筑追求完美，而法兰克福现代艺术博物馆分明呈现出一片破败的景象；技术美学强调设计的逻辑性与内外一致的真实性，而得到人们赞赏的摩尔设计的新奥尔良市意大利广场，却是个舞台布景式的"虚伪"建筑。凡此种种反常现象，说明了在这些先锋建筑、抑或在建筑创作领域乃至整个社会中，均或多或少地出现了审美观念的变异，也说明在当代社会，正悄然兴起"反形式美学"体系。

当代建筑美学的特点主要反映为流派上的多元和审美观念上的拓展，它既包括古典与传统主义的美学观念，也包括反形式美学、地域性建筑美学、高技术建筑美学以及解构建筑美学等内容。

8.1　反形式美学

所谓"反形式美学"，就是有意违反形式美规律的美学。该美学以有意违背古典的形式美学为主要特征，如古典美学追求和谐统一，反

形式美学则提倡冲突破碎；前者努力塑造"建筑美"，后者极力表现"丑陋、怪异"；前者要求艺术的清晰明确，后者则标榜折中模糊；前者表现为追求理性，后者表现为反理性与非理性。如果说，现代建筑美学强调的是主体和客体、功能与形式、合目的性与合逻辑性的契合与统一；那么，反形式美学恰恰表现为主体和客体、功能与形式、合目的性与合逻辑性的冲突与离异。如果说，前者追求的是"增一分太长，减一分太短"的美学意境的话，后者则表现出对现存美学法则的颠倒。

在创作手段上，它常通过拓展美的对立面要素，采用冲突、对抗、滑稽、幽默等方法与手段来提高艺术"表现力"。在人类审美意识和艺术的发展史中，尽管"丑、怪、滑稽"等审美要素早就存在，但它一直处于从属、陪衬和被压抑的地位。而在当代复杂的社会条件刺激下，它终于在一些艺术中渐露头角，并以颠覆的手法，取代"美""崇高"等美学要素的地位，成为艺术表现的主角与重点。

从艺术性格看，"反形式美学"表现出弘扬个性、滑稽与幽默等特征。

8.1.1　个性化的情调

在当代，随着建筑审美观念的变异，机械、

刻板、僵硬的美学法则受到严峻的挑战。人们抛弃统一的价值标准，代之以柔软、灵活、多元的审美观念；"兼容"而非"排斥"的审美态度，"发散"而非"线性"的思维模式，表现出价值观的多元取向。人们认识到，面对复杂多元的社会，艺术形式应有千差万别、难以约同的独特个性。因此，在创作中出现追求偶然性与随意性和弘扬个性的倾向。

因此，一些建筑师否定设计思维的逻辑性，推崇偶然机遇，并认为"美"的本质规定存在着主观随意性，人们可以认定和谐统一等古典式的完美，他就同样可以认定别的东西是完美的标志，从而随意地采用各种物体作为建筑的象征符号，因而在创作中出现了个性化的倾向。

在追求个性化的倾向中，当代一些建筑师由表现建筑的功能的个性到个人情感，从客观走向主观，从而越来越带有偶然性与主观随意性——20世纪60年代前后，西方建筑师以功能为依据，运用现代结构与材料，以几何象征、抽象象征、具象象征三种方式表达建筑个性。这种表达并没有脱离功能内容，因此，可视为建筑客体的个性表达。从20世纪70年代开始，这种个性表达注入了更多的文化内涵，变成以文化为依据，国际式文化被地域性文化所取代，东方文化、伊斯兰文化、非洲文化等各种文化价值均被肯定，国际风格受到严峻的挑战。

个性化的第三个阶段，是建筑师主体意识的崛起。有的先锋派建筑师把大师们的美好愿望说成是"乌托邦"式的幻想，从而轻松地摆脱了建筑师的社会责任。他们极力强调建筑师自身的价值，甚至把建筑作品视作个性表达的工具。

因此，建筑设计打破了从功能出发的单一模式，在创作中，或强调偶然性和主观随意性，或玩弄形式游戏，通过片段、夸张、变形、倒置等艺术处理寻求审美机理，在对立冲突中捕获辩证美；或抛弃静态、永恒的审美追求，追求暧昧、模糊、变幻不定、猜测联想等审美效果，使建筑作品脱离社会，并失去统一的客观依据。当代一些建筑师往往灵活地选取适合自己主观意图的各种历史题材和象征形式，在漠视文化连续性的虚无主义态度指导下，用多元拼凑的手法，表现自己主观意向，或摆脱了和谐统一等经典美学原则的约束，把建筑艺术建立在随机性的形式塑造上。

前卫建筑师们把下意识书写（Automatic Writing）和行动绘画做了建筑化的延续和发展，创造出了自动构思（Automatic Designing）的设计手法。自动构思对潜意识的挖掘释放了被捆绑的想象力并将潜意识物化复杂的建筑形态，使建筑这一凝固的音乐又重新流动起来，奏出令人瞠目结舌的乐章。盖里将潜意识的作用运用于建筑创作中，建构了令人惊叹的动态建筑。他的构思草图看上去好像是孩童似的涂鸦，但这却是将潜意识建筑化的最初表现，是在直觉的引导下以流畅的线条来捕捉潜意识中存在的最优建筑形态（图8-1）。"蓝天组"的wolf D. Prix喜欢采用蒙上眼睛绘制草图的"自发性"方式进行建筑构思，以便他们的直觉能够以一种有机的方式尽快地切入建筑所处的城市脉络之中。他们认为，为了将感觉描绘出来，不能受到任何东西的妨碍，甚至要注意不受绘制草图行为本身的影响，才闭着眼睛画草图的（图8-2）。

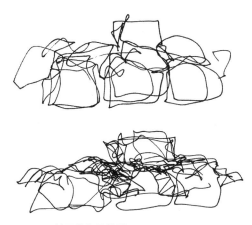

图 8-1 盖里的构思草图

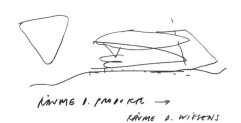

图 8-2 蓝天组设计法国里昂汇流博物馆的草图

图 8-3 斯格的"凯旋门",在这里庄严的主题已被滑稽的形象代替

8.1.2 滑稽型的表现

滑稽与幽默的审美表现是反形式美学的又一特征。传统美学专注崇高、典雅、纯洁之美,但在反形式美学中,却极力扩展滑稽、幽默等满足大众心理的审美领域,这是对千百年来所确定的"美""崇高""高贵""秀雅"等正统美学观念的反叛。

古典美学追求的是一种和谐、完美的美学意境,为了达到这一目的,他们严格遵循形式美的规律。阿尔伯蒂甚至认为"美即各部分的和谐,它不能增一分,不能减一分""美是一种协调,一种和声。各部分归于全体,依据数量关系与秩序,适如'最圆满之自然规律''和谐'所需求"。这种审美情趣同样表现在现代建筑之中。如萨伏伊别墅那机器般的外表和纯洁的形式,范斯沃斯住宅那精确的造型和高贵的材料,均表明了追求完美的意向。

不可否认,在当代建筑潮流中,这种追求完美的意向仍然存在,特别是在晚期现代建筑中,它已被极端化。高度精确的工业构件、光亮的外表、昂贵的材料,显示了后工业社会一些人追求显赫的审美心理。但不容忽视的是,追求不和谐、不完美、幽默、滑稽等审美倾向兴起。在当代先锋建筑作品中,人们看到的并非是完美的形象、优雅的效果、近人的尺度与和谐的气氛,而是为新奇、费解和失望的感觉所左右。他们追求的不是"美"的愉悦,而是幽默和嘲弄的效果,呆板而又滑稽的处理(图 8-3)。

美国学者阿普特指出:"在美国社会中,幽默是无处不在的。没有什么事物能够不致成

图 8-4　拉斯韦加斯 MCA City 的外墙　图 8-5　采用滑稽、幽默等方法与手段来提高建筑的"表现力"

为幽默戏谑的对象。"他认为，幽默感已成为美国社会的主要文化价值，幽默感常常被认为一种个人美德。尽管他说的是美国的情况，然而对西方世界来说仍具一定代表意义。更何况随着人们对"永恒""完美"等审美标准的摒弃，运用"滑稽""幽默"等建筑形象对此加以嘲弄，无疑是顺理成章的事情（图 8-4、图 8-5）。

受波普艺术的影响，当代一些建筑师极力强调从民间艺术、商品广告、漫画中寻找审美素材，他们努力发展现代建筑所不齿的谐谑、反语、嘲讽等美学手段，并在创作中加以运用。他们认为嘲讽和反语可以在多元社会中，通过建筑价值观的对抗和搅乱，调整建筑师与业主之间价值观念的差异，并认为，真正的人类感情对待现实的态度是爱与恨两者兼而有之。正是由于这种观念的制约，使他们在众多的建筑作品中，竭力表现笨拙、滑稽、幽默的建筑形象。

8.1.3　俚俗化的追求

将崇高的审美追求世俗化和俚俗化，是反形式美学的一项基本手法。俚俗化是价值取向多元化在审美情趣上的直接反映，体现了高雅与俚俗共生，宽容、平等、取消等级的精神。

1966 年，文丘里出版了第一本专著《建筑的矛盾性与复杂性》，提出了一种新的建筑审美价值观，他以一种崭新的眼光看待美国的城市景观，对民间艺术和商业广告的重要性给予重新评价，并提出向美国城市拉斯韦加斯学习的口号。他指出："民间艺术用改变背景扩大尺度的方法，给普遍的要素以不普遍的意义。"[1]并认为："民间艺术已经表明，这些普遍要素常常是我们城市多样化和有生命力的主要源泉，并非它们的平庸和粗俗导致整个景色的平庸和粗俗，而是它们所组成的空间和尺度与周围关系较好。"[2]

[1][2]（美）罗伯特·文丘里.建筑的矛盾性与复杂性[M].周卜颐，译.北京：知识产权出版社，中国水利水电出版社，2006.

因此，文丘里努力发展现代建筑所不齿的谐谑、反语、嘲讽等美学手段，并在创作中加以运用。如他的福林特住宅立面设计，他把古典柱式变成了轮廓剪影式的平面形状，鼓胀、矮胖和呆板的形象令人发笑，用幽默与嘲讽式的手法树立了一个笨拙的形象（图8-6），现代建筑的"真""善""美"被滑稽可笑的波普艺术形象所代替。

美国先锋派建筑师S.泰格曼在20世纪70年代亦采用波普艺术手法创造大众化的艺术形象，设计了"热狗"商店，底层平面宛如两根"香肠"（图8-7），通俗、直观地与商品联系在一起。在凯克房屋增建中，他采用超尺度的波普物体形状，用玻璃屋顶形成连续"滚筒"，使之覆盖整个房屋，大有将它吞咽下去之感。为了更形象地实现滚筒的联想，他将通风设备置于山墙侧面，仿佛滚轴之圆端头。

8.1.4　非线性的思维

推崇非线性—混沌思维是反形式美学又一特征。混沌（Chaos），通常人们用它来描述混乱、紊乱的行为。在以往的科学中是排斥混沌的，因为它远离秩序与规律。20世纪后期混沌理论建立，使人类对客观事物的认识由线性现象进入非线性现象。所谓混沌，是指在一个非线性动力学系统中，随着非线性的增强，系统所出现的不规则的有序现象。混沌学是研究混沌系统的科学，混沌系统是指世界上那种不规则、不连续和不稳定的介于无序和有序之间复杂的不能完全确定的非线性系统。混沌理论认为世界是以一种混沌和有序深度结合的方式呈现出来的。因为非线性系统本身就是一个矛盾体，是混沌和秩序的深层结合，是随机性和确定性的结合，是不可预测性和可预测性的结合，是自由意志和决定论的深层结合。非线性系统之所以有自组织性、自协调性、自发性和自相似性，正在于它自身所具有的这种内在矛盾性和辩证律。

混沌学是关于系统整体性质的科学，它打破了各门科学的界限，它把建筑学和建筑师与其他原本不相关的领域连接到了一起。20世纪末，混沌学理论逐渐被一些先锋建筑师引入建筑设计领域，流动、折叠、分形、形式的相似性与体量的自循环性等观念在建筑艺术中频频

图8-6　福林特住宅立面设计

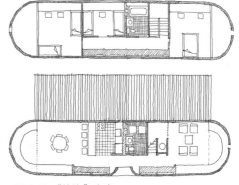

图8-7　"热狗"商店

出现，并以此为基础，建立了新的美学原则。

彼得·埃森曼就将混沌理论引入建筑，混沌、非线性正是其建筑话语的美学特征之一。他认为在形式和功能之间、结构和经济之间、形式和程序之间，不存在一对一的、线性的因果联系，而要用一致与叠加、置换与替代的新概念以及混沌的思想来取代它们。埃森曼的思想中心就是要建构一种混沌建筑，一种以非线性形式构造、以混沌思想定义的建筑。这种非逻辑的逻辑序列，非秩序的混沌的秩序，既表现了对建筑自主性充分的尊重，同时也反映了建筑与历史和现实之间的历时性关系（图 8-8）。他认为冲突胜过合成，片段胜过统一，游戏胜过谨慎的安排。他不仅以一套非线性思路来规约单体建筑，而且还把一种非确定性的混沌思想贯穿于他的城市美学之中。他希望城市在形式上是无等级的，在价值上是非确定的。他不希望以一种决定论来限定人们的生活方式，相反，当代城市应该给人提供无限的自由和可能性（图 8-9）。

非线性几何学如分形几何、拓扑几何等为人们认识自然中的复杂形体，提供了一种数学上的解释，即多数复杂形体是由简单的生成元通过反复迭代生成的，整体与局部之间是自相似的（图 8-10）。这是一种真正立足于理性分析基础上的形式，意味着大多数自然粗糙的物体背后存在着某种秩序。运用拓扑几何学、分形几何学中的同构异形概念改变着建筑师的建筑观，它使建筑师们抛弃了早期现代主义的简约形式和后现代主义的折中形式。非线性往往是一个统一的整体，并具有动态的、有机的、仿生的特性；它们整体与局部的关系经常是同构的，具有自相似性。非线性思维为建筑师们提供了一种自由的创造空间。在秩序与混乱、

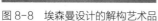

图 8-8 埃森曼设计的解构艺术品

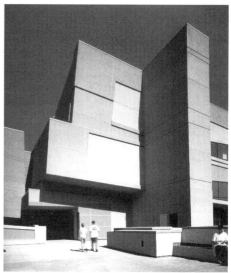

图 8-9 阿伦诺夫设计的艺术中心

图 8-10 利用计算机生成的复杂分形几何形状

静止与运动、确定与变化这样一些对立项之间可以任意选择，而不再是非此即彼的线性思维方式；设计不再囿于任何固定的框框，而是以自然生物（如蔗叶的茎线分布）、生命构成（如DNA 结构图）和自然现象（如山、闪电的形式）等为灵感创造出具有灵活、有机性等美学特征的建筑话语。

8.1.5 折中性的态度

折中主义的审美思想可以追溯到巴洛克建筑时期。其后，在 19 世纪后半叶，受当时科学技术的影响，一部分建筑师既不愿意完全遵循历史式样，又不愿意抛弃历史式样，明确提出了折中的设计方式，将历史上的一切建筑式样为我所用，对历史片段进行拼贴、组合，不讲求固定的法式，只讲求比例均衡，注重纯形式美，形成了折中主义的建筑审美观。

现代建筑针对学院派的弊病，提出了反对折中主义的一些口号，他们摒弃历史式样和建筑装饰，提倡纯粹的建筑表现，这些美学主张在当时起了重要的、积极的作用。20 世纪 60年代，这种清教徒式的单调美学式样又受到了人们的质疑。文丘里（Robert Venturi）在其1966 年出版的《建筑的复杂性和矛盾性》中宣称："我爱建筑的复杂和矛盾。……我喜欢建筑杂而不要'纯'，要折中而不要'干净'，宁要曲折而不要'直率'，宁要含糊而不要'分明'，既反常又无'个性'，既恼人又'有趣'，宁要一般而不要"造作"。要兼容而不排斥，宁要丰富而不要简单，不成熟但有创新，宁要不一致和不肯定也不要直截了当。我主张杂乱而有活力胜过明显的统一。我容许不根据前提的推理并赞成建筑的二元性。"

在这里，文丘里明确提出应重视建筑的复杂性和矛盾性，提倡含混、折中的美学表现，反对非此即彼的哲学追求，他赞成二元论，喜欢兼顾彼此（Both/And），不赞成非此即彼（Either/Or），喜欢有白有黑，有时呈灰色的东西，不喜欢全黑或全白，反对"少即是多"（Less is More），提出"少不是多""少即枯燥"（Less is Bore），并通过各种符号拼贴的手法，使建筑丰富多彩。

在以文丘里、格雷夫斯为代表的后现代建筑师的推崇下，许多建筑师摈弃了现代主义原则，转向历史细节寻找灵感，夸张建筑结构元素，有高度的象征意味，有时也带有巴洛克风味。因此在某种程度上，后现代主义有时候也被称为新折中主义。詹克斯认为建筑应该是"折中的多元风格"。但是又不是仅仅局限于模仿历史上的形式，做一场风格相争的游戏。折中的建筑有更多文化上的关联，有更多当代社会的特征。[1]如约翰逊的纽约电报大楼（图 8-11）、格雷夫斯的波特兰大厦（图 8-12），则采用了抽象形式符号，在建筑中隐含了各种各样的传统文化象征，这些均表明折中主义美学观念的影响。

斯特林 1984 年设计的斯图加特州立美术馆新馆中几种完全不同的建筑语言混杂并存（图 8-13）。人们所熟悉的元素，历史上的风格、形式或符号从其原有的语境中剥离出来，打破建筑语言规范，不讲逻辑，不讲文法，以主观时空观将不连贯的意象以超现实的手法重新排列：西欧古典建筑语汇、新建筑运动建筑语汇、现代建筑语汇。在其中，柏林老美术馆的平面、古罗马斗兽场的原形、古埃及神庙的信息、构成派的雨罩、现代派的管理教学部分、高技派的风格在这里你都能找到。精通建筑历史的人，会将这一幕幕场景看作建筑历史发展的蒙太奇回演。而普通观众，也可以依据自己的知识对这些形式作出自己的解释。

8.1.6 破败性的情趣

破败性审美是反形式美学的又一种美学倾向，特点是反对和谐、优美的艺术表现，追求丑陋、破落的美学气氛。在 20 世纪初，这种倾向首先在现代艺术中出现，它的突出特点就

图 8-11 纽约电报大楼

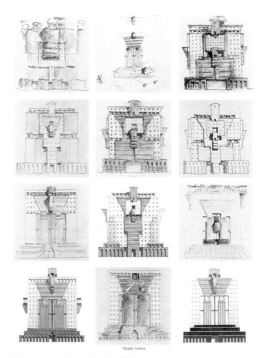

图 8-12 格雷夫斯的波特兰大厦设计草图

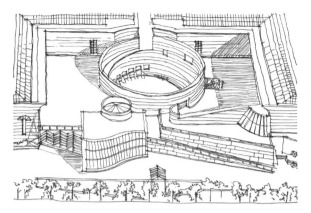

图 8-13　斯特林设计的斯图加特州立美术馆新馆

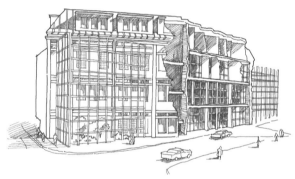

图 8-14　赛特设计集团设计的法兰克福现代艺术博物馆，企图用残垣断壁表明世上不存在永恒的美学原型

图 8-15　1960 年，艺术家伊夫·克莱因举行了一场绘画表演，女模特全身涂满蓝色颜料，身体在画布上滑动作画

是对理性和传统美学的反叛，它嘲笑现实的荒诞和无意义，讽刺人类理性的虚伪，践踏和谐完美的审美理想，认为它们整个都显得滑稽可笑（图 8-14）。

20 世纪 70 年代以来，西方艺术又以"讽刺"和"亵渎"作为重要手法和题材，如给裸体的维纳斯穿上比基尼泳服，裸露身体在艺术殿堂表演等。这种亵渎艺术和嘲弄经典的风气，同样影响了建筑艺术，成为反形式美学的重要内容（图 8-15）。于是，在当代某些建筑师的作品中，完美已被怪诞的形象所代替。滑稽的情调、荒唐的手法、残缺的柱子、破损的山花败落的形象……这一切均在建筑中出现（图 8-16）。

图 8-16　埃里克·欧文·莫斯设计的具有破损、残缺特质建筑

在破败性美学体系中，往往以唯意志论、存在主义、东方神秘主义与后结构主义等非理性主义思潮作为其哲学基础，在建筑创作中，则表现为夸大人的直觉、无意识、本能等非理性因素的地位与作用，并表现出排斥功能理性、否定概念理性、摒弃逻辑理性和抵制经济理性的特点。

8.1.7　隐喻性的手法

建筑作为一种应用艺术可以看作是一种符号的工具，后现代主义正是利用建筑这一符号功能把建筑作为一种语言、一种修辞手法来喻示和传递心理上的、精神化了的观念形态，迫使人们去探索，去破译建筑的文化内涵，达成建筑与人的"对话"，实现设计者与使用者对隐喻的共同理解。后现代建筑师认为，除了本身实用功能之外，建筑还肩负着传递信息和喻示的功能。后现代主义重视符号的隐喻作用，重视建筑的"语义"表达，力图使之成为一种象征手段或语义学的"隐喻"。

建筑的隐喻是指人通过建筑本身所显示的人的精神或心理、情感态度或某种认知关系。隐喻是一种修辞手法，是一种自觉的象征，是在形象化中从意义出发的比喻。而象征就是用具体的视形象来暗示抽象的概念。隐喻事实上是一种形象化的语言形式，它用暗示、联想、回忆的手法使人感受到建筑上看不见的更多的东西。格雷夫斯认为："隐喻乃是将一个能指的形式从一个恰当的所指转换到另一个所指上去，因此将含意赋予后者。"

格雷夫斯的许多作品引用历史片断，并加以变形或改换位置、改变材料、改变组合。波特兰大厦就是后现代隐喻主义的经典作品。格雷夫斯充分考虑了当地的地理文脉，它不符合波特兰市钢与玻璃的方盒子办公楼的文脉，但是它符合过去铸铁拱形结构的街道建筑的文脉，这是一座混合的后现代风格建筑。在入口正门，海神的三叉戟代表 Port，用麦子代表 Land，并用一块中国石头象征与东方的贸易。建筑的立面也是一种隐喻，通过闪光的"幕墙"作为眼睛，在南面和北面向外观望（图 8-17）。

文丘里设计的奥伯林学院艾伦艺术博物馆扩建部分一角使用了巨大尺度的新爱奥尼柱，使新建筑与老建筑有一种视觉关联性，让人们意会到了历史文明的继承性。隐喻手法也是埃森曼常用的一种表现形式，如在柏林社会公寓，他借各色网格隐喻外界事物：绿色条纹代替附近的古建筑，偏转一些角度的白、红、灰条纹代替柏林墙，墨卡托网格则代表世界，虽然含义丰富但只有他自己能读懂（图 8-18）。

图 8-17　波特兰大厦入口正门表现图

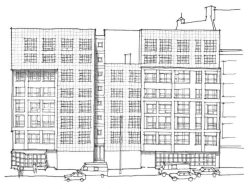

图 8-18　柏林社会公寓

8.2　地域性建筑美学

地域性建筑美学，是当代建筑美学的重要组成部分。它主要关注地域性建筑艺术特征、地域主义的美学思潮、审美价值标准、设计手段及其的发展与演变等内容。

8.2.1　建筑的地域性与地域性建筑美学

如前文所述，地域性就是指某一地区的自然地理环境、经济地理环境和社会文化环境方面所表现出来的特性，[①]是某一地区有别于其他地区的特点。地域性既是一个空间概念，也是一个时间概念；既是自然地理上的概念，也是人文地理上的概念。

在空间概念上，它包括地形、地质、地貌、山岳、河流、海洋、湖泊以及气候环境和动植物分布等要素。

建筑与地域的空间特性有密切的联系，不同的地域因其地理纬度、海拔高度、气温和气压、温差和湿度以及地形、地势、潮汐、水流等影响因素不同，使建筑形式有很大的区别。

地域性建筑作为人类适应自然环境的产物，根据不同的气候条件，创造出舒适、宜人的室内外环境。通过千百年的探索，人类创造了适应气候的热带雨林、温带、高寒、荒漠、极地等不同气候下的建筑及其文化。

在时间概念上，地域性包括历史演变、文化变迁、民族衰亡发展、传统与现代等运动变化。如果说，自然地理多与空间条件相关，那么，人文地理多与时间状况相关。实际上，地域性是这两者互动的结果。适应性、连续性、大众性是地域性建筑文化的重要特点。

从上可见，建筑的地域性包括两方面的内容：即包含地域自然环境的特殊性与一贯性；同时又带有特定地区文化意识形态的特殊性与一贯性。因此，可以说：地域性是"整个社区及其全部历史作用的产物"。[②]

建筑地域性并非一个恒久不变的要素，它会随着历史的发展而发展。如果说，在传统的农业社会，自然、经济和社会文化环境因素均变化较缓慢的话，那么，进入工业社会以来，这些因素的变化速度均大大加快，尤其是后两者，更是成为促使建筑地域性变化的要素，从而使地域性带有鲜明的时代烙印。

地域性是建筑的基本属性之一。事实上，建筑不仅与自然地理环境有密切的关系，而且与人文地理环境有很大的关系，即使是同一地理范围的建筑，也会因人文因素的不同，而带有各自的特性。在实际中，这种地域特性反映在自然环境特性，如地理、气候、技术材料和

---

① 按地理学的概念，地理环境可分为自然地理环境、经济地理环境和社会文化环境三类。详见中国大百科全书出版社编辑部中国大百科全书：地理学 [M]. 北京：中国大百科全书出版社，1992.

② 引自"Contemporary Vernacular"（林少伟等编著）前言，作者查尔斯·柯里亚。

资源等方面，也反映在文化结构方面，如民风、民俗、宗教信仰等。

产生这一现象大概有如下两个方面的原因：

一方面，从使用目的来看，建筑作为一种人类精神和物质的产品，其大部分的建造目的，主要是为特定地域的人们服务，建筑与其他艺术不同，绘画、小说和音乐可以纯粹表达自身价值与观念，而建筑必须与它所处的地点和环境紧密相连，它不能脱离所在地的生活方式，必须满足特定地域人们的生活需求。同时，它无法脱离它所在时代的社会制度的影响，因此，建筑作品凝集了它所处时代和地区的经济、技术、自然条件以及文化的精神，使它带有特定地域的文化特性。

另一方面，从建筑的自身存在方式来看，建筑作为建造在一定地点的人类生活场所，它与气候、环境、地形和地貌等密切相关，同时，建筑本身就包含上述要素，其建造地点的特定性和使用过程中的不可移动性，也使之带有地域的自然特性。这正如吴良镛先生所指出，"建筑本是地区的建筑，是建筑的基本属性，是建筑赖以存在、发展的基本条件之一"。[①]

8.2.2 地域主义审美观念的形成与发展

地域性是建筑的本体属性，它一直伴随着建筑历史发展的整个过程，但是在建筑设计中有意识地提出建筑地域主义的思想，直接寻求地域性的表现，则是近两三个世纪的事。

20世纪以来，随着人们对技术的滥用，技术的负面作用日益显现，对技术的信任程度也在不断地降低，自然科学也成为被批判的对象。20世纪中期，建筑的"国际风格"在世界各地流行，导致了场所感和文脉的丧失，促使了人们对建筑文化地域性的关注。例如，1947年建筑理论家芒福德（Lewis Mumford）提出了被称之为"现代主义的本土和人文形式"的所谓加州海湾地域形式，挑起了"国际形式"与"地域主义"的辩论。芬兰建筑师阿瓦尔·阿尔托的作品代表了现代主义后期"地方性"设计倾向的特征。[②] 随着对"国际风格"的反思，欧洲中心论受到普遍抵制，现代建筑的地方化和地域建筑的现代化成为追求目标。

因而，在建筑领域，一部分人重新回到地域和乡土主义的创作模式中，对民俗和地域传统的浪漫崇拜，孕育出具有浓郁地方色彩的美学思潮，导致世界范围对"地域性"的追求。欧洲、美国、澳大利亚，以及亚洲、非洲的许多具有丰富建筑文化遗产的发展中国家，都对此做出了探索。其特点是：在对传统与现代、国际性与地域性、标准化与特殊性的平衡与协调中，并在寻求最佳的结合点中展现其魅力（图8-19）。

地域主义美学建立在对气候、环境、地形与地势尊重的基础上。在文化价值观念上，表现出尊重传统理念、民俗性审美和乡土情调等特点；在技术观念上，则推崇当地技术和当地材料的运用。对非规则和复杂性艺术手段的推崇，也是其美学特点之一。

---

① 吴良镛.吴良镛学术文化随笔[M].北京：中国青年出版社，2002：65.

② 罗小未.外国近现代建筑史（第二版）[M].北京：中国建筑工业出版社，2004.原文具体内容为：①有时采用砖、木等传统建筑材料，有时采用新材料与新结构。在采用新的材料、结构和机械化施工时，总是处理得"柔和些""多样些"；②空间布局讲究循序渐进，不要一目了然；③讲究建筑与自然的融合。

图 8-19　象设计集团设计的名护市市政厅，用地方材料塑造了适应冲绳气候、有浓郁地方特色、亲切平等的政府形象

与任何美学一样，地域建筑美学也在发展。在当代，新地域主义和广义地域主义的美学正在得到人们的重视。

8.2.3　地域性建筑美学特色的形成要素

传统地域性建筑的特色，主要包括自然特色和人文特色两大部分的内容。而现代地域性建筑的特色，也包含技术特色方面的内容。这种特色鲜明地表现在建筑与城市的实体和文化空间中。

1）自然环境与地域性建筑的美学特色

建筑是人类为了生存而创造的人工环境。因此，自然环境条件对建筑的产生影响之大是不言而喻的。尤其是在科学技术不发达的古代，自然条件对建筑特色的形成，更是起到至关重要的作用。

工业社会以前，由于技术水平低下，人们无法超越自然力的限制，从而决定了在建筑营造活动中对自然的敬畏和尊重，被动地顺应自然，保持整体环境的统一性，成为传统建筑的

一大建造特色。不同的地域，因为自然地理环境的差异以及人们利用、改造自然环境，建设人类文明时间、方式、程度和内容的不同，产生了各具特色的地域文化。

正如梁思成先生指出："建筑之始，产生于实际需要，受制于自然物理，非着意创制形式，更无所谓派别。其结构之系统，及形式之派别，乃其材料环境所形成。古代原始建筑，如埃及、巴比伦、伊琴、美洲及中国诸系，莫不各自在其环境中产生，先而胚胎，粗具规模，继而长成，转增繁缛。其活动乃赓续地依其时其地之气候，物产材料之供给……。"[1]

相近的自然环境，使传统建筑往往体现相同的艺术观念和设计手法。自然和技术条件的限制，使建筑常选用类似的形制、材料、色调，它导致建筑个体形式的相似，并使建筑群体保持协调一致的关系，从而使同一地域的建筑具有某些自然环境的共性特征。

自然特色是由当地的气候、地形、地貌和资源等环境因素所促成，为适应不同地区的地理环境气候，不同地域的建筑应用了不同建筑手段，从而在平面布局、结构方式、外观造型、材料应用、细部处理和颜色应用等方面反映出地域特色。对建筑形成有影响的自然条件因素主要包括：地理因素、气候因素和材料因素等方面。

因此，地理环境不同的地区，可形成独特的地域性建筑景观。事实上，湖滨和水网密布地区有水上民宅，多山的地方有干阑吊脚楼。海岛有渔村，草原有帐篷……不同自然地貌和气候环境，形成了各具特色的地域性建筑文化。

例如，在我国浙江的温岭石塘、箬山的渔村，自然在建筑中留下了深深的烙印——为

---

① 梁思成. 中国建筑史 [M]. 天津：百花文艺出版社，1998：11.

了防台风，它采用方正的三合院的格局，并用当地的石材垒外墙和铺地面，屋顶和瓦片压上了石块，浑厚的石墙上只有几个小窗，倾斜墙角线和四坡顶的炮楼给人一种强烈的耸身向上，却又稳如磐石的坚实感，一些三角形平面的民居更突出了石头的表现力，表现出稳定、雄健的美学效果（图 8-20）。从海上望去，层层石墙、参差错落的屋面与岩石裸露的山体，有机地结合在一起，形成奇特的民居造型。

图 8-20　温岭石塘民居

平面和立面布局特征也与气候环境有很大关系。例如，在南亚和中亚，往往利用院落和采用遮阳措施以防止强烈光辐射；在西亚和我国新疆等地区，往往采用相对封闭的平面布局来防止风沙的入侵（图 8-21）。在东北亚等高纬度地区，不仅要采用独特的构造做法和利用保暖材料，而且要采用陡峭的坡顶以防积雪；东南亚地区多雨，为便于排水，屋顶往往采用层层出挑的方式，而为了防潮通风，亚热带地区则发展了高床和吊脚楼的建筑形式（图 8-22）。这些均形成了各具特色的建筑形象。

建筑材料的地域性，也是反映地域建筑美学特色的一个重要方面。由于建筑需要大量的材料建造，许多建材体积庞大，在交通不发达的年代，运输困难，所占造价比重甚大，因而采用就地取材，就近采集和生产的建筑方法，并最大限度地发挥其力学和美学的特长。正是由于这一原因，出现了盛产石材的地区多石作，森林地区多木构和竹楼，黄土高原地区多窑洞等建筑形式的现象。

图 8-21　新疆喀什民居

我国的乡土建筑是自然与人工环境巧妙结合的典范。如徽州地区山清水秀、风景如画，境内黄山亘延，新安江奔泻其间，属亚热带湿

图 8-22　景洪竹楼

图 8-23　棠樾村清懿堂大门砖雕　　图 8-24　宏村中心月沼

润季风气候，域内四季分明。在自然环境和人文环境的影响下，徽州地域性建筑表现出规模宏大、选址巧妙、讲究风水、结构完整的特点。狭窄的街巷、精巧的建筑、井台、水池和绿化构成极富人情味的村落空间。一厅两厢、开敞式厅堂和狭小天井的楼层住宅单元，形成千变万化的空间组合。祠堂、书院或家塾、宅园、戏台，村落门户的"水口"环境与建筑、牌坊、路廊桥亭、"绣楼"小筑等，构成了独特的村落空间标志；在细部构成上，精美的砖雕、木雕、石雕与建筑室内外装饰融为一体（图 8-23）；白粉墙、小青瓦、马头墙等组合成清新淡雅的集落外观和建筑群体形象。池塘的波光倒影，与远处的山色构成了一组优美的画面[①]（图 8-24）。

传统的中国园林强调建筑结合自然环境，同时，师法自然，用树木、池塘和石块等创造优美的人工景观，造园在选址后，强调因地制宜，突出重点，努力塑造该园之特征，创造出独特的园林景观的美学意境。如"北京圆明园……'因水成景，借景西山'，园内景物皆因水而筑，招西山入园，终成"万园之园"。无锡寄畅园为山麓园，景物皆面山而构，纳园外山景于园内。"[②]

而日本园林，尽管也模仿自然，但却表现出更为抽象的特征，它广泛采用隐喻象征的手法，如用沙子象征水体，形成枯山水的特殊艺术处理手法。它们以一种雅致的品调使建筑充满生机（图 8-25）。

韩国传统建筑也强调与自然和谐的美学观念，受中国建筑思想的影响，它讲究风水，强调顺应自然，努力显现自然美，在设计中尽量少用人为技巧破坏自然环境。为突出造型的外观美，造型意匠亦有特色，如在总体布局和空间构成上表现为非对称性，其外观简朴，给人淡雅、谦虚之味[③]（图 8-26）。我国傣族的干栏式建筑为便于空气的流通，采用开敞的平面布局，并采用架空的房屋以隔开湿热的地气，为

① 单德启.中国传统民居图说[M].北京：清华大学出版社，1998.
② 陈从周.惟有园林[M].天津：百花文艺出版社，1997：5.
③ 杨洪青，原向东.浅谈韩国建筑文化的历史发展与几点思考[J].烟台大学学报（自然科学与工程版）.1995(1)：70-79.

图 8-25 京都龙安寺枯山水

图 8-26 韩国民居

防止日晒，采用层层出挑的屋檐，形成丰富的阴影（图 8-27）。

气候环境对于人类住居观念的影响，同样也可以在其他地区的一些民族中反映出来，例如"澳大利亚的土著人从未有过对于建筑的需要。作为在温暖气候下聚集的游牧民族，他们在身上涂抹植物性的药膏来作为季节性的保护措施，他们睡在岩洞里，或者是用桉树枝支撑的树皮搭成的茅屋里。对他们来说，'家'仍被理解为一个广阔的区域，被部落而不是个人占有，被梦中的吟唱所激励的随季节的变化而迁徙的占有地域。"[1]

在玻利尼西亚诸岛中，由于传统的村镇房屋经常被东南季风和台风所毁，而过后，又用椰子树等丰富的本地建筑材料所修复。因此，房屋被设计成仅具有短暂寿命的临时性建筑，建筑以柱为骨架，覆盖以编织好的树叶和树枝，形成独特的乡土技术。

图 8-27 中国云南干栏式建筑

在 20 世纪，一些现代建筑大师也从自然环境中寻找建筑创作的灵感。例如，赖特（Frank Lloyd Wright）受到美国中西部乡村生活的启发，采用当地石材和传统木材构架墙面，创造外形舒展、空间丰富、个性强烈，且低矮水平的轮廓，与中西部草原十分协调。

赖特设计的草原式住宅充分运用砖、灰泥和木材等材料本色，采用 L 形、T 形或十字形的重叠平面和单元式体系，在造型处理上强调

① Peter Zellner. PACIFIC EDGE—CONTEMPORARY ARCHITECTURE ON THE PACIFIC RIM[M]. New York： Rizzoli, 1998：145–152.

水平出挑的阳台和屋顶。如罗比住宅沿街立面
保持连续不断的水平线条，低矮的砖砌体和层
层下降的平台，逐步使建筑过渡到地面，创造
内外流动的空间。建筑下层坚固厚重的砖砌体
像上面的宽阔悬挑板一样用钢梁托起。交错的
砖砌墙板与挑檐相结合，它那微暗又似乎是强
制伸延的起居室，被壁炉的厚重体积牢牢地锚
住，产生了一种极富戏剧性的效果（图8-28）。

图8-28 以水平线条为主的罗比住宅

澳大利亚建筑师菲利普·考克斯提倡尊重
自然的设计思想，努力表现建筑地域特色，并
在气候、地理和文化方面进行有益的探索。例
如，在尤拉勒度假村的设计中，他巧妙发挥地
形作用，并对气候和文化作出反应，考虑到建
筑地处澳大利亚中部，西面和南面为艾尔斯山
岩和奥伽斯山，气候炎热干旱，具有典型的沙
漠地带景观特点（图8-29）。因此，他在设计
中将主体建筑依山就势布置，使游客方便地欣
赏艾尔斯山岩和奥伽斯山的自然景色。由于当
地气候炎热，故他将建筑群的各功能分区以庭
院或广场为中心布置，周围设有环廊，并采用
瓦楞铁皮顶、网状遮阳篷等材料，褐黄色外墙
与沙漠相似，室内摆放土著艺术品。无论在总
体布局还是细部处理上均反映了澳大利亚内陆
地区传统住宅的特点。使该旅游建筑群具有鲜
明的可识别性和浓郁的场所精神。整个设计以
它"独特的形式、壮丽的景观、适应特异气候、
反映文化传统"的特点获得1985年澳大利亚
"最佳公共建筑奖"。①

印度的拉兹·里沃尔（Roj Rewal）
（图8-30）、日本的安藤忠雄等，也凭借丰富
的创作经验，借助现代建筑技术，跨越形式的
表象，融入气候、环境特色，诠释社会与乡土

图8-29 尤拉勒度假村草图与实景

文化内涵，而创造杰出的现代地域性建筑。

2）人文环境与地域性建筑的美学特色

（1）人文环境对建筑的内在制约关系

所谓人文环境是指特定地域的政治、经济、
文化、技术、价值观念、宗教伦理以及相应的

---

① 赵钢.地域文化回归与地域建筑特色再创造[J].华中建筑.
2001，19（2）：12-13.

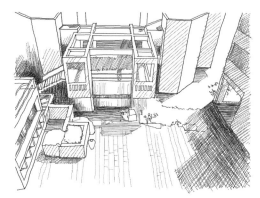

图 8-30　拉兹·里沃尔设计的国家免疫学院，借助庭院组织空间，纵横框架有效的遮阳，从建筑对气候的适应中发掘地方性文化内涵

生活方式等文化氛围。同时，它还反映该地域的人的素质、精神风貌、心态与性格等因素。

地理气候、地形地势等自然环境尽管对地域性建筑影响很大，但它并不是影响建筑的地域性美学特色的唯一因素。事实上，不同地域的人文环境，同样是建筑产生美学特色的重要条件。建筑作为人类体现生存价值的生活场所，不同生存式样的选择使之留下了深深的精神文化的属性，在社会生活、习俗、情趣和文化艺术等方面，反映人们的精神价值和人文价值。

建筑作为一种生存环境，与人文环境有密不可分的内在关联。它不仅要满足社会的物质功能要求，也要体现人们的意识观念、伦理道德、审美情趣、社会心理和生活行为方式等诸多要求。因此，地域性建筑的美学特色，除反映自然环境特性外，一定程度上表现为人文环境特色，人文环境对建筑的空间布局、外观形式，乃至细部装饰均有极大的制约性。

但是，一方面，地域建筑特色不是永恒不变的，事实上，地域性建筑文化并非一种单一的文化，它们是本土文化和外来文化的混合体。

另一方面，它们也不是停滞不前的，在建筑发展史中，由于外来文化的传播和交融，使地域文化得以演进与发展，并不断产生新的模式。因此，地域特色总是处在演变和创造的过程之中。尽管这样，地域文化总是保持一些"文化传统"和"具有重要意义的过去"，在这种保持上对传统进行筛选，并选择对今天仍有价值的建筑特性和技术处理手法加以保留。

（2）人文特色的形成与中西方的异同

在古代，由于交通工具和信息传播手段相对落后，使某一地域的人群心理上达成一种共识，维护类似的价值观和审美评判标准，并潜移默化地影响他们的现实生活，也使某种文化生活模式扩散，相对稳定地留存在特定的区域。

在科技、信息高度发达的今天，一方面，人们的生活方式不断趋同，但另一方面，个性化、地方化的需求也仍然存在，正因如此，无视地域与文化差异的国际式建筑不断受到人们的批评。如弗兰姆普敦就把无视地方文化的"国际主义"的建筑称为"全球文明"而加以否定，并大力推崇创造新的地方文化、汲取地方传统的做法。

建筑的人文特色是文化观念在空间中的积淀，是地缘政治、经济技术、生产方式、民俗和宗教等在空间、方位形式、比例方面的特定形制与要求。

例如，中国古代城市具有强烈的封闭性，呈现由外而内的向心性，厚厚的城墙，构筑外城、内城、皇城等城池，而欧洲的城市往往只有城堡而无城墙，呈现由内而外的秩序感。它反映了中国传统文化"内敛"，而西方文化"外向"的特点；同样，中国建筑注重群体环境，而西方传统建筑突出单体建筑，这也与中国文化强调人的社会性，西方文化弘扬人的个性有关。

而中西文化观念的不同，亦在园林建筑中得以充分表现。我国传统园林崇尚自然，讲究"虽由人作，宛自天开"，建筑与自然联系紧密，强调因借环境（图8-31）；而西方古典园林则追求整齐、对称，突出人工特点，强调几何图案的线条美（图8-32）。这是因为，中国江南私园是文人墨客为摆脱宗法礼制对精神控制而寄情于自然山水的产物，它融绘画、诗词、歌赋等传统艺术于一体，体现了中国文化"重情"的特点。而西方园林所追求的几何美，则表达了西方文化中"唯理"的哲学精神。因此，我们说，建筑是文化的物化形式，是人文精神在空间形态的折射和凝聚。

这种人文环境开始是由自然环境的影响而产生的，它一旦形成，就会对当地居民的思想、行为、生活方式等产生潜移默化的影响，造就一种新的文化情境，并在与外域文化的交流融合中不断推动地域文化的改造、更新和发展。

例如，希腊位于北纬35°～45°之间，处于巴尔干半岛南端，三面临海，海岸线长，良港众多，爱琴海中的大小岛屿星罗棋布，对外交通的便利条件促进了希腊农业、手工业与工商业的繁荣，形成了发达的航海、造船、建筑、制陶和冶铁等技术。同时，由于自然条件独特，气候温和，使之盛产各种农作物。这种得天独厚的地理环境，养育了希腊人独特的民族性格，形成思想开朗、胸襟豁达、高尚热情、崇尚自然、追求理性的文化精神，并使希腊产生独特的建筑风格（图8-33）。

图 8-31 典型的江南园林

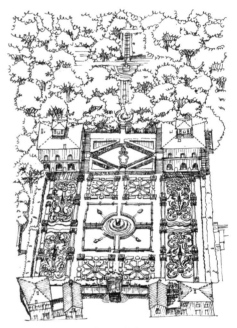

图 8-32 意大利台地园兰特庄园

图 8-33 帕提农神庙

同样，我国江浙地区密布的河网和广阔的海岸线形成独特的水乡文化，它注重实际，富有开拓精神，善于吸收外来文化。"海上丝绸之路"的开辟和近代外来文化的交流，使它深受各国优秀文化成果的影响，更促进了江浙文化的繁荣。就是在这样多文化冲击、包容和整合的社会环境中，孕育了江浙民居和近代海派建筑文化（图8-34）。

图 8-34　江浙民居

西方学者斯莱塞·凯瑟琳指出："地域主义着眼于特定的地点与文化，关心日常生活与真实且熟悉的生活轨迹，并致力将建筑和其所处的社会维持一个紧密与持续性的关系。更重要的是地域主义试图从经验里学习，借此达到修补、细心琢磨、接纳、排斥、调整与响应当地特色。地方历史、地理、人性价值、经济、传统、科技以及文化生活等这些可使人有身历其境的真实情况都是地域主义的来源。"[1]

因此，我们在研究地域建筑美学特征时，应注意联系社会文化的各个方面，探讨人类文化的起源和演进过程，比较不同地域、不同民族的文化特质，了解不同地域文化与相应社会的关系，研究人类的习俗活动、宗教信仰、社会生活、美学观念及在建筑上的反映，系统地看待建筑与人类社会的内在关系，强调对地域文化的整体研究，将建筑与自然和社会环境作为一个系统来研究，不仅考虑建筑的平面、立面、比例、尺度等外观层次，而且必须深入研究形式表现后面的文化内涵。

（3）技术条件与地域性建筑的美学特色

技术的定义是："泛指根据生产实践中积累起来的经验或自然科学原理而发展成的各种工艺操作方法和技能。广义地讲，它还包括相应的生产工具和其他物资设备，以及生产工艺过程或作业程序、方法。"[2]

技术作为一种人类作用于自然和改造自然的能力，它对地域性建筑美学特色的形成起到极大的作用。例如，乡土技术是利用当地材料、当地的设施和地方建造经验进行建造活动的技术，它易于操作，具有典型地域特点。由于它技术含量低，易于操作，地域性强，在传统的地域建筑中，强调利用乡土技术和本地的材料作为建造的实现手段。正因如此，"低技建筑"某种意义上成为乡土建筑和地域建筑的代名词。

因此，对于不发达的国家和地区，利用地方技术解决居住问题往往是最佳的解决方法，因而极具生命力。

我国幅员辽阔，气候、资源情况差异明显，各地民居形式各异。其中包含着丰富的地方技术。其中生土技术中的窑洞建造技术、干打垒技术等，都是具有美学特色的地方技术，用这些地方技术建造的房屋，不仅节能和造价低廉，同时也创造了一个具有地域特色的聚落和民居。

① （英）斯莱塞·凯瑟琳.地域风格建筑[M].彭信苍，译.南京：东南大学出版社，2001：16.

② 辞海编辑委员会.辞海[M].上海：上海辞书出版社，1980：669.

技术条件在地域性建筑美学特色的塑造方面，主要起到如下的作用：

①形成特殊的空间结构

在地域性建筑中，主要应用木构、石构和生土建筑等建造技术，并采用石材、木材、砖或其他材料构成。石构建筑中也包括"岩凿"建筑，它不仅造型独特、具有特殊的空间结构形式，而且往往与宗教题材结合在一起。如敦煌石窟，丰富多彩的壁画淋漓尽致地表现了该时期艺术的顶峰。这些壁画及顶部装饰的另一作用，是可以掩饰墙和岩穴粗糙的表面，并"减弱那些色调灰暗的、塞满空间的岩石所产生的沉重感。这种感受由于光照不足而更为明显。强烈的开窗欲望因壁画的艺术形式而得到满足，使人们能通过壁画不时看到奇妙而又给人以启迪的外部世界。"①（图8-35）

利用乡土技术和材料设计创造特殊建筑空间的佳例，还有生土建筑。例如，我国的西北地区干旱少雨，土质优良，人们运用生土材料和技术，设计独特的村镇景观。在这里，大量建筑除门窗外几乎全用生土建成。该类建筑开窗小而少装饰，由于土质松软，砌筑时无法建成棱角分明的形象，外观多呈圆浑的形状，质朴粗犷，散发出泥土的芳香。

窑洞是另一种利用生土技术的形式。它仅有一立面而无外部体形，由窑洞组成的村镇聚落在整体环境和外部空间，都与一般的村镇迥异，具有极为鲜明的地域和乡土特色（图8-36）。

除西北地区外，南方地区也有不少使用生土建筑材料的民居。由于当地多雨，为解决生土防水性能差的问题，采用防水性能佳的青瓦覆盖屋面；同时，坡屋顶出檐深远，并用天然

图 8-35　敦煌榆林窟

图 8-36　陕北窑洞

图 8-37　福建永定县福裕楼

石块来砌筑墙基，防止雨水浸蚀墙体。例如，福建永定地区的土楼用生土构筑墙体，青瓦覆盖屋面，出檐深远，窗洞很小，不同材料的应用形成色彩和质感的对比，丰富了景观变化（图8-37）。实际上在我国南方地区，不少民居用生土砖砌墙，又以乱石砌筑墙基，形成鲜明的地域特色。②

---

① （意）马里奥·布萨利. 东方建筑 [M]. 单军，赵焱，译. 北京：中国建筑工业出版社，1999.

② 彭一刚. 传统村镇聚落的景观分析 [M]. 北京：中国建筑工业出版社，1992：110.

在当代，利用黄土的热惰性和太阳能技术开发新型的生土建筑，在发挥采暖、节能优势的基础上，努力解决原有的采光、通风、防潮、稳固、能源不足方面的欠缺，从而提供一种造价低廉、节能、舒适的居住场所。对传统建筑中蕴藏的生态技术的运用，为可持续发展作出了贡献。王澍在他的中国美术学院象山校区"水岸山居"的设计中，采用了夯土作为墙体的主要材料来进行建造，他与法国生土建造实验室合作，一直在尝试传统建造方式在现有技术条件下的运用研究（图8-38、图8-39）。

②展示宗教和民俗文化特色

地方材料与技术来自民间，它能表现传统并与自然融合，使人们体会到归属感和地区感，满足人的情感需求，从而使人在内心深处产生对地方材料的偏爱。例如，以典型的地方材料砖为例。它取材于天然泥土，加工为人体尺度相符并适合手工砌筑，与自然和人均有天然联系。砖的这些特点使其具有浓厚的人情味。在印度砖一直是人们熟悉的当地材料，因为简单的手工施工方法而被广泛应用。Firki Studio设计的砖幕办公楼是一个小型办公空间，坐落在印度哈里亚纳邦卡纳尔。建筑师使用砖的重复堆叠砌筑出整个立面90°扭转的效果，创造一种像织物一样的凹凸与卷曲感（图8-40）。

同样，现代地域性建筑也往往通过现代技术和乡土技术的有机结合反映当代的地域特色，并在空间、形式和工艺上体现自己独特的魅力。例如，安藤忠雄运用混凝土强调材料表面的简洁与均质特性，并通过光线反射与穿透稳重厚实的墙体，使空间呈现非物质化特性，产生空间上的穿透性与流动性；细心处理的几何形式与极简的操作手法，营造出具有日本传统空间特质的静谧空间，表达出形式上与材料

图8-38　水岸山居内部

图8-39　水岸山居夯土墙细部

图8-40　Firki Studio设计的砖幕办公楼

图 8-41　安藤忠雄的六甲集合住宅

图 8-43　捕风塔

上的共性，塑造了强烈的且富有生命力的现代地方语言（图 8-41）。

荷兰建筑师 W. 艾里兹（Wiel Arets）则刻意与流行的主流风格保持距离，他应用材料的特性，巧妙地将清水模混凝土、玻璃砖和砖块等现代与传统材料混合使用，追求对构造理性的清楚表达，光线引入、极简的构造以及内外空间的渗透等处理手法，在建筑设计中表达当代的地域性[①]（图 8-42）。

③塑造特殊的建筑形象

地域性建筑技术常常建造出独特的建筑形象。中东一些地区捕风塔的建造技术就是一例（图 8-43）。该地域每年的 4~7 月之间，当地的日间温度超过 45℃，为了降低温度，捕捉微风进入室内，每个房间在屋顶上都设置了采风器。它仿佛像带斜盖的"烟囱"伸出屋面。在多层住家中，采风器则贯通各层。由于各地夏季主要风向的不同，有的地区捕风塔一致，有的地区塔顶的几个朝向都有进风口。这种技术采用数百年之久，直至今日，一些建筑师仍运用这种技术，达到节能和增强地域识别性的目的。哈桑·法赛因使用经济材料运用传统的营造方式建造适宜中东地区的土造房屋而闻名。

图 8-42　艾里兹作品中材料的对比

---

① （英）凯瑟琳·斯莱塞．地域风格建筑 [M]．彭信苍，译．南京：东南大学出版社，2001：18.

他革新了传统建筑的通风系统，传统的捕风塔改造后，上方的通风口正对主导风向，风进入风塔后，经过通道内部材料降温，可降温10℃左右（图8-44）。

图8-44 穹顶与风挡是哈桑用于提高空气流动速度的建筑要素

8.2.4 地域性建筑的美学特色

地域性建筑的一个重要美学特色，是在建筑的实体形式、空间方位、装饰和符号象征等各个层面都渗透和反映深层的文化内涵。

1）形式中的美学特色

（1）灵活自由的空间格局

地域性建筑为了适应地形和地势的变化，在设计和建造中往往采用灵活自由的设计手法，同时，在材料使用上也因地制宜，形成了良好的美学效果。

如徽州民居集落强调"负阴抱阳"，在对地形的应用上，"傍山丘则依山势，沿河溪则顺河道；有平地则聚之，无平地则散之"[①] 表现出"有原则而无章法"的设计思想，因地制宜、应用灵活的设计手法（图8-45）。

图8-45 临水而建的徽州民居

同样，"西南干阑木楼寨，濒水者其寨门或与风雨桥合一，依山者或与路亭合一；亦有进寨大路与村寨集落高差甚大，则由木楼下登阶'钻'入寨内。"随机应变，取法自由（图8-46）。

在材料使用上，"乡土民居的建筑材料，山之木、原之土、滩之石、田之草，就地取材、因材施工、为我所用，'土'掉了渣，'野'到了家。"

在空间布局上，为了表达独特的文化内涵，可以不拘一格，侗寨的风雨桥或鼓楼，亭廊杂交，亭塔杂交，轴线随意，小大由之，无"法"无天，也可谓之"野"。

图8-46 龙津风雨桥

① 单德启．中国传统民居图说——桂北篇[M]．北京：清华大学出版社，1998：1．

图 8-47 开平碉楼

在艺术处理中，采用拿来主义的设计理念，不论古今中外，只要合用，便信手拈来，而不论章法。如"广东开平侨乡的碉楼民居，其顶或为希腊柱式，或为中国攒尖，或凹之列柱券柱，或凸之筒楼，无一雷同，居然'野'到'洋货'也拿来就用，就连在马头墙上、屋脊上仅仅装饰一些'西洋景'的闽南侨乡民居，也叹之莫及。"（图 8-47）

单德启教授指出："这种种'野路子'，异军突起，遍及华夏；不受制于'官式'，不墨守成规，体现着一种'野性思维'。这种'野性思维'既充分利用乡土条件'自由'发挥，又面对种种自然地理、经济技术和社会条件的限制而加以突破，是一种开放的、动态的、创造性的思维。"[①]

在建筑形式中，地域性建筑主要在空间与界面、道路与结点、方位与朝向、肌理与结构、材料与色彩等方面表现出独特的美学特色。

（2）模糊复杂的空间结构

与现代建筑空间相比，传统的地域性建筑空间的一个美学特征，是空间性质的多元性和空间界面的复杂性。传统村镇聚落由带状或称

线状空间构成，构成类"树"状分布的模式；纵横交错的街巷体系两侧相对封闭，有很强的封闭性和私密性，天际轮廓线丰富，空间曲折多变；开阔感与封闭感相互交错，空间的流通感呈动态的变幻，曲折迂回的局部变化不断强化空间感，形成层次众多的空间格局和起伏高潮，同时，又带有结构和秩序感的模糊性。

建筑随形就势、高低起伏、欲扬先抑的艺术处理，使之出现柳暗花明又一村的戏剧性空间效果；重复排列的建筑和檐口轮廓线的转折与起伏变化，丰富了空间的层次和节律的变化，形成一种音乐般的节奏感；色彩的变化与空间的虚实对比，使建筑群整体造型前后呼应，产生独特的美学韵味，并产生"起、承、转、合"的艺术效果；在疏密有致、起伏变化的建筑空间中，蕴含着丰富的美学趣味和艺术内涵。

在这里，经典的空间秩序已被剥夺，等级关系也被打破和颠倒，表现出群体空间的复杂性和矛盾性，产生混沌和交错视觉的美感。

地域性建筑的另一特色是公共与私有空间的模糊性。在传统村镇中，公共空间如广场、街和市场均与生活空间混杂在一起，虽有一些扩大的空间结点和场院，但在整个空间体系中却显得分量不足。同时，公共空间往往随着时间变化而变化，例如，一些传统村镇聚落在进行定时性的集市贸易时，敞开两边的门面，从而加大街道空间的容量，形成面状可变性商业空间，当集市散去后，关闭两边店面，形成线状空间（图 8-48）。

（3）鲜明的标志与节点

标志与节点是地域性建筑美学特点的一个重要方面，是建筑的地域属性与精神象征表现

① 单德启. 中国传统民居图说——桂北篇 [M]. 北京：清华大学出版社，1998：1.

图 8-48　丽江古城街道与商铺

图 8-49　徽州棠樾村牌坊群

图 8-50　印度桑奇大塔（Great Stupa at Sanchi）

的特殊场所。在地域性建筑中，标志有自然标志和人工标志两种类型。自然标志有特殊的树木、山体、湖泊与环境轮廓线等。在大范围的地域性建筑，如村镇聚落和民居中，自然标志往往与地域文化内涵有不解之缘。

在各国和各地的地域性建筑中，分别用不同的标志表现空间的分界点，表现不同的精神内涵。例如，西方的教堂尖塔、纪念碑、凯旋门，我国传统地域性建筑中的牌坊、塔等往往成为空间起点的标志（图 8-49）。

2）空间中的文化内涵

除了形式层面的美学特征外，地域性建筑的另一个重要的特色，就是在空间中包含丰富的文化内涵。而这些在中心与方位、空间符号、宗法与礼仪空间等方面得以充分的体现。

（1）中心与方位的文化内涵

中心与方位的观念，是传统地域性建筑中一个重要的文化因素，这一点在各国建筑中均有表现。

例如，"印度古代建筑的基本主题就是对'中心'的表现"[①]，这在佛教窣堵坡（Stupa）和印度教神庙等宗教建筑中表现得尤为突出（图 8-50）。与中心象征相关的是方向性。在印度教、佛教和耆那教中，都出现了一个重要的信符和图形——"万字饰"（Swaslika）。它规定信徒们在桑吉大塔主体和围栏，以及台座和覆钵体之间的两圈绕行甬道（Pradakshina—patha）中的绕行仪式按顺时针方向进行。由于万字饰与太阳崇拜有关，所以绕行仪式也由东面的"陀兰那"开始，按照太阳自东向西的运行轨迹进行。

随着佛教世界性的传播，窣堵坡在其他地区也有很多变化。但无论怎样变化，"中心"的象征无疑具有本源的意义。[②] 印度教神庙外表美观而复杂，其基本式样却十分简朴。它如同佛教的窣堵坡，每个神庙都被设想为"世界的轴心"，象征性地转变为神话中的妙高山（Meru）——印度教众神的居所。因此，"中心"

---

①② 邹德侬，戴路 . 印度现代建筑 [M]. 郑州：河南科技出版社，2002：8，12.

的表现也是印度教神庙的首要主题。

　　在印度传统建筑中，中心的主题不仅体现在外部"山"的象征，也体现在神庙内部。在每个印度教神庙的内部中心位置，都有一个供放神像的密闭小室，这就是著名的"胎室"（Garbha Griha）。

　　"曼陀罗"（Madah）也是与中心和方向相关的一个重要图形（图 8-51）。印度教神庙就是严格遵循曼陀罗建造的，"胎室"位于曼陀罗的中心点位置。曼陀罗实际上是象征宇宙中心的"妙高山"的平面化图形，它表现了一种"梵我同一"的哲学或宗教观念。[①] 在中国的传统观念中，居中为尊，也与夜晚观察星象相关。先人曾有过崇拜北极星的阶段，认为它是神圣至上的天之中心。我国古代文化中心在北半球的黄河中游，天象以北极星为中，人们早就观察到众星是围绕北极旋转的，北极星恒定不动，从而古人认为北极便是天之中心，为最尊贵之所（图 8-52）。如《论语·为政》曰："譬如北辰，居其所而众星共之"，《新论》亦曰："北极，天枢。枢，天轴也。"北极恒定不动，满天繁星则拱卫着它，以它为中心作无休止地运动，这种天象正好象征了人世政治的整饬严谨，所以也就自然被移植到现实中来，于是便出现了中心观念。崇"中"是中华文化一大特色。古人认为，中国位于天下之中，而都城应该是国家之中，在《水经注》中展示的中原与九州的关系就是古人这一思想的雏形（图 8-53）。《吕氏春秋·慎势》云："古之王者，择天下之中而立国，择国之中而立宫，择宫之中而立庙"。"择中"，乃古代帝王建都立宫的一贯思想。天下的万物就应该围绕中轴线运转，围绕中轴线展

图 8-51　佛教中的曼陀罗

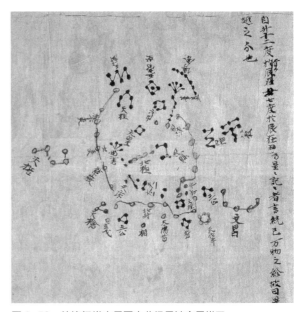

图 8-52　敦煌经卷古星图中北极星被众星拱卫

---

① 邹德侬，戴路.印度现代建筑 [M].郑州：河南科技出版社，2002：20.

开布局。古代北京城是帝王的都城，是首善之区，更应该遵循这一法则来规划，因此，北京城的位置选择就是位于中国之中，紫禁城的中轴线位于北京城之中，城中的街道、建筑以及空间和区域的布局均沿这条中轴线展开。这一观点可以从太和殿的春联中窥见一斑"龙德正中天，四海雍熙符运广；凤城回北斗，万邦和谐颂平章"春联意为：只有君王树立博大的道德而又保持中正，就会像北极星那样处于天的中心，为天下所拥戴，四海才会同披圣德的光明。只有确立京城四海的中心，就会像北斗星那样带动天的运转，为万邦所共仰，天下才会分辨彰明。

（2）空间布局中的观念与礼法

传统村镇往往都是宗族聚居地。宗法观念、家族制度和强有力的血缘关系把同一宗族的人紧紧地聚集在一起，形成了强大的向心力和内聚力，对外则又排斥外族外姓。村镇的规划布局体现并强化了这种社会结构和关系。

例如，传统住宅往往以厅堂为中心，主座朝南、左右对称，院落层层递进，形成了数条规整的中轴线。往纵深轴线发展，就形成封闭的多进院落的深宅大户；再往横向轴线发展，连成一片，就形成宗族式的大型建筑群落。"北屋为尊，两厢为次，倒座为宾，杂屋为附"规定了房屋内部的布局，体现了内外、主仆、上下、宾主有别的封建伦理道德和儒家以对称与平衡为和谐的审美理想（图8-54）。事实上，建筑就像社会的框架，用物质的形式——房屋的位置把家族成员的社会关系凝结为一张纲目分明的网。它表明，儒家的纲常伦理在中国社会整合中曾经起过巨大作用。

然而，即使是在这种礼制精神影响下的民居建筑，人们还是大量地引进自然的因素。村落与乡镇的建筑群都自然有机地与地形结合，或依山，或傍水，或向阳，它们集居在一起，好像植物群落一样与自然环境组成和谐统一的风景图画。在村落内部，水和绿树成为一种软化过于理性的秩序，从而增加生活情趣的手段（图8-55）。

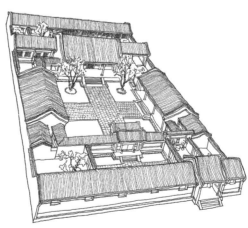

图8-53 《水经注》中展示的中原与九州的关系　　图8-54 四合院　　图8-55 四合院组群中的绿化

图8-56　婺源延村

（3）场所中的隐喻与象征

传统地域性建筑的另一特色，是空间中存在大量的隐喻与象征符号，它反映了人们趋吉避凶的文化心理。

中国传统村落布局中，往往运用隐喻与象征的手段，表达丰富的文化内涵（图8-56）。例如，婺源古村落的延村，为了表达振兴家族的概念，在村落的总体布局上设计为一个"火"字。但在这样一个聚族而居，人口宅院稠密的大村落，为了防止"火"的无克制，于是在村子的核心处挖了一口井。这既是形式上可能的补救，又是阴阳二气的相生相克，更是一种精神信念和一种蓬勃的繁盛。[①]

浙江大部分地区的传统民居都是木结构的，因此木结构的保护和防火就成了大问题。从造房子的那天起，人们就期望日后房屋坚固，免遭虫蛀、火烧。上梁时，主人在梁上挂只箩筐，筐中装只鸡，一来鸡吉同音，吉利；二来认为鸡能吃蜈蚣、白蚁，可保木结构牢固。

为了防火，浙江民居普遍都用马头墙，以防火势蔓延；有的大型民居布置水塘，为消防提供方便；浙江民居在所有醒目的部位和构件上都以水作为装饰主题，就是提醒居民时刻小心用火。如屋脊大量运用象征主义手法，用鱼、草等水生动植物作装饰；梁枋被雕刻成翻卷的波浪，好像整座房子都被水覆盖。[②]

地域性建筑的美学特征和文化制约要素，也经常反映在建筑场所感和特有的象征意义等方面。在一些原始的土著居民的村落中，生殖崇拜往往强烈地反映在建筑和雕塑中。山西灵石王家大院是明清民居建筑，其中有大量精美的砖、木、石雕装饰，题材丰富，尤其是众多的生殖崇拜作品。

8.2.5　当代地域性建筑观念与艺术手法

当代地域性建筑的审美价值取向主要表现在对本土化艺术追求、折中调和的文化策略以及乡土情调的崇拜等方面。

1）本土化情调

所谓注重本土化情调的审美是指追求建筑创作中注重对民族情感的体现和表达的设计思潮。它表现为对地域文化的尊重，刻意表现建

① 熊晓花. 婺源古村落及其文化特色 [J]. 中外建筑，2003（1）：36-38.

② 萧加. 中国乡土建筑——浙江 [M]. 杭州：浙江人民美术出版社，2000：29.

筑文化的时空属性，并通过建筑的环境塑造、空间构成和细部处理等设计手法来加以实现。

在当代世界，本土化审美价值观广泛存在于一些具有丰富历史文化的国家。

本土化审美并非采用文化自我封闭政策，而是采用所谓适度折中的文化策略——即对科技和本地区、本民族的文化，均采取有选择地吸收的态度。其基本措施是：借助建筑的环境要素，以缓和全球性文明的冲击，立足于本地区的地理环境、气候特点进行建筑设计，反对国际式的建筑文化模式，摒弃无场所感的环境塑造方式，提倡在设计中导入自然、心理和情感要素，在建筑中关注行为心理的表现。同时，追求具有地域特征与文化特色的建筑风格，并借助地方材料和吸收当地技术来达到这些目的。为了矫正现代主义过分注重视觉语言的倾向，他们还将听、触等环境信息融汇进建筑艺术中，表现出一副"后锋"的姿态。

对本土化审美观念产生影响的建筑师，当首推阿尔托。早在 20 世纪 30 年代后期，阿尔托就在玛丽亚别墅（图 8-57）等建筑中，通过适度折中的文化策略，既融合现代文明，又表现地方特色，表现出与国际风格截然不同的审美取向。在珊纳特塞罗市政中心（图 8-58）和阿尔托夏季别墅（图 8-59、图 8-60）的设计中，他则通过恢复北欧砖石传统和塑造不规则体量的方式，突破了现代主义矩形网格的窠臼，并通过色彩、体量的对比，把北欧民族热情、进取的性格和浪漫主义精神表露无遗。

对历史文脉的关注和市民文化特色的强调，这一切都反映在对西方技术和传统文化均采取批判吸收这种审美取向上。这种价值取向

图 8-57 玛丽亚别墅

图 8-58 珊纳特塞罗市政中心

图 8-59 阿尔托夏季别墅

亦反映在印度建筑师的当代创作中，作为一个具有悠久历史文化传统的国度，印度在20世纪60年代前后，经过全盘吸收现代建筑文化的阶段，20世纪70年代起，开始对这种做法产生了怀疑，进而探索印度的建筑现代化之路。他们认识到不加分析地采用西方模式不是解决问题的真正途径，西方模式不适应地方的气候和文化，会导致陌生与疏离。但同时他们也认识到，肤浅地模仿地方传统并非良策，它无法更新传统的内涵，亦不能适应当代的生活要求。因此，他们把印度的现代建筑创作，建立在地区的气候、技术及文化象征意义的基础之上。在设计中，努力结合环境，尽量反映地方特色和传统文化的内涵。在吸收西方技术的同时，也把一些优秀的传统技术融汇其中，探索出一条具有印度文化特色的建筑创新之路。

在建筑创作中，在本土化审美观念指导下，建筑师以多种手法体现地方特色——有的利用建筑强化地域特征和环境气质；有的采取协调的手法，从环境的关联中，表达地方文化的内涵；更有的注重气候特点，从地方建筑中吸收成功的经验，从而使新建筑充满浓郁的地方文化气息。例如，在印度，一些建筑师既利用现代技术，又从传统建筑中寻求灵感，通过对环境的塑造、传统建筑形式的借鉴以及地方材料的利用等方面体现地域特色。如柯里亚在建筑作品中明显表现出对气候和地方文化的关注，并在空间组织中体现运动变化和效果。为了表达"传统文化中的深层结构"，他对宗教模式曼陀罗非常感兴趣，并尝试用新建筑语言加以诠释。在民族工艺博物馆的设计中，他利用内部街道和庭院来组织空间序列，民居尺度的展览单元辅以低标号混凝土结构，无论是空间布局、细部构造，还是收藏的民间艺术品，均表现了浓郁的本土特色。

印度建筑师里瓦尔1982年设计的亚运村（图8-61），阐明了一种以空间连续性为基础的住宅组团规划观念，他基于印度传统住宅空间的灵活布局，精心地把住宅、院落、街道广场组织起来，营造出一丰富多彩、生气勃勃的

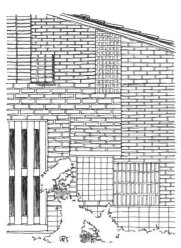

图8-60 阿尔托夏季别墅的实验墙　图8-61 新德里亚运村

建筑群体，为居民提供了密切交往的空间，并使人们产生环境的归属感和参与意识。

里卡多·莱戈里塔（Ricardo Legorreta）则把墨西哥建筑式样注入当代建筑当中，从而形成了自己的风格。他的作品最突出的特点是对墙的使用，他把墙体作为一种构造结构，并且使墙成为传统色彩与自然光的结合物，从而创造出具有地域特色、神秘的建筑风格（图8-62）。

在当今世界，适度折中、多元含混的文化价值取向被一些历史悠久的国家广泛接受，随着地域性文化的振兴，有效地打破了"国际式"一统天下的局面，使建筑领域内呈现多元化的审美倾向。

2）乡土化与民俗化的艺术表达

乡土化审美是关注民俗、民风等传统的建筑设计观念在美学思潮中的表现。它关注乡土文化和生活原型，运用隐喻象征等手段，并通常采用乡土技术和材料，表述空间塑造中的原始思维，以更为直观的方式来表达地方风貌、民俗民情和场所感，以丰富的色彩和独具个性的形式，并采用地方性符号与建筑方言，使之充满乡土气息，通过渲染民俗民情，体现出一种与现代工业文明相疏离的牧歌情调和浪漫情怀。在建筑创作中，表现为乡土主义思潮（图8-63）。

乡土化与民俗化审美所表现或暗示的原型，有物质层面的内容，如民居中的基本形态或建筑符号；也有文化层面的内容，比如与本地的神话和民俗相关的象征。其原型往往带有独特的文化品格和个性，充满文化表征意义。乡土主义寻找建筑原型或文化表征，是最重要的内容之一，它是衡量建筑师创作技巧的一个重要标志。

乡土民居和村落有的采用坡屋顶、层层跌落的砖砌墙体、错落有致的体量组合，具有鲜明的砖砌建筑特征。而采用券门，清水砖墙，色彩对比强烈，装饰华丽繁琐，在一定程度上表现了乡村趣味。

设计师往往采用富有特色的砖砌墙体、坡

图8-62　圣安东尼奥图书馆

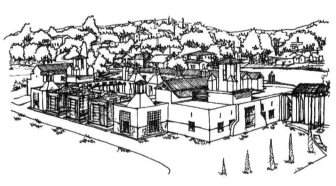

图8-63　格雷夫斯设计的地区图书馆，高高低低的屋顶、各式各样的窗户及院落使之像一个防守严密的小村庄，表现了浓郁的地方特色

屋顶、矩形窗、阔大的门厅、带有大面积玻璃和钢框架的山墙，使其和周围不加修饰的自然环境结合在一起，把一种富有亲切感的乡村式坦率与粗放、简朴与淳厚表现得淋漓尽致。以更为简洁更为抽象的形式，通过鲜明的色彩对比和巧妙的体量并置，将民居形式、民族风情和现代技术美学融为一体（图8-64）。

3）气候环境与地形地势的表现

关注地域自然特点的设计思潮是地域主义一种重要的创作手法。在当代，地域主义以多种手法体现地方特色——有的利用建筑顺应或强化地形、地貌；有的凝聚场所精神，表现环境气质；有的采取协调的手法，从环境的关联中，表达地方文化的内涵；更有的注重气候特点，从地方建筑中吸收成功的经验，从而使新建筑充满浓郁的地方文化气息。

在我国，古代先哲们早就提出了"顺应自然"的哲学观。这种哲学观形成了中国古代建筑的人、建筑、自然融为一体的设计理念。它

强调建筑与自然之间是一种崇尚自然又因地制宜的关系，从而达到一种共生共存的状态。这种建筑发展观与当代世界所积极倡导的可持续发展的、生态的、绿色的建筑思路不谋而合，出发点都是寻求人、建筑、自然三者的和谐统一。

在利用建筑来强化地域特征，以对比的手段塑造地域特色这方面，瑞士建筑师马里奥·博塔（Mario Botta）的建筑实践颇具代表性，他在现代主义和后现代的双重影响下，对各种文化采取了兼收并蓄的态度，在吸收西方文化的同时，又表现出对地域性文化和历史的敏感，并在此基础上发展了"塑造地段"的创作思想。在设计中，他把许多住宅都设计成"穴状"，企图以此来挽救尚未消失的地方景色，并借助仕宅中实墙和玻璃格子的处理，以隐喻地方传统中的"干粮仓"的形式（图8-65）。同时，以地形和天空为背景，塑造建筑形象，以此凝聚地域精神。博塔用带有地方特色的砖墙、叶脉

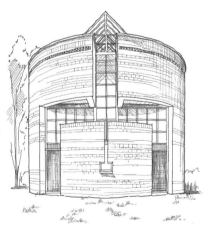

图8-64　矶崎新设计的武藏丘陵乡村俱乐部，带有仿粗石木构式建筑风格，充满乡土气息

图8-65　圆厅住宅

状窗棂凝聚地域精神。他对地域文化的表现，并非仅仅采用"有机融合"的手段，更多的是通过与自然景色的对比手法达到这一目的，并用文化渗透等方式来塑造场所精神。矛盾抗衡表现、隐喻象征手法、叶脉状装饰、神人同形图案，这些都贯穿了崇尚地域精神的审美价值观念。

20世纪80年代以来，作为生活在丰富历史文化传统中的亚洲建筑师，其创作重心已从现代主义逐渐向地域主义的倾向偏移，人们发现，相对其他因素而言，阳光、温度等气候条件以及地形、地质、地貌等地理环境要素相对稳定，是当代生活中仍需解决的实际问题。它们对建筑的单体、群体、城市形象等起着至关重要的作用。过去，这些要素在传统建筑文化中留下了深厚的积淀，当代，它们仍是建筑文化中最具特色的成分。因此，面对全球化的挑战，回归本土，表现地域文化特色，以强调自身身份的认同，恢复场所精神和城市的记忆，避免均一化的单调，追求多元化特色，使城市和建筑保持地域、多元与文化的魅力，就成为亚洲建筑师积极应对文化趋同的重要手段。

例如，印度建筑师拉兹·里沃尔（Raj Rewal），从飞速发展的技术和急剧变化的生活方式中，找到了其中不变的因素——气候，从中发掘地方性建筑文化的内涵，并加以运用。在新德里贸易联合展览综合体设计中，他采用将空间网架做成便于遮阳且令人联想印度传统的形式，透空的几何形体，既防止阳光直射，又便于空气流通。他设计的新德里亚运村，吸收了传统建筑和社区对气候和文化的优秀处理

图 8-66　新德里教育学院庭院

方法。建筑群一反单调的布局，采用步行街和广场为网络的村落式组织，通过宜人的尺度、便于交往的广场，使空间充满诗意。在国家免疫学院的设计中，他巧借庭院布置建筑。在新德里教育学院（图 8-66）的设计中，他更是巧妙地围绕大树组织建筑群，使建筑反映出鲜明的地方文化特色。

斯里兰卡建筑师杰佛里·巴瓦也努力在创作中体现注重气候环境、反映传统文化的设计思想。他非常重视地形和植物对设计的影响，并通过提供眺望场所，布置庭院和人行道，细部材料的处理等，来反映他对环境的关注。基于对地形整体的理解，巴瓦将地形视作建筑设计中客观实在并且可塑的一部分。用建筑塑造地形，而重塑的地形反过来给建筑空间以机会和冲击，最终建立建筑与地形的结构关系，获得对场地整体的把握。坎达拉玛酒店（Kandalama Hotel）坐落于斯里兰卡丹布拉。

图 8-67　坎达拉玛酒店立面图

酒店临山崖绝壁而立，基本策略是将客房体量靠近跌宕的崖壁放置，茂密的热带植物攀缘其上，正立面消隐在环境之中（图 8-67）。

4）城市文脉的有机关联

强调与城市文脉的有机关联，也是地域主义建筑美学的一大特征。这种关联，往往体现在：从宏观上，注意与城市肌理、天际轮廓线、街道空间特点和街景立面；从微观上，则考虑院落布局、环境色彩等特征，材料与色彩表现的关联，以及对文化生态环境等方面的关注。

在创作中，一些建筑师则从行为建筑学的角度出发，从特定城市肌理、聚落环境以及建筑空间构成中，发掘形成这种环境、空间在行为学上的缘由，并以这种特定的行为模式为基点，寻求新的城市与建筑空间形态，使新旧建筑之间、建筑与环境之间达到某种空间意义上的默契。在更高层次上理解地域性建筑，以更贴近生活的姿态发展新型建筑空间。

例如，香港建筑师严迅奇，通过与环境相互关联的手法，表现地方性文化。他认为，在当代建筑理论混乱的局面中，最有价值的莫过于对地方性文化价值的肯定与重视。他既反对现代主义否定传统文化，盲目信赖科学技术，过分强调建筑纯理性和功能的做法，也反对盲目地追随后现代某些浮夸的理论，而是把设计重心倾注在建筑形态与环境特征的关联上。在香港望东湾青年旅舍设计中，他把建筑物与环境的关联体现在群体组合关系及单体造型上。在白沙澳青年旅舍设计中，他把旧房组织到新建筑群中。在巴黎国家歌剧院的国际竞赛中，他表现出对环境文脉、建筑功能及象征意义的深刻理解（图 8-68）。

参考经典案例是阿尔多·罗西常用的手法。他反对现代主义中所谓一切历史的形态和审美都应被摒弃的言论，而提倡建筑应当尊重并与其城市文脉有关联，因此应当保留城市肌理，而不是将其替换为没有前因的建筑。

在威尼斯浮动剧场（Teatro del Mondo）中，他以锥形屋顶、顶端小旗和圆形装饰构造了停泊于威尼斯港边的一个水上的漂浮物。集

中式的尖顶与威尼斯以及其他意大利城市中的
建筑穹顶类似。剧场表面的木质材料不仅是临
时的功能需求，也是借鉴于威尼斯特有的刚朵
拉以及海上木制房屋。从水上看建筑位于威尼
斯城市景观最前端，它没有标新立异的造型，
而是以谦和的姿态融入城市的天际线中。威尼
斯世界剧场的形象，显然有别于周围古典建筑，
但它的造型和材质却很好的融入到威尼斯的文
脉中（图 8-69）。罗西的建筑都有似曾相识的
感觉，依循着古典主义建筑的秩序与原则，但
并不直接复制形式，建筑师的个人记忆混杂着
集体传统，以明确的形式呼应历史。

5）巧妙的光影与色彩处理

光影与色彩处理也是地域性建筑特色的一
个重要方面。它能体现独特的空间气氛，为建
筑留下场所的独特印记。在当代建筑创作中，
许多建筑师巧妙地运用光影与色彩处理手段取
得了良好的效果。

如安东尼·普雷多克设计的亚利桑那科学中
心（Arizona Science Center），该中心集合了
表演、展览与教学功能，它包含一个用来收集和
展示学校收藏的艺术品的大型收藏馆，并包含一
座 500 人座剧场、舞蹈与剧场艺术的教学空间
以及两间教学工作室（图 8-70、图 8-71）。

图 8-68　严迅奇所设计巴黎国家歌剧院的国际竞赛
模型

图 8-70　亚利桑那科学中心

图 8-69　威尼斯浮动剧场

图 8-71　亚利桑那科学中心采光天井

在这座建筑中，普雷多克从受到山脉地形影响而造成的沙漠景观中获得灵感，将光影与建筑艺术巧妙结合起来。建筑因阳光的强弱与角度变化而产生体量感与色调变化，完美地诠释了西班牙传统中太阳与阴影（Sol y Sombre）的概念，低矮的建筑与耸立的高塔与采光天井形成对比，恰如沙漠里的山脉与丘陵的景色。老虎窗引进的不均匀光线，为楼梯间创造了迷人的魅力。刻意安排在巨大墙面上的各种小孔，组合出一系列的分割画面，塑造出隐隐约约的美学效果，为建筑加入了一些戏剧化的空间与不寻常的特质。

墨西哥建筑师里卡多·利哥雷塔在建筑设计中经常采用华丽浓艳的色彩，如鹅黄、靛青、蓝紫、橘红以及洋红色，仿佛像色彩缤纷的调色盘。他用这种夸张的设计手法，丰富空间的表现内容。同时，用色彩在墙体中清楚地表达出开口元素，打破墙面单调的体量感，进而创造出视觉上的深度以及产生视觉上的神秘感。例如在马那瓜（Managua）新都会教堂中，素混凝土表面施以凿击，并采用黄色装饰，软化了它粗糙严肃的特性（图8-72）；洛杉矶市的潘兴广场则使用紫色装饰钟塔（图8-73）；而在得克萨斯州索拉市的一个商场购物区中，蓝色成为入口大厅的醒目标志。

光线的应用是利哥雷塔赋予空间生命的另一设计手法。墨西哥炎热的气候、蓝天及山岳景观，形成了特殊的光影效果。因此，利哥雷塔在设计中努力表现材料纹理的效果及其光影变化。光线通过建筑墙体的各种孔洞进入室内，透射在水面上，创造出魔幻般的气氛。

普利兹克奖得主路易斯·巴拉干（Luis Barragan）以在建筑中强调色彩、光影、形式和材质使用而闻名。巴拉干公寓位于墨西哥城，有简单朴素的沿街外立面但公寓内部却是别有洞天。巴拉干迷恋动物，尤其是马，整个公寓中都留有许多流行文化和符号的痕迹。房间中经常能看到十字架的存在，加上巴拉干所使用的大胆色彩，明亮粉色、黄色和淡紫色搭配，极具墨西哥文化特征（图8-74）。

图8-72　马那瓜新都会教堂

图8-73　潘兴广场

图8-74　巴拉干公寓

8.2.6 广义地域性建筑的艺术观念与设计手法

"所谓广义的地域主义建筑，是指利用现代材料与科技手段，融汇当代建筑创作原则，针对某种气候条件而设计，带有某些地域文化特色的建筑。由于这种建筑能够在一些相类似的地区使用与推广，相比传统的地域性建筑有更大的适应性，因而我们称之为广义的地域性建筑"。[①] 我们认为，在当代建筑创作理论中，可以用"广义地域性建筑"的观念，去概括以往"批判地域主义""当代乡土""新地域主义"等种种称谓。

1）历史成因与社会基础

在全球化环境中，广义地域性建筑作为应对建筑文化趋同的一种策略，它起到连接地域性与全球性建筑文化两极的链环作用。而当代技术的支持、哲学观念和现代生活方式的演变，则是它产生的重要基础。

（1）全球意识与国际性建筑

传统的地域性建筑产生于封闭的农业社会。当人类进入工业社会以后，技术的进步使人类极大地脱离了自然环境的制约。信息传播技术和交通工具的日益进步，使传统的文化隔离机制日益减弱，时空概念也发生了巨变。地域界线的模糊化，使传统地域性建筑的产生机制受到破坏。同时，大众传播媒体的应用和跨国经济的影响，使文化交流日益广泛。人类的共同利益，使之产生全球性共同意识，并使各国建筑文化的发展，均超越封闭自律的阶段，而受到全球性文化的影响，这就是国际性建筑语言存在的基础。

（2）观念变革与广义地域性建筑

全球化环境下国际式建筑的泛滥、建筑和城市文化特色的消失，使人们越来越意识到恢复建筑文化与地域关联的重要性与紧迫性，创造当代地域性建筑文化已成为众多建筑师的追求目标。

当人类跨入信息社会，数字化技术逐渐模糊了物质与精神、现实与虚拟、主体与客体之间的界限，它进一步导致了人们对传统工具理性和逻辑理性的怀疑。人们纷纷发现"传统与现代""本土与外来""地域性与国际性"等二元对立思维方法已经过时，在许多场合，它们相互融合，相得益彰，完全可以"多边互补"，进而满足人们多元的审美要求和多样化的功能需要。

因此，在全球化时代，要避免文化趋同，就意味着要打破狭窄的地域视野，摒弃封闭保守的文化观念，容纳全球意识，努力发掘地域文化精华，应用新技术和新材料，根据当地条件和现代生活方式创造最符合生态节能原理和经济规律的现代地域性建筑。只有这样，才能满足地域文化可持续发展的时代要求。因此，建筑师纷纷用广义地域性建筑创造方法作为化解传统地域文化与现代技术诸多矛盾的一剂良方。

2）哲学特征与观念比较

在当代建筑创作中，广义地域性建筑的哲学特征主要表现在边缘拓展、对立融合以及多维探索三个方面。

（1）边缘拓展

边缘拓展是广义地域性建筑创作观念重要的哲学特征。具体表现在从传统狭义的地理环境概念向广义的地域文化观念发展。在保持原有气候环境地域共同性的基础上，打破封闭和单一的

---

① 曾坚，袁逸倩.全球化环境中亚洲建筑的观念变革[J].新建筑，1998（4）：3–5.

观念，向美学观念、生活模式、宗教信仰等文化地域共同性的方向扩展；从封闭自律性生存系统，向成为开放的他律性社会文化系统转化。

同时，这种拓展也表现为深度拓展。如对气候环境的处理，不仅强调宏观气候环境的应对，也重视建筑的微气候设计，即在充分考虑区域性气候影响的同时，针对建筑自身所处的环境特征，在建筑设计中对其气候因素加以充分利用和改善，以创造能充分满足人们舒适条件的室内外环境。

（2）对立融和

对立要素的互融与共生是广义地域性建筑创作观念的另一哲学特征。例如，在设计中体现传统文化与现代文化、外来文化与本土文化互融，以及国际性文化与地域性文化相互转化的观念，或将乡土技术与现代技术嫁接，高技术与传统手工艺并置，还有的运用现代生态技术与传统节能技术相互结合等设计手法。

同时，在新能源、新材料和现代信息技术影响下，建筑师在创作中努力体现可持续发展观念，物质与精神并重，技术手段的软、硬并举，材料的新旧并用……，使各种矛盾元素出现多元对立又互融共生的现象。技术的生态化、地域化与情感化，改变了与人文对立的倾向，使当代地域性建筑具有广泛兼容的特点。同时，通过矛盾因素的相互作用和相互制约，在互融共生中，使建筑文化系统始终保持动态平衡状态，从而充满旺盛的勃勃生机。

（3）多维探索

多维探索是广义地域性建筑创作观念的又一哲学特征。这一探索包括对气候与环境、技术与人文、信息与能量、生态与社会等从宏观到微观的多维探索——从关心建筑的地理特征，到表达建筑的文化环境特性；从具象形态模拟，到场所精神反映；从景色和空间的巧于因借，到气候和环境的灵活适应；从被动应对自然环境，到主动维护生态环境和创造绿色建筑的发展。同时，语言学、类型学和符号学等方法的运用，极大地拓展了传统地域性建筑的艺术表达空间。

我们可以通过图表分析（表8-1～表8-4），理清两种地域性建筑与国际式建筑观念的异同。

传统地域与广义地域性建筑的艺术特性比较　　　　　　　　表8-1

特征＼类型	传统地域性建筑	广义地域性建筑
功能特性	应对自然环境的被动性、创造人文环境的逐渐性、生态环境利用的有限性	把握自然环境的主动性，创造人文环境的快速性，生态环境利用的巧妙性
艺术手法	强调环境景色的巧以因借，材料使用的因地制宜，建造和施工方法的传统一贯性	强调场所精神的深层提炼，各种材料使用的灵活性，各种建造和施工方法的多元性
文化特色	自然特色和人文特色的相容性，同一地域艺术语言的统一性和不同地域多样化	自然、人文和技术特色的多元性，同一地域艺术语言的多样性和不同地域的混同化
美学原则	强调式样上基本因袭性，文化观念的完全继承性	强调式样的适度继承性，文化观念的适度创新性
技术特性	低技术使用一贯性，高、中、低工艺表现的不定性	高、中、低技术的混用灵活性，高技艺使用的一贯性

地域性建筑与现代建筑的观念比较 表8-2

类型 特征	传统地域性建筑	广义地域性建筑	国际式建筑
技术观念	采用乡土技术	采用现代与适宜技术	采用现代工业技术
环境观念	被动适应自然	与自然共生	与自然对立
历史观念	重复历史	尊重历史	忽视历史
文化观念	传统的地方性	广义的地域性	功能全球性
发展观念	被动式的发展	持续最佳的发展	经济发展至上

地域性建筑与现代建筑的设计特色比较 表8-3

类型 特征	传统地域性建筑	广义地域性建筑	国际式建筑
设计方法	经验主义的方法	分析与综合的方法	以分析为主的方法
设计原点	生存与民俗功能	物质、人文与生态功能	单一物质功能
功能特点	多元含混的功能	多元功能的综合优化	功能的单一纯化
价值特点	价值体系多元性	价值体系的可持续性	价值体系的单一性
空间形态	单体的相似性，各地域的丰富多样性	单体的差异性，地域的丰富多样性	全球的单调性与统一性

地域性建筑与其他建筑流派艺术特征的比较 表8-4

	POP建筑	功能主义	地域主义	生态建筑	古典主义
艺术特性	通俗与夸张	统一与均质	差异与多元	多样与共生	严谨与理性
艺术原则	广告性优先	功能性优先	地域性优先	无废物原则	历史性优先
艺术价值	商品的价值	理性的价值	人性的价值	持续性价值	传统的价值
艺术手法	超现实手法	工业化手法	工艺性手法	生物的模拟	古典的手法
艺术口味	大众的口味	国际化口味	地方性口味	生态的口味	高雅的口味
艺术依据	市场的反响	功能的对话	场所的共鸣	生存的法则	经典的法则
艺术设计	粗俗的迎合	抽象的表达	尊重地域景观	适应地域气候	遵循经典

3）广义地域性建筑的创作原则

广义地域性建筑的创作原则主要表现为：美学的同一性原则，环境的协调性原则和设计的适宜性原则等方面。

（1）同一性原则

地域性建筑特性或地域风格，实际上是某一地域建筑有别于其他地方建筑的特性，它是中观层次的美学特性，这一特性并非能由单一的建筑创造，它必须通过大量建筑群的相似性而形成。这一相似性包括某一地区建筑功能内容的相似性、空间布局的相似性、建造手法和建筑技术的相似性、装饰技法的相似性，以及材料使用的相似性等形成。

（2）协调性原则

由于地域建筑特色是统一性基础上的结果，因此要求每一建筑必须遵循相互协调的原则，这种协调表现为哲学观念的多元兼容性、文化观念的协调性和传统与现代的兼容性。

（3）适度性原则

广义地域主义强调利用建筑空间、技术和使用当代材料与做法，充分适应当地的气候环境，创造与当地生活习惯相适应的生活，表现出技术使用上的适度性。这一适度性包括适度使用先进技术，巧妙利用当地材料和技术，并遵循与前者相结合的原则，从而表现出对多元技术的适应性，以及适度的传统继承策略和适度尊重地形和利用环境景观的原则等。在当代建筑创作中，造成地域特色消失的原因有两方面：其一是建筑文化的全球化，它用国际大同和均一性的建筑文化，使中观层次的建筑地域特色消失；其二是多元化建筑的出现，每一建筑均具有不同的个性，从而无法形成地域建筑的统一性，地域特性也就无法形成。

4）一种典型的实践探索

近年来，在追求技术与人文结合观念的影响下，广义地域性建筑又出现了"高技乡土"这种典型的实践探索，它是广义地域性建筑在技术探索方面的一种特例。

所谓"高技乡土"是将高技术与地理气候、地域环境、乡土文化以及建筑营造方法相结合，追求既有信息、智能以及生态技术功能，又充满地域文化特色的建筑创作倾向。高技乡土既是信息时代适宜技术的建筑观与社会审美取向互动的产物，也是全球环境下"高技建筑地域化"与"乡土建筑高技化"两极并置与互融共

生的结果。

一方面，"高技建筑的地域化"源于建筑中生态、节能技术本身就必须与地理气候环境相结合，采用适宜技术方式，实现节省能源，减少污染和对环境的破坏，而可持续发展设计原则的实现，更必须与自然及人文环境紧密相连。

另一方面，随着信息技术与网络化技术的飞速发展，使社会结构、城市功能以及生活模式均发生了极大的变化，它导致一大批生态园、软件园等高新技术园区，以及大学城等知识产业园区出现，这些园区大都布置在风景秀美的近郊或远郊，并追求环境、生态与信息的融合，这就为"高技乡土"的出现提供了极大的可能。

"乡土建筑的高技化"，则是科技全球化以及世界性旅游热等因素综合作用的结果。例如，随着旅游、疗养与工作有机结合的现代生活模式的出现，使风景名胜以及生态旅游区中的建筑功能在不断演化，并促使娱乐、商务、技术培训和科研诸功能相结合，新功能必然要求服务设施不断更新，从而使这些地域性建筑的科技含量不断提高。尤其在建筑师的主动追求下，使不少地域性建筑从另一极向"高技乡土"转化。

同时，在全球化环境下，作为一种对文化趋同的反动，人们格外维护地域特色，而高技术条件下对高情感的追求，则进一步加速了这种"高技"与"乡土"相结合的创作趋势。这种创作倾向的结果是：促使高技建筑的文化内涵从全球性向地域性的转化，其审美追求也从以表现"标准构件""银色外表"为特征的"高技外表美学"，向以绿色、生态和信息为内涵的"高技功能美学"的转化。

在当代建筑创作中，高技乡土大致包括乡土技术的改进与升华、乡土技术与高技结合，以及用高技创造当代乡土建筑等若干种探索手法。

（1）乡土技术的改进与升华

乡土技术的改进与升华即提炼乡土技术中至今仍然适用的因素，并融入当代建筑的设计方法，以创造新的乡土技术和适宜技术。由于采用低技术可以显著地降低建筑造价，又可以赋予建筑以强烈的地方特色，作为乡土建筑现代化的过渡产物，这种设计方法在经济欠发达地区运用尤其广泛。

例如，埃及建筑师哈桑·法塞设计的拱顶（图8-75），印度建筑师柯里亚的"管式住宅"（图8-76）和"开敞空间"，均是这一倾向的代表性作品。再如中国建筑师冯纪忠设计的上海方塔园茶室及大门，基本形式取自传统民居，轻盈的竹、木材料与钢材相配合，以类似网架的现代结构系统，支撑优美、舒展的曲面屋顶，它既有乡土建筑的独特丰韵，又有当代技术的精美和力度（图8-77）。

（2）乡土技术与高技结合

乡土技术与高技的结合有多种方法。如将乡土与高技手法并置，或提炼传统乡土建筑技术或材料使用中最具特色的部分，加以改进后直接用于当代建筑，更有的以高技手段重新诠释传统乡土技术的特征等。

乡土与高技并置，是在当代建筑中同时采用乡土建筑材料与当代建筑材料，同时采用乡土技术与高技术，并且从视觉上和技术上将二者结合在一起的一种设计手法。如沙特阿拉伯利雅得吐维克宫（Tuwaiq）借用当地堡垒和

图 8-75 哈桑·法塞设计的 The Ball-Eastaway House

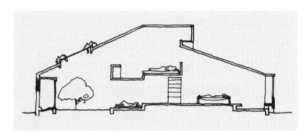

图 8-76 柯里亚的"管式住宅"

图 8-77 上海方塔园茶室

钢索拉膜帐篷的构造，"大胆面对并成功融合了传统与高技术"。[1] 在奇芭欧文化中心（J M Tjibaou Cultural Centre）的设计中，皮亚诺使用当地木肋棚屋的材料、构造与钢结构，把它们结合得天衣无缝，实现了一个地域文化与高技结合的神话（图8-78）。

① Cynthia C. Davidson. Legacies for the Future，Contemporary Architecture in Islamic Societies[M]. London：Thames and Hudson Ltd & the Aga Khan Award for Architecture，1998.

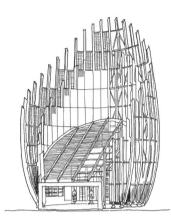

图 8-78　奇芭欧文化中心　　　图 8-79　巴黎阿拉伯世界研究中心

以高技诠释乡土文化，则是完全脱离传统建筑的材料和形式，而在空间、形式、结构、构造等方面吸收乡土建筑精华，并以高技语言表达出设计手法。例如，杨经文的"生物气候地方主义"建筑充分体现了这类建筑的特征。他借鉴马来西亚传统营造方式中的许多做法，如骑楼、平台、双层墙体等，但是其中几乎看不到传统材料或形式的影子，完全是建立在新的材料、技术基础上的全新的建筑。

（3）以高技创造当代乡土建筑

早期的"高技派"建筑强调建筑自身结构、功能和形式的完整性，而忽视建筑与自然和人文环境的关系。而高技乡土在建筑创作中，努力实现技术与自然和人文环境的完美结合，针对特定的地域环境，为乡土建筑文化注入新的内容。

在以高技创造当代乡土建筑的创作倾向中，常见的有高技回应人文环境以及高技回应自然环境两种倾向。

高技回应人文环境是指：由于地域文化特征与传统建筑语汇密不可分，在当代，一些建筑师试图发挥当代技术的巨大优势，超越以往对历史符号的肤浅模仿，以高技抽象地提示地方文化，营造能够充分表现地域人文特点的、给人以文化认同感与归属感的场所空间。

例如，在巴黎阿拉伯世界研究中心，建筑师用钢与玻璃围合成纯净形体，并用伊斯兰图案的镂空窗扇与通过计算机控制的类似光圈结构的孔洞等，构成了高技回应人文环境的一个典型案例（图 8-79）。

高技回应自然环境则是指：对特定自然环境（包括地理、气候、资源等）的重视与回应，是乡土建筑最重要的特征之一。用高技回应自然环境并非简单地利用现代技术和新材料去模仿地域性建筑的外形，而是运用生态学的原理及信息技术，以高信息、低能耗、可循环和自调节性的设计，去创造一个适应地理气候环境、具有节能特点的新型地域性建筑。

建筑所处的地域环境中的地形、风貌、生物、植物都呈现特定的形态，这些千变万化的形态背后，有极其严密规整的自身秩序。建筑师通过对地形语汇、环境要素、自然意象的参数化分析，将地域的风貌特点及自然环境条件中隐含的秩序转译为控制建筑形体生成的参数，形成了参数化地域建筑设计中的形态逻辑。这种设计策略的步骤一般为：场地数据处理、图解、算法的选择或规则的设定。规则来源于对地域场地条件的分析，而规则有许多表达方式，如程序语言 Whenever x、then y；Add x to y when z。Studio Gang 事务所设计的"芝加哥水塔"（Aqua Tower）外形设计的灵感就来自与大湖地区常见的具有横纹纹理的石灰岩。同时，这种横向波纹还是把物理模拟数据运用到参数化遮阳设计上得出的结果。（图 8-80）山峦、沙丘等的形态也经常被参数化地域建筑设计用于建构其形态逻辑。其中最有代表性的莫过于推崇数码互动的媒介建筑的维森特·瓜拉特（Vicente Guallart），他提出了"制造山峦"（make mountains）或区域

性的自然重构（The Re-naturalisationg of Territory）。瓜拉特在 Denia mountain 的设计中，尝试了以"自然结构式"集群簇化的方式去创造一个"晶体山峦"。当地的莱茵石以及菱形的方解石晶体为设计提供了灵感，设计从结构到外部边界均对单一的晶体系统进行了回应（图 8-81）。建筑表皮就像山上的土壤一样，直接反映了物质的内在逻辑和与环境的交互关系（图 8-82）。SOM 设计的卡塔尔石油综合区（Qatar Petroleum Complex, Doha, Qatar）设计主要是在从 Catia 发展出的 DP 软件中完成的，在分析沙漠地区的地貌特征后，建筑师提取了地貌隐含曲线的正弦关系，场地的整体布局就以这种控制线的叠加而成（图 8-83）。

5）若干技术性创新手段

广义地域性建筑创新的一个重要实现手段，是运用可持续发展的设计模式。

在建筑创新的实践探索中，广义地域性建

图 8-80 Aqua Tower

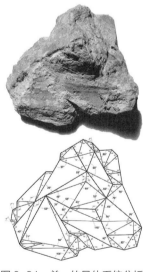

图 8-81 单一的晶体系统分析

图 8-82　Denia Mountain

图 8-83　Qatar Petroleum Complex

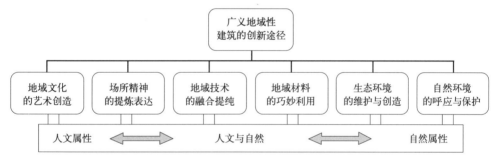

图 8-84　广义地域性建筑创新途径略举

筑灵活运用了各种设计构思方法，它可以综合若干设计手法，也可以选择其中一个方面深入研究，从中找出突破口（图 8-84）。

　　而"再现与抽象""对比与融合""隐喻与象征"以及"生态与数字化"则是常用的创新手法。

　　（1）再现与抽象表达

　　广义地域性建筑是在研究乡土建筑营造方式的基础上创作的，因此，这类建筑多包含对乡土建筑形式的再现与抽象。这种再现并非简单的模仿，而是根据当代建筑的功能、结构，结合新材料、新技术创造的新的乡土建筑形式。

例如厦门高崎机场巨大的混凝土屋顶框架，体现了福建传统建筑屋脊和屋面曲线的韵味；坂仓准三（Junzo Sakakura）设计的神奈川县立近代美术馆使用了纤细的钢框架支撑，加上日本传统庭院在建筑中的布置，展现了日式传统建筑的风骨（图 8-85）。

　　（2）对比与融合技巧

　　将传统乡土建筑的材料、构造和布局方式与当代材料和技术结合，在质感、色彩、形体等方面取得优雅的对比效果，体现冲突中的和谐，对比中的统一。例如，贝聿铭设计的日本美秀博物馆，采用传统的建筑形体和园林式布局方式，而材料、细部等均采用高技的处理方式。这种手法，不仅会带来视觉上的强烈效果，而且能够唤起历史和现实的双重认同感（图 8-86）。

（3）隐喻与象征手段

即通过空间、形体、细部的处理，利用隐喻与象征的手法表达地域文化的内涵。例如，查尔斯·柯里亚设计的议会大厦的设计构思源于立体化的印度传统宇宙模式——"曼陀罗"（图 8-87）；列格雷塔设计的德国汉诺威 2000 年世界博览会墨西哥馆方案，是以钢与玻璃建构的墨西哥传统及地域特征的象征性模型（图 8-88）。这种设计手法类似于中国造园思想的精华——"壶中日月"，以小见大，它象征性地表达了一种文化观和宇宙观。

图 8-85　神奈川县立近代美术馆

图 8-86　美秀（MIHO）博物馆室内

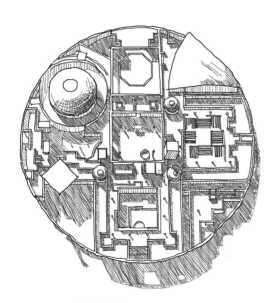

图 8-87　中央邦议会大厦

图 8-88　德国汉诺威 2000 年世界博览会墨西哥馆

图8-89 伦敦市政厅外观

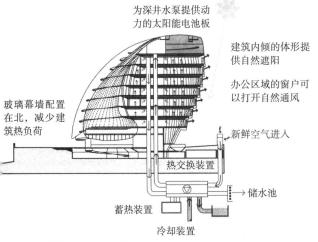

为深井水泵提供动力的太阳能电池板

建筑内倾的体形提供自然遮阳

办公区域的窗户可以打开自然通风

玻璃幕墙配置在北，减少建筑热负荷

新鲜空气进入

热交换装置

蓄热装置

储水池

冷却装置

图8-90 伦敦市政厅环保策略示意

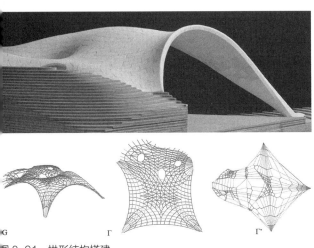

图8-91 拱形结构搭建

（4）生态与数字化运用

生态建筑并不是一个崭新的概念，事实上，乡土建筑重视与自然环境结合，本身就是一种朴素的生态建筑。当代建筑师将这些方法加以提炼，用新材料、新技术表达出来，就形成了前所未有的建筑形式。例如，澳大利亚卡丘卡塔文化中心呈现生物的形态，仿佛是从地里生长出来的，该建筑完全采用自然通风，并将部分雨水收集利用；诺曼·福斯特设计的伦敦市政厅，利用独特的形体——变形的球体，通过计算和验证来尽量减小夏季太阳直射下的面积，同时，采用一系列主动和被动遮光装置，有效降低能耗（图8-89、图8-90）。

数字化技术的应用，是广义地域性建筑的又一典型创新手段。无论是设计过程中数字化模型对建筑空间、形体的塑造，还是建筑的智能化管理、生态控制等方面，数字技术都起到了越来越重要的作用。在这里，材料的物理特征可以在计算机中精确描述，通过嵌入材料特性和装配逻辑，将设计通过其固有的性能进行计算机生成，这给建筑师带来了新的造型可能。菲利普·布洛克（Philippe Block）研究小组开发的"Rhino Vault"插件能够帮助建筑师在一定预设条件下根据推力线极限状态原理自动计算出砖砌体的稳定形态（图8-91）。

随着技术的进步，生态建筑从被动的顺应自然，寻求自然的内在秩序，到主动的改造自然，逐渐发展至今开始充分利用自然。环境性能模拟技术（如 Ecotect、Fluent、CFD 等软件）为建筑主动适应与调节气候带来便利。通过对当地日照、气流、辐射、声场等环境的模拟，得出建筑周围的气流流场、日照、温度等变化，将此参数提取输入设计软件来选择合适的建筑布局、细部构造形式、控制形体生成、表皮变化，从而达到对所处自然环境的适应与调节的目的。

作为一种建筑方案初期的环境性能模拟平台，Ecotect 提供了一种交互式的分析方法，只要输入简单的模型，就能提供建筑室内外物理环境的数字化的可视分析图。在参数化建筑设计领域中，建筑光环境（主要为日照及遮阳）涉及地域环境的舒适度问题，是目前研究较为广泛深入的一个领域。在 BIC 事务所设计的阿斯塔纳国家图书馆（Astana National Library）项目中，就应用了 Ecotect 对太阳辐射进行分析，并以此参数作为建筑表皮开窗依据（图 8-92）。

以上提到的探索方向与建筑创新手法，并非各自独立，而往往是同时出现、相辅相成的。事实上，广义地域性建筑并非是若干种封闭的设计手法，它是开放和发展的动态过程，其生命力在于融合与发展，尤其是在信息和生态技术的支持下，将成为新世纪建筑发展的重要方向。

8.3　高技术建筑美学

高技术建筑美学，是随着 20 世纪科技的发展在建筑领域呈现的一种美学思潮。它是在早期技术美学基础上进一步发展的结果，表现为推崇技术表现，极力体现技术进步，认为技术可以创造美好的未来，表现出技术乐观主义的审美倾向；它融汇人文精神，并运用复杂和灵活的技术手法，突破标准化的设计，充分展现了现代材料和技术的魅力。

8.3.1　高技术建筑美学的发展历程

技术作为人类改造自然的一种手段，是主体与客体、自然与人文中间的一座桥梁。建筑作为自然环境与人文环境的结合体，其美学特色与建造技术有非常紧密的关系。20 世纪 50 年代末，以电子计算机技术、微电子技术、新材料技术、新能源技术、生物工程技术、海洋开发技术、空间技术与核技术为代表的高科技迅猛发展，各学科之间相互交叉、相互渗透，促进了社会的全面进步。

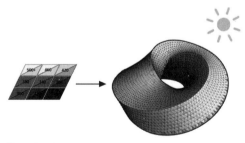

Здание как экран климата

При использовании самой современной технологии и способности моделирования мы вычислили тепловое воздействие на ограждающую конструкцию здания. Благодаря геометрии деформирования и скручивания, тепловой отпечаток на фасаде непрерывно изменяется по интенсивности. Тепловая карта в пределах от синего к красному показывает, какие зоны нуждаются в штриховке, а какие нет.

Переводя климатическую информацию на образец фасада переменной открытости мы создаем форму экологического украшения, которое регулирует солнечное воздействие согласно тепловым требованиям. Результат - современная интерпретация традиционных образцов и материалов юрты, одинаково выносливых и красивых.

图 8-92　日照分析图

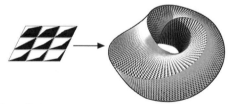

Pattern as climate screen

By using state of the art technology and simulation capacity we have calculated the thermal exposure on the building envelope. Due to the warping and twisting geometry the thermal imprint on the façade is continually varying in intensity. The thermal map ranging from blue to red reveals which zones do and do not need shading.

By translating the climatic information into a façade pattern of varying openness we create a form of ecological ornament that regulates the solar impact according to thermal requirements. The result is a contemporary interpretation of the traditional patterns and fabrics from the yurt. Both sustainable and beautiful.

建筑是一个涉面广、牵涉多门学科的综合性学科。当代高科技的发展及其成果、思维方式，强烈地冲击着整个建筑界，使人们认识到科技与文化的内在关联。先锋建筑师们开始将科技与艺术紧密结合，使现代建筑美学出现了

进一步的发展，有的表现为极端、夸张的形式，有的则表现为技术与人文的结合，进一步发展了高技术建筑美学。

高技建筑美学认为，技术可以产生艺术的完美，应充分利用技术表现，着眼于各种艺术形式的自成一体和自我表现。他们夸张了现代主义的若干方面，用变形的抽象技术语言，以极端的逻辑性、流线性和机械性，对技术进行夸张的装饰性运用和建筑结构装饰化，以体现后工业社会的艺术精神。

当代的高技术建筑美学推崇利用新技术和新材料提高建筑的表现力。用最新的材料，如用高强钢、硬铝、塑料等材料，以建造体量轻、用料少、能快速灵活装配、拆卸与改建的建筑物。标准化构件和预制装配化建造，形成了特殊的、极端庞大的工业化纪念式的建筑。而强调系统设计和灵活的参数设计，则反映出信息技术影响下的软技术美学的新风。

图 8-93　伦敦劳埃德大厦

例如，彼得·莱斯（Peter Rice）作为20世纪一个最有影响的建筑工程师，利用现代的技术和建筑材料，富有诗意地表现了建筑的美学效果。作为 Ove Arup 设计团体的成员，他参与了悉尼歌剧院、巴黎蓬皮杜中心以及伦敦劳埃德大厦等项目（图 8-93），这些建筑均由于将创新性的结构暴露而著名。他在关西机场的设计项目中，进一步巧妙应用了高技术在建筑上的表现力（图 8-94）。

建筑和技术之间的一个特征，是它们不断地重构相互关系。在现代建筑得以成立的初期，建筑为适应大批量生产而推崇标准化设计，并产生偏爱极端功能和乏味逻辑的现象。在当代，高技术改变了这种设计程序和美学爱好。在建

图 8-94　关西机场

筑建造中，从刻板、理性的功能分区，到强调
灵活和具有弹性的设计；从引用无场所感的工
业程序，到推崇结合地域与文化的设计；从国
际式文化，到强调地域与民族文化；从关注建
筑的永恒性和纪念性，到追求可持续发展，使
城市文脉、民俗民居等成为热门话题。与此同
时，环境问题日益得到社会的重视，社会伦理、
行为心理等成为建筑设计关注的焦点，绿色和
生态建筑作为未来建筑的发展方向，生态高技
术日益取代传统技术以实现人类美好的理想。

例如，在皮亚诺的法国里昂国际城中摒
弃了早期冷冰冰的高技术风格，注重对地方技
术和传统材料表现力的发掘。如在建筑中注重
砖的表现，使这种地方材料的魅力在建筑得到
充分表现。特制红陶土砖不仅色彩鲜艳，而且
表面质地精致细腻，可以与玻璃和金属完美配
合。在蓬皮杜中心西侧的声学和音乐研究院扩
建项目中，他使用中空的陶土砖，纵向联结，
精细的接缝给人以视觉美感。在法国里昂国
际城的设计中，皮亚诺将陶瓦挂在金属龙骨上
（图 8-95）。在柏林波茨坦广场的设计项目中，
皮亚诺用了长条形的陶瓷面砖，塑造了木板饰
面的效果，弱化了现代工业材料冷冰冰的美学
效果，使建筑充满人情味和地方情调，表现出
重视建筑的地域性，关注环境文脉的艺术精神。

从发展历程来看，高技建筑美学的发展
经历了几个阶段：第一阶段出现在 20 世纪
60~70 年代，首先是新材料技术（包括相应的
新结构科学技术）孕育了"高技派"建筑。"高技"
虽被视为建筑创作的一种艺术风格，但它的美
学已不再属于单纯的"感觉学"。第二阶段始于
20 世纪 80 年代，以计算机科学技术为核心，

图 8-95　法国里昂国际城

率领相应发展的微电子科学技术群，包括通信
技术和数字化技术，以及热、声、光、电转换
与新能源开发的科学技术进入建筑，实现了部
分以至整体智能化。第三阶段开始于 21 世纪初，
生物、海洋、空间，甚至核科学技术也将加盟，
孕育生态与信息技术相结合的高科技建筑。

正如陈纲伦教授指出[①]：高科技化以来，
建筑美学的发展与研究深刻揭示人类几千年
来，哲学家、艺术家苦苦探求的"美"的本质
又升华到了一个新的高度：高科技美学的"合
高情感性"。"高情感"审美方式的特殊性也在
经历上述三个阶段的过程中逐渐显露出来。

（1）不再是有限的对象（艺术的：一幅绘
画、一部交响乐；建筑的：单体、组群，造型、
环境），而是大范围、长时段、连续、持久、综
合的；

---

① 陈纲伦. 高科技建筑的高情感美 [J]. 南方建筑，1998
（1）：3-5.

（2）不再是单一的感官感觉（艺术的：好看、好听；建筑的：黄金比，轴对称），而是全身心的体验；

（3）不再是静心观照（艺术的：看画、听曲；建筑的：审视景观、端详细部、游览空间），而是直接或借助传媒的过程参与，情绪大起大落，行为无拘无束；

（4）不再是纯美学判断（艺术品与建筑物的美、新颖、别致），而是泛美学解释，甚至无须解释（美与丑，典雅与粗俗，端庄与疯狂，显意识与潜意识）；

（5）不再是孤立、特意的美学活动（观演、旅游），而成为人生活方式的一部分（在高科技的建筑与文化世界里生活、工作、消闲）。

在某种意义上，这是审美趣味全球趋同的结果，从而有可能东西方文化渗透、交融，开发出更丰富、更合理的表达和交流高情感的审美方式。现实的人并非只生活在情感的世界。人类应当清醒，不能重蹈覆辙，无限制地发展高科技，低科技同样是人生存所必需的。有了这样的意识，才能真正做到可持续发展。

8.3.2 高技术美学的基本内涵

高技术建筑美学是技术美学在当代的发展，它不仅在技术方面，充分发挥高技术、现代结构、新型工艺和新材料的美学作用，而且在人文方面，容纳了情感、地域、民俗等文化内容，从而表现出与早期技术美学有所不同的审美倾向。

1）技术化审美语言

古典的形式美学是一种数理美学，它把美的本体建立在一定形式关系和数理规律的关系上。在审美价值取向上，它表现出"重普遍、轻个体""重永恒、轻短暂""重客观、轻主观"，"重统一、轻多样"等基本的古典理性特征。

技术美学是充满了近代理性精神的美学，它推崇演绎逻辑，追求概念明晰和数理秩序，讲究实用功能。在本体论层次上，它以近代科学精神为指导，强调美的物质属性；在认识论层次上，它关心经验支持，坚持艺术上的科学性，反对神秘主义；在方法论层次上，它讲究逻辑推理方法，反对主观与随意性。同时，它把社会进步作为建筑设计的最高价值，体现出"价值的合理性"，并采用工业化的生产手段作为目标的追求方法，体现了"实践的合理性"。这些理性精神集中反映在它的功能理性、概念理性、逻辑理性与经济理性等方面。

与古典美学相类似，重普遍、轻个体也是技术美学的一个重要原则。早在20世纪初，现代建筑大师就企图建立普遍适应的美学框架，他们认为普遍的标准、样式的实用是文明的标志，从而努力地寻找"通用的"艺术语言，而"控制线""人体模数""数理规则"就是他们普遍适应的美学原则。在这种观念指导下，反对装饰、纯化表面被视为一种行之有效的艺术手法；通用空间、直角构件则是另一种手段与武器。因此"新建筑的五种语言""少就是多"就自然而然地成了至高无上的艺术典范了。

在当代，科技成就的表达是当代高技术建筑美学的一个关键点。在高技术建筑中，现代主义的审美标准被极端化了——高度精确的工业构件、光亮的外表、昂贵的材料，显示了后工业社会资本主义追求显赫的典型特征。

在艺术手段上，其常见的设计方法是：从

构件的极度重复中挖掘美感；利用人的视觉疲劳性，使之产生运动的幻觉；将各向同性的匀质空间极度扩展，使之产生震撼人心的力量；利用光滑材料的外表和现代设备、管网等多种手段来强化建筑的表现力。

事实上，建筑和技术的美学关系正在被重新定义，高科技改变了功能主义简单乏味的美学偏见和传统的美学意识，使一些建筑师坚信科技能给人类带来美好的未来，反映出人们"技术乐观主义"的审美心理，它代表了建筑领域的科学主义思潮。

因此，在建筑设计中，这些建筑师极力运用当代的高科技成就，采用雕塑和夸张形式、极度音节化、光亮技术、银色美学和巨型、大跨的空间等艺术手法，给人们以未来的承诺。与后现代不同，当代的高科技本身，就是他们表现的"目的"和主题。作为现代主义的发展，他们摒弃了从内到外的手法和以功能作为单一表现内容的艺术教条，发展了以结构形式，建筑的设备、动线和流程，材料的质感，光影的塑造等为表现内容的美学手法。在建筑的建造中，从理性化工业程序，到灵活、富有弹性的艺术创作原则，从形式—空间美学，发展到从环境—生态美学，形成了多元和复杂的建筑风格。

从文化价值观上看，早期高技术建筑的文化价值观是现代主义在当代的发展。其特点是利用当代高技术手段，创造不分地域和民族的建筑文化形式。这种文化模式在晚期现代建筑作品中表现得最为充分。他们耻于任何历史和文化的关联，而是关注建筑的空间形式、几何造型。最为典型的是 R. 皮亚诺（R.Piano）、

R. 罗杰斯（R.Rogers）以及 N. 福斯特（N.Foster）等人的高技派手法，利用套筒拼接技术和巨大的钢桁架，塑造了蓬皮杜中心、香港汇丰银行等"通用"性建筑形象，装饰与复杂的表现是这类建筑异于现代主义的基本特征，而创造普遍适应的建筑文化模式又是它们共同的审美追求。

在当代，高科技发展改变了早期伴随大量生产而喜爱极端功能主义乏味逻辑的偏见。由于电脑装配流水线十分容易合成构件，使建筑设计有如量体裁衣，从而满足了人们对建筑物的各种需求。一些建筑师将整个建筑系统看作是一整套元件，进行灵活的组装。这些建筑的特点是：建筑构件如同机器零件易于更换，并适应趋于机械化生产的要求，从而有很强的经济性。当建筑师不是单纯考虑功能或炫耀材料与技术，而是在仔细地考虑特定的环境基础上运用工业技术和装配技巧，就能通过精致的造型、简洁朴实的建筑形象，表达技术与环境、技术与人文的契合，创造新颖的建筑形象。

GMP+Ian Richie 共同设计的莱比锡玻璃厅被比喻为一座漂亮的光之教堂，它长 243m、宽 79m，屋顶的跨度达到 244m，可以容纳 3 万人，是欧洲最大的钢和玻璃结构。从内部看，整个大厅就像一个整体连续的拱形玻璃膜，非常轻盈精巧。10 个三角形截面的拱架覆盖了大厅的整个 25m 跨度，它们所联结的 10 亿个方形管状网格形成了弯曲的格栅外壳，通过"蛙趾"式吸盘固定装置把超过 5000 块玻璃安装到位。这个建筑以精致、优美、高度的抽象化美学效果给人以轻盈明快的感受（图 8-96、图 8-97）。

图 8-96 莱比锡玻璃厅夜景

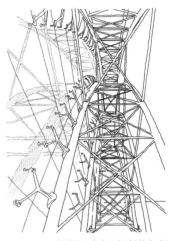

图 8-97 莱比锡玻璃厅钢结构细部

理查德·罗杰斯（Richard Rogers）是在高技术美学方面探索卓有成效的建筑师。他认为，运用新技术的建筑创造，必须逃离柏拉图哲学中静止地表达完美的局限，摒弃长期支配建筑的完美式的美学概念，即完美就意味着"无法再添加或取走什么"，也不赞成以"凝固的音乐"来描述建筑。他认为，建筑更像某些现代的音乐、爵士乐或诗，在此即兴扮演一个角色，一个不断变形和不确定的形象。

在当代，建筑师的工作已从最初时作为理性化工业进程的表现，转变为体现人性化和灵活适应性的艺术风格。科技与社会的可持续发展、场所创造，环境的回应，能量节约以及信息化与生态学的结合，是生态—高技美学的追求方向。技术与人文的结合，已取代无内涵的美学装饰；能预测和回应用户的环境控制系统，使建筑为人们提供与以往不同的美学体验。

2）结构性审美

结构技术的表现与审美，也是高技术建筑美学的一项重要内容。在当代，一方面，由于新材料和新结构如悬索、拉杆、悬挂、壳体、空间网架等的大量出现，使结构成为一些建筑师极力表现的主要内容之一。另一方面，由于建筑师和结构工程师对结构的不同理解，通过合作，使建筑结构作为一个共栖于技术和艺术之间的桥梁，其潜在的艺术表现力得到空前的发挥，特别是为高层、大跨建筑的造型开辟了新天地。

日本建筑师黑川纪章在 1970 年设计建造的大阪博览会中银舱式住宅（图 8-98），是强调结构的技术美和极端的装配性的一个典型实例。

诺曼·福斯特是一个推崇结构表现的建筑大师。他在香港新汇丰银行的创作中（图 8-99），极力追求技术美的表现。该建筑的许多部件采用了飞机和船舶的制造工艺技术，并在世界各地用最新的技术建造。大厅内部层层叠叠的巨大开敞空间，强有力地表现了结构桁架和轻质技术的最新成就，对建筑技术语言富有想象力和表里一致的应用，充分表达了结构美学的魅力。

西扎设计的位于英国肯辛顿公园的蛇形画廊有一个木井梁结构的网状屋顶——一片弯曲的屋顶在屋檐处向外延伸，并向下和地面相接。这一垂直的弯曲给了形态一种跳跃感，使得整个建筑看起来像一只蟠伏的野兽。同时作为结构设计师的塞西尔·巴尔蒙德（Cecil Balmond）对网格进行了调整，使结构部件相互衔接、支撑，发展出一种层叠的效果，没有节点在同一轴上相接（图8-100、图8-101）。

结构技术的进步，不仅明显地反映在建成的建筑作品方面，而且反映在创造它们的设计过程中（图8-102）。计算机技术和辅助设计软件（CAD）的进步，使工程师和建筑师能够创造空前复杂的结构，为高技术美学开辟了一个新的天地。

3）流程化审美

在当代高技术建筑设计中，另一个重要的艺术特点是：将机械设备和管道中流体的运动变化也作为重要的装饰与美学表现手段，一些建筑师坚信科技手段能够创造美好的艺术形式，强调现代工艺和运动流程技术的表现，他们运用抽象的技术语言和鲜明的色彩，创造出脱离传统、新颖的建筑形象，从而表现与早期技术美学不同的审美追求。

例如，20世纪60年代出现的阿基格拉姆强调用高技术后所产生的运动感，这些富有表现力的高技术形象构成了高技建筑美学的主要特征之一。

在这方面最典型的是皮亚诺和罗杰斯合作设计的巴黎蓬皮杜文化艺术中心，以及罗杰斯20世纪80年代所作的伦敦劳埃德大厦，这些都是强调表现结构和设备流程，体现运动感的

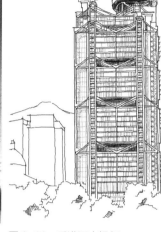

图8-98　大阪博览会中银舱式住宅　　图8-99　香港汇丰银行

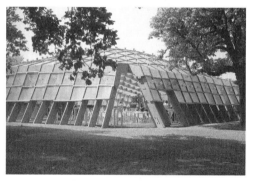

图8-100　西扎设计的蛇形画廊

图8-101　蛇形画廊内部

在这里，建筑师通过复合性的循环体系和工业化服务体系，使理性精神发挥得淋漓尽致，充分表现了高技术建筑美学的魅力。建筑师解释道："蓬皮杜中心既是一个灵活的容器，又是一个动态的交流机器。它是由预制构件高质量地构成的，目的是要直截了当地打破传统文化惯例的极限，而尽可能地吸引最多的群众。正因为如此，市民将蓬皮杜中心当作一个文化艺术的超级市场"。

图 8-102 计算机生成的蛇形画廊模型

该建筑平面呈长方形，在 168m×60m 的面积中，只有两排共 28 根钢管柱。柱子把空间纵分成三部分，中间部分宽 48m，两边各宽 6m。各层结构是由 14 榀、跨度为 48m、向两边各悬出 6m 的桁架梁组成。桁架梁同柱子采用一特殊制作的套筒套到柱子上，再用销钉销牢。此套筒使各楼层面有自由升降的灵活性。各层的门窗与隔墙均不承量，可以任意取舍或移动，内部空间极其灵活，并可将交通设备放在房屋外面，使该"中心"具有最大的灵活性（图 8-103）。

该"中心"不仅暴露了结构，甚至连设备也全部暴露在外——东侧沿主街的立面上，挂满了五颜六色的各种管道：红色代表交通设备、绿色代表供水系统、蓝色代表空调系统、黄色代表供电系统。在广场的西立面，悬挂出几条有机玻璃的自动扶梯管道，为直线形的外框架系统提供了一条有意义的对角线，与水平构成的多层外走廊形成对比（图 8-104）。

图 8-103 蓬皮杜文化艺术中心立面

建筑。1976 年在巴黎建成的"蓬皮杜艺术中心"，是一座充满想象和理念的建筑。该六层建筑作为艺术、文化、信息交流和传递的场所，集中布置视、听觉艺术活动空间，分层安排艺术作品展览、电影、音乐演奏、30 万册图书开架阅览、音乐戏剧研究、工业美术设计等多功能空间，还设有餐厅、商店、饮食店、停车库等内容。

"中心"改变了传统惯例，采用玻璃幕墙取代展览空间的封闭外墙，宽大的构架和灵活分隔的空间塑造了结构装饰的艺术效果，使内部空间和外部形式和谐一致，令人感觉到一种艺术上的均衡与纯净；打破了传统中认为文化建筑应该具有典雅的外观、宁静宜人的环境或肃穆、等级森严的气氛等建筑观念，体现出人类追求自由的理念；透明塑料的露天自动电梯获得由内而外的广阔视野，不仅表现了运动感，还使观众可以从不同水平线上欣赏巴黎风光，充分展示技术美学的魅力。

蓬皮杜中心表明：建筑应不断取得变化，这种变化不仅反映在平面上，而且包括在内部动线和流程中，目的是建立一个可以让人们自由行动的构架。该"中心"所产生的秩序、尺度和肌理，是来自对建筑过程清晰的理解和创新，所谓"建筑过程"就是将每个单独要素及其生产、贮存、运输、建造和连接的整个系统进行优化，并全部包含在一个清晰、合理的构架之中。建筑师对结构、交通路线、开敞空间等方面的处理和抽象化的强调，使蓬皮杜中心达到了高技建筑美学的高峰。[1]

图 8-104　蓬皮杜文化艺术中心细部

4）新材料表现

在当代，精致的玻璃材料和金属制造工艺的结合，膜、合成材料等新材料在建筑中的应用，成为高技术建筑的一个特色。热衷于用高新材料来表现建筑的光影效果，是高技术美学的又一个特点。

在 20 世纪末，精致的玻璃材料出现并应用在建筑上，形成了点式玻璃技术和玻璃幕墙技术。这使建筑师的想象力发挥到极致，也给建筑带来了更丰富的表现力。透明的艺术效果在高技术建筑中被推向新高度。通过光线照射，玻璃表面那优美、透明的艺术性能，使建筑丰富的体块集合和空间的互相贯通，产生了非物质化审美效果，产生了迷人的魅力，技术的潜

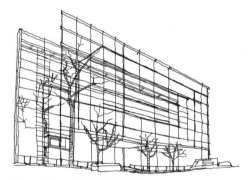

图 8-105　卡地亚现代艺术基金会

能使透明所带来的诗意得到充分的表现。

例如，让·努韦尔（Jean Nouvel）在巴黎设计的卡地亚现代艺术基金会中（图 8-105），在一系列精巧的透明平面中，嵌入一个成熟的花园，该建筑融解在光与影的艺术气氛中，表达了"逐渐消失在空气中的诗般的意境"。皮耶·夏洛（Pierre Chareau）和贝鲁纳·毕

---

[1]　蒋明．机械美学——略议晚期现代主义建筑流派 [J]. 华中建筑，1995（1）：50–52.

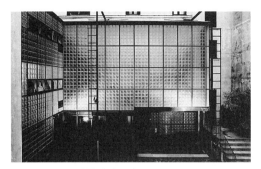

图 8-106 巴黎的玻璃之家

图 8-107 西方晨报公司总部

图 8-108 托莱多艺术博物馆玻璃厅

图 8-109 慕尼黑奥林匹克中心

吉伯（Bernard Bijvoet）在巴黎的玻璃之家（Maison de Verre）建筑，则在透明玻璃中展现了精美的外墙构造（图 8-106）。

近来建筑师、工程师和厂商进一步发展了高度精密和最小限度地利用结构的玻璃幕墙技术，特别是用张拉的钢构件悬挂光滑玻璃的点式玻璃技术。如格里姆肖设计的西方晨报公司总部（图 8-107），它那外表优美的极富透明感的曲墙，是由玻璃板每一边角由四尖端分叉的结节的联结物支撑所构成的，它产生了非常轻盈和透明的感觉。

通过利用玻璃良好的抗压缩属性，一些建筑师发展了玻璃结构，通过玻璃柱和玻璃梁设计，使之提供了完全透明的围护结构的可能性。

在当代，一些建筑师充分利用高新材料，表现完全不同于以往的质感和光影效果——冲压成形的金属面板、可塑性塑料面板和镜面玻璃的运用，表现出光滑的质感，一反朴素、凝重、粗犷的粗野主义艺术遗风，赢得光技建筑的美称。例如，日本建筑师妹岛和世和西泽立卫的 SANAA 事务所设计的美国俄亥俄托莱多艺术博物馆玻璃厅（Glass Pavilion at the Toledo Museum of Art），就用玻璃以一个连续立面的形式蜿蜒成不被转角打断的流动空间。玻璃轻盈、流动的光滑质感被表现得淋漓尽致（图 8-108）。

膜也是高技术建筑师热心使用的建筑材料之一，在他们手中，膜结构的美学特性散发出独特的魅力。例如，1972 年设计的慕尼黑奥林匹克中心的"帐篷群"（图 8-109），该建筑由许多结构部件组合而成，在这里，建筑师利用地理环境的特点，创造性地设计出系列带有小格网装饰的建筑，丙烯酸树脂做成的格网飘浮在空中，在阳光照射下，形如幼儿滑嫩的表皮，又如同轻柔的蜘蛛网，巨大的帐篷群似一顶顶撑开的雨伞，又似带桅杆的帆船，形成了一种奇妙的幻境，令人产生愉快的联想。[①]

5）虚幻性表达

信息含义的虚幻性和追求建筑的非物质化，是当代高技术建筑美学的一个特点。

现代建筑为了取得纪念性的美学效果，极力夸张建筑的物质性与真实感，用沉重的构件与粗糙的表面来创造建筑的纪念性气氛。

但是，在当代高技术建筑作品中，却往往反其道而行之。例如，日本建筑师伊东丰雄和长谷川逸子，在建筑中极力排除重墙，代之以穿孔金属板、钢板网、格栅、织物等"实体感"很弱的材料。为了从建筑中消去形体的本身，他们还采用涂银色的办法，使之进一步虚无化，从而产生如雾、似霞、暧昧、模糊的气氛，创造了虚幻的意境。如伊东丰雄的东京都住宅，用七个轻型的半圆构架组成建筑，且饰之以银灰色的外表，象征他幻想中的宇宙飞船，并称之为"银色的帽子"（图 8-110）。开放式的屋顶结构处理表明与自然融为一体的审美情趣，轻盈的结构和银灰色的外表像泡沫似地消失在自然树丛中，创造出一种非常适合大都市环境的隐蔽效果。

用高科技手段来创造建筑虚幻的效果，是当代建筑各流派喜爱的手法之一。如高技术建筑借助轻质材料、抛光铝饰面和镜面玻璃（图 8-111），后现代运用舞台灯光布景式的建筑处理达到这一目的。

图 8-110　东京都住宅　　图 8-111　SANAA 事务设计的 Dior 表参道店

日本建筑师桢文彦，也对这种虚幻与非物质化的美学非常感兴趣。在墙面处理中，取日本传统建筑中"障子"的含义，极力消除墙的沉重感受，同时借用反射材料，表现虚幻的意境。如在藤泽市秋叶台文化体育馆，用现代反射材料来创造时空延续的虚幻感——不锈钢薄板覆盖两个曲面体屋顶，在阳光照射下闪闪发亮，仿佛是古代武士的头盔，令人回想起日本人尚武和热爱体育的传统（图 8-112、图 8-113）；在薄暮中，它又融于周围的景色之中，宛如太空飞碟悄然降临，隐喻现时高技术形象。在虚幻的意境中，连接着过去与未来。

追求虚幻的美学效果，主要来自两方面的原因：其一是轻质高强材料和反射材料的大量出现，使人们可以随意地利用它来创造新颖的美学形象；其二是在当代城市中，人们格外强调建筑与环境的协调，而颜色的类同、构件的引用或体积感的虚化，是人们最常采用的方式。在这方面，反射材料具有独特的效果，它既有华丽高贵的美学效果，可以树立现代高技术的形象，又可以有效地消除自身的沉重感，强调

---

① 蒋明.机械美学——略议晚期现代主义建筑流派[J].华中建筑，1995（1）：50-52.

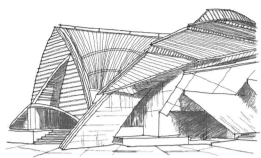

图 8-112　秋叶台文化体育馆

图 8-113　秋叶台文化体育馆屋顶

图 8-114　巴黎卢佛尔宫

其体积的非实体性。由于反射周围的环境，它与环境产生了高度的融合，与建筑背景所有因素协调统一，并随时间和光线的变换不断改变自己的形象，产生优美的意境，因而被人们广泛采用。

在巴黎十大工程中，也有采用"虚幻"手段协调环境的实例。如巴黎卢佛尔宫扩建工程（图 8-114），为了有效地树立自己的形象，又使新旧建筑的矛盾与冲突得以虚化，于是，设计人利用不锈钢的构架和清澈透明的玻璃，使光影相互交织。它不仅传递了最新的时代信息，而且包容了丰富而古老的文化内涵，用轻盈透亮的形象取代了建筑沉重的身躯，凭借虚幻性的美学信息，进行了协调与创新的尝试。

8.4　解构建筑美学

解构主义（Deconstructivism）是 20 世纪 60 年代后期起源于法国的一种哲学思想。它是在对结构主义的传承与反叛基础上发展起来的，具有强烈的反叛品格。其价值取向深植于后工业社会现实和科学主义的异化的土壤中。它以反思文本为视点，对西方 2000 多年来的"逻各斯中心主义"①的理论与实践提出了质疑。在文学中，它从摧毁二元对立与源本定值基础出发，强调文本、阅读、批评的多元本并立的动态：以双重阅读、颠倒、增补、替代为策略，消解作家主体作品本体决定论，以求从时空物我的流转中发现新质，寻找解"构"

① 逻各斯：希惜文 logos 的音译，作为哲学术语，为理性、理念、绝对精神。

中产生的力量之源。

20世纪70年代，西方建筑师把解构主义理论引入建筑领域，用解构主义哲学观念向古典主义、现代主义和后现代主义提出质疑。1988年，菲利普·约翰逊等人在现代艺术博物馆举办了一次所谓解构主义建筑的七人作品展，该展览得到人们的认可，其设计思维方法也广泛受到建筑师的关注。

实际上，解构建筑并无统一的做法。在现实中，建筑师对解构主义有不同的理解，并按自己的方法进行探索。

例如，里勃斯金是当初解构建筑七人展中的一名建筑师。他认为，解构主义是通过建筑对话，用抽象语言表达历史的不连续性。他的柏林博物馆扩建工程——犹太分馆（图8-115），通过曲折的路线，倾斜的地面，不规则，破碎状的墙面洞口，表达了犹太人的苦难历程，用解构主义建筑语言表达了他对建筑艺术的理解。

库哈斯、哈迪德、盖里的思想渊源与俄国早期构成主义有很大关系，因而他们被称为新构成主义者。他们探索了非均衡与不和谐的美学，试图否定结构的稳定性，以及利用冲突和破碎表现，交叉、叠置和碰撞的艺术语法体系，来实现建筑生成和转化。尽管这些建筑所产生的形式呈某种无秩序状态，但是其内部的逻辑及思辨的过程是清晰一致的。典型的例子如哈迪德在1983年为香港所做的顶峰俱乐部（The Peak Club）方案，就是将建筑解体，并利用反构成美学原则进行重构的结果（图8-116）。因此，解构主义不仅是与现代主义有血缘关系，而且也是构成主义的新发展。按建筑评论家C.詹克斯的说法划分，他将解构建筑划分到新现代主义阵营中。

从美学发展历程来看，解构主义美学是对现代主义和后现代主义的反叛与超越。作为一种极端的新现代主义（New Modernism），它运用理性的方法向理性本身质疑，用极端化的手段颠覆现代主义的语法和逻辑体系。在美学方面，它提倡冲突，破裂、不平衡，错乱、不稳定等审美观念，运用交叉、折叠、扭转、错位、拼接等手法，设计出体现复杂性、不定性的矛盾性的变幻的建筑艺术效果，并将长期以来被排斥在正统审美概念之外的审美要素置于重要的地位，企图通过否定现存所有美学规则，进而建立新的美学体系。

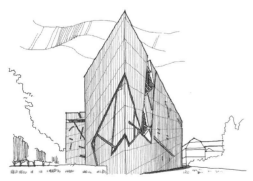

图8-115　柏林博物馆犹太分馆

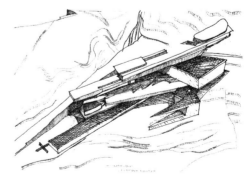

图8-116　香港顶峰俱乐部模型

从哲学本质上看，解构建筑的最基本特征，就是它带有浓厚的反理性主义色彩。具体来说，它们通过对古典理性与现代建筑理性精神的质疑，将非理性因素和情感因素引进建筑艺术，从而构筑起自己的美学体系。

实际上，解构建筑推崇的是"反形式美学"，这是有意违反形式美规律的美学。如果说，形式美规律追求的是和谐统一，是如何塑造美的话，反形式美学则是通过拓展美的对立面要素，采用冲突、对抗、丑化，追求怪诞、滑稽、幽默等方法与手段来提高艺术"表现力"。它早已存在于人类审美文化之中，但这种审美范畴一直处于从属、被压抑的地位，在当代各种艺术中，它终于渐露头角，汇成大观。

解构主义美学手段主要表现为：颠倒与消解、片断与动态、痕迹与游戏以及混沌与非线性等方面。

8.4.1 颠倒与消解

解构建筑美学的一个重要特征，是对西方占统治地位的语言中心主义进行了颠覆和反叛。从古希腊的毕达哥拉斯到现代主义，追求理性秩序美一直是西方美学的重要内容，而解构主义则以颠倒与消解的方法打破了这一美学传统。

传统的艺术欣赏与批评是将作品作为一个完整的系统，它具有完整内在结构体系，并以作者所设定的思想内涵为中心，强迫读者通过逻辑把握理性结构，带有强烈主体论的专制色彩。而解构主义式阅读则要破除这种一维主体中心论，它采取"双重阅读"方法，一方面肯定文本能指效果，另一方面将对象视为脱离了

现实与客体，脱离了作家主体之后的文本，在这里，文本不是封闭的结构，也不存在永恒不变的终极意义，从而使美学的意义在欣赏过程中，以及在符号的衍生和意义的转换过程中实现。

解构式阅读的重要原则是否定以能指与所指为二元对立的哲学观念。结构主义以索绪尔语言学的二元对立逻辑为方法，而解构主义则是要借助其概念分解这种原则，证明二元对立与封闭自足结构的不存在。

如果说结构主义是在寻找对象中的多元结构的确定旨意，那么解构主义则是在寻找符号与连接的不确定意义的生成，在运动中摧毁主体、客体、结构、所指、逻辑、语言为定质的中心主义和永恒不变的原则与命题。消解主体与客体、本质与形式、理论与感性、抽象与具体、内在与外在、必然与偶然的二元对立观念与凝固形态，消除某一种观念统治控制另一种观念的优越地位，消除决定论原则与主旨的神圣格局，在这里，二元对立两极要素所处位置在转换中得以颠倒。在打破二元对立的固定思维方式的基础上，指出其主体与结构的不存在，在抗拒一统化专断化中让各种美学要素发展起来，打破传统意义上的美学秩序和主体逻辑结构决定论，构想相对的世界，使艺术创作与美学欣赏指向没有结论的意义繁衍生长的过程。

解构主义批评一贯强烈坚持反传统反专制的结构与等级制模式的重要战略是"颠倒"。颠倒就是使二元对立中被贬的一方获得优势，从而取代原来认定的天经地义的组介方式。①

在建筑中，解构主义认为以往的建筑理论已脱离时代要求，提倡对原有建筑观念进行反

---

① 王万昌.解构主义美学观及其方法论 [J].内蒙古社会科学（文史哲版），1994（3）：91-96.

叛和消解，他们重视"机会"和"偶然性"的表现，把功能、技术降为表达意图的手段，把建筑艺术视为一种纯艺术，在设计中，在颠倒事物原有主从关系的基础上建立新概念，企图消解事物原有结构的整体性、转换性和自调性，强调结构的不稳定性和不断变化的特性，并对传统中完整、和谐的形式系统、建筑惯常的功能意义与价值、美的确定性以及等级进行的颠倒和消解。

消解中心也是解构主义的一个重要概念。千百年来，"中心"作为一个权威的象征，强调的是不平等的等级序列。这种观念在古典美学中被反复强调，并通过各种艺术手段加以体现。

在传统的建筑布局中，无论是住宅、公共建筑还是城市空间中，中心或聚焦空间比比皆是。如单体建筑中的中庭，建筑群的中轴线，以及城市空间中的中央商务区或行政中心等，均运用了这种处理手法。但解构主义建筑师则有意违反这种空间等级，并用散构与无序的非线性空间，或更具有灵活性与弹性的空间组织形式，去打破这种固定空间布局模式。

例如，埃森曼极力颠倒建筑中功能与形式的主从关系，在设计俄亥俄大学韦克斯纳视觉艺术中心时，他强化基地与城市两套各自独立的轴线，使建筑的整体与局部构成自相矛盾，产生了强烈的离心力（图8-117）。

在大哥伦布会议中心（Greater Cohunbus Conyention Center，Columbus，Ohio）的设计中（图8-118），埃森曼将这座建筑错落组合和任意并置，整座建筑群无平整统一之处——立面上凹与凸、正与斜的冲突，赋予建筑以运动感和生命力。内部空间的处理灵活，可随意对空间进行重新分割，有效地消解了"中心"这一美学概念。

中心扩散与中心消失，表明了解构建筑师反对权威，追求自立；否定等级序列，强调平等原则；摒弃单一选择，推崇多元取向的深层美学追求。我们看到，随着中心的虚化，古典美学的"坚核"亦被软化与消解。

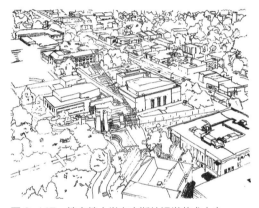

图8-117　俄亥俄大学韦克斯纳视觉艺术中心

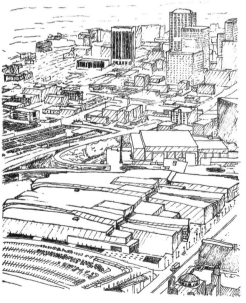

图8-118　大哥伦布会议中心

8.4.2 片断与分离

解构主义反对整体性，重视异质性的并存，强调事物的非同一性和差异的相互作用。在屈米设计的巴黎拉·维莱特公园中，突破了静态的理性创作思想，"分解"了正统的和谐理念与秩序感，这座"世界上最大的不连续的建筑物"充分展示了异质重叠的观念，表现了分离的艺术魅力。在该公园中，用地被划分为120m见方的方格，其交叉点上整齐地排列着各种形态各异的红色建筑，公园的道路、走廊、植物等都排列在方格之外，按直线或者曲线布置。这些点、线、面各行其道，仿佛杂乱无章，体现解构主义所追求的偶然、巧合、分裂、不协调、非连续艺术效果，以一种无秩序的动态构成将审美对象置于偶然和随机的运动模式之中，呈现出非线性的动态之美。

盖里在这方面的表现也很典型。他设计的许多作品是动态式的艺术表达，不仅体现出忽视功能、形式夸张、支离破碎的视觉形象，也给人以漫不经心的随心所欲的拼凑，永未完工之感。此外，对建筑形态的非正统秩序性的表达，也是他典型的设计特征。西班牙毕尔巴鄂的古根海姆博物馆即为一例（图8-119）。它扭曲变形的各部分形体宛如风中飞舞的花瓣，貌似杂乱无章的形体又显现出生长趋势，表现了内在必然性与外在不确定性交织，理性与非理性抗争的境地。

对比印度新德里巴赫伊教礼拜堂，则可发现很大的不同，其设计立意源于莲花造型，壳状的白色大理石"花瓣"通过大小和曲率渐变，呈严格的向心性排列，整体的结构静态而稳定，这是有别于解构观念的经典艺术的典范（图8-120）。

其实，解构建筑这种片断化和无秩序美，在很多自然形成的传统聚落空间中普遍存在。如那些横七竖八、斑驳陆离的低矮房屋，曲折上下的条石街巷，纵横交错的遮荫支杆，乱七八糟、新旧不一的生活器皿，在这种交错状态中，并非仅仅给人杂乱之感，相反，由于生

图8-119 西班牙毕尔巴鄂的古根海姆博物馆

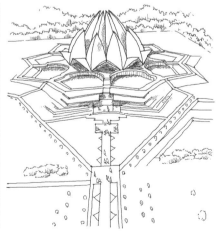

图8-120 印度新德里巴赫伊教礼拜堂

活的条理性，而内化和编织为一种反秩序感，它突破了传统概念中"美"与"丑"的二元思维模式，从而达到了一种更深层次的审美情感体验。[①]

8.4.3　痕迹与异延

解构主义又一种美学原则是替代原则。它怀疑原有体系，瓦解稳定的秩序、封闭的系统、超然的结构和终极意义，否定二元对立原则，在颠倒两者关系中引进新的观念，从而使之不能回复到原来的模式。

在解构主义出现以前，建筑艺术被认为应当创造一种永恒的美。维特根斯坦就说过："建筑使一些事物永恒并获得赞颂，因此，但凡无建筑之处，即为无可赞之处。"但在解构主义建筑中，强调的是文本包含的可变因素和不确定性的作用，认为艺术作品"同中之异""异中之同"可以产生"异义扩延"，并认为在"异义扩延"中，不依赖任何自身以外因素，进而强调其内在冲突性和消解作用。

它还认为，在"异义扩延"中，将出现"增补"作用，它不是简单地增加存在的实在，它的位置可以用虚空标注在结构中，或者仅仅表现为一种"踪迹"。"踪迹"是不存在的存在，存在与非存在永远无法确定，异质递变在不断替代的踪迹中产生，于是它永远在出现与消失之间。

"异延"是解构理论重要的根据。它强调，一切区分差异都潜藏在所谓的统一不变的结构中。"发生的只是活动—存在不断被否定，中心不再存在，它的空缺需要非在的共存来填补"。在这里，德里达用"意义链"取代了本体与结构决定论，用"异延"取代了主体与客体的决定论，用"写作"取代了阅读。在这里，文本不再是历史事实或思想体系，而是一个区分差异延搁和添补的网络。一种踪迹的织体，这些踪迹无止境地关联它自身之外的事物。因此，欣赏艺术作品的过程，也就是原作品解体的过程，无限追求"踪迹"的过程，也就是无限关联的替代的过程。[②]

8.4.4　裂解与散构

空间的裂解与散构是解构主义建筑的又一艺术特征。

传统的空间组合法重视的是统一，讲究局部服从整体，尽管它也要求变化，但这是统一基础上的变化。千百年来，它已成为金科玉律，不可动摇。

在现代建筑中，尽管强调对比、动势，但和谐统一仍是机器美学的重要法则之一。然而，解构主义却极力反对这种整体性，它拒绝综合，崇尚分离，主张冲突、破碎，反对和谐、统一。它不满足对现象的宏观把握，要求更多地关注微观现象。

解构主义建筑师屈米认为："大部分的建筑实践——构图，即将物体作为世界秩序的反映而建立它们的秩序，使之臻于完善，形成一幅进步和连续未来的景象——同今天的概念是格格不入的。因为建筑仅仅存在于它们确定的世界中。如果这个世界意味着分裂，并破坏着统一，建筑也将不可避免反映这些现象。"

形式追随功能（Form Follows Function）是现代主义建筑美学原则，屈米则大胆地提出

---

① 李辰琦，张伶伶 . "杂乱"中的"动态有序"——解构主义建筑的动态性秩序 [J]. 建筑师，2004（1）：84–88.

② 王万昌 . 解构主义美学观及其方法论 [J]. 内蒙古社会科学（文史哲版），1994（3）：91–96.

了形式追随幻想（Form Follows Fiction）的建筑设计理念，并作为解构主义建筑艺术的理论根据。

因此，在设计中他采用非和谐、反统一的分离战略，他指出："在建筑中，这种分离暗指任何时候，任何部位都不能成为一种综合的自我完善的整体；每一部分都引向其他部位，每一个结构都有失均衡，这是由其他结构的踪迹形成的。"在这种思想指引下，在设计中他常用片断、叠置的手法，去触发分离的力量，从而使空间的整体感得以消失。在这里，建筑成了一种即兴的创作，一种随意的拼凑，一种"在搬运中被损坏的模型"，一种支离破碎的古怪堆积（图 8-121）。

在这方面，藤井与屈米有诸多的共同语言，如果说，屈米用的是分离战略，那么，藤井则强调的是散逸状态，在他的理论文章中，反复出现"散逸""片断"等词汇，并用它向古典的统一观念质疑。在实际设计中，他也极力强调空间的不连续、破碎与对立，用切片、变形、裂缝、颠倒等手法，产生一系列由不完整的元素构成的建筑空间，尽管在建筑中，他用方格网覆盖建筑的内部与外部，但它的作用并非统率全局，而是作为多重空间的标志出现，它仅是离散事物的"消极之网"。

这种离散表明了一种局部优于整体的观念。因此，藤井的建筑作品常常给人造成失去整体尺度感的印象。人们从远处看他的作品，往往连层数多少、多大体量都闹不清（图 8-122）。事实上，藤井就是从打破尺度感入手的，在建筑中，他常用多种尺度推敲细部，对细部处理的狂热简直令人吃惊，其结果并非出现良好的尺度感，而是产生尺度的混乱，就像屈米通过三种格网相叠对逻辑质疑一样，藤井也正是通过尺度相叠的混乱，向统一的整体观念质疑。

因此，解构主义建筑师常常采用各种散构和分离手法，把习以为常的事物颠倒过来，在他们的作品中，轴线已被转义，均衡、对称的手法亦被肢解，并且通过重叠、扭曲、裂变把整体解构成无数片断，达到多层次的迷人的扩散，在冲突与对立中构成奇异的解构空间。

图 8-121　屈米设计的拉·维莱特公园

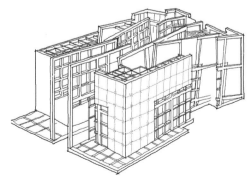

图 8-122　藤井设计的 Mizoe 宾馆模型

第9章

信息与生态技术影响下的建筑美学理论

9.1 信息建筑美学

从 1946 年第一台电子数字积分计算机 ENIAC（Electronic Numerical Integrator And Computer）在美国宾夕法尼亚大学研制成功，再到 20 世纪 70 年代数字技术的跃进式发展，以计算机技术为主导的数字技术取得了一个又一个的突破性进展，人类社会也随之进入了新的时代——数字时代。人们深切地感受到数字技术影响着生活的方方面面，未来学家阿尔文·托夫勒（Alvin Toffler）认为："电脑网络的建立与信息技术的普及将彻底改变人类的生存及生活的模式，而控制与掌握这种技术的人，是人类未来的主宰。谁掌握了数字信息、控制了网络，谁就将拥有整个世界"。

而在建筑领域，信息技术已经在建筑设计各个领域都发挥着重要作用，数字影像处理与合成技术已经成为将建筑设计直观化的最重要的工具，CAD 技术成为建筑设计图纸绘制的重要工具，CSCD 技术使互联网各端的设计人员能够通过网络支持进行协同设计工作。此外，诸如计算机辅助制造（CAM）、计算机辅助教学（CAI）、计算机辅助工程（CAE）、地理信息系统（GIS）、虚拟现实（VR）、计算流体力学（CFD）等数字技术也正在建筑设计中得到越来越广泛的应用。

9.1.1 信息建筑美学的哲学内涵

作为一种美学理论，信息建筑美学的哲学内涵包括本体论、认识论、方法论、价值论与实践论等层面的内容（图 9-1）。

在本体论层面，信息建筑美学以系统论、控制论与信息论为指导，强调信息—能源—物质要素的信息和谐均衡地发展，力图达到信息的均衡与和谐发展，以可持续性信息均衡与和谐作为美之本体（图 9-2）。

在认识论层面，信息建筑美学遵循信息论原理，依照信息发生、传递、反馈等法则，强调用系统论和实践论的方法去认识和研究各种环境、建筑空间形式中的审美信息和人的审美感受的特点。

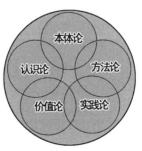

图 9-1 信息建筑美学哲学层面的内涵

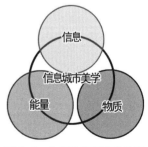

图 9-2 信息建筑美学以信息能量与无知的均衡为美的本体

在"方法论"层面，信息建筑美学强调运用数字技术手段研究建筑的审美规律，探索建筑审美信息构成的生态环境——地理、气候等自然环境以及网络社会、多媒体手段、虚拟时空等高科技环境的审美现象。

在价值论层面，信息建筑美学应用信息价值规律，分析研究信息时代建筑审美观念的变化，探索建筑的使用价值与审美价值、经济价值与文化价值、建筑内容与表现形式之间的相互关系等方面的内容，以及数字技术影响下的建筑审美观念及审美规律的变化等内容。

在实践层面，信息建筑美学的一项重要研究内容是探索数字技术所带来城市和建筑形态的变化，研究数字技术给创作手段提供的可能性，以及建筑空间和形式变化的必要性及其实现手段。

建筑信息美学的关注焦点，与其他美学有所不同。例如，在审美内容上，古典建筑美学关注的是建筑形体的审美价值，强调的是视觉艺术；现代建筑美学探索的是建筑空间的使用价值，强调的是功能表现艺术；后现代建筑美学研究的是建筑符号的交流价值，强调的是建筑语言的表现艺术，它重视建筑与环境和历史文脉的关联。

而信息建筑美学重视的是符号在信息传导上的审美作用和价值，关注建筑及其环境的审美信息交流与反馈的规律，致力研究数字化技术影响下建筑和城市空间观念、空间结构所发生的种种变化，探索社会审美文化和人们的审美意识的演进与发展（图9-3）。另外，它与一般建筑美学最大的不同之处，就是它除了探索现实建筑环境的审美现象外，另一项主

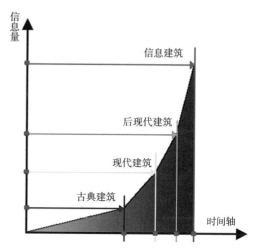

图9-3　不同建筑的信息量与建筑美学关注点分析

要任务是研究虚拟环境的美的本质规律，并据此形成信息建筑美学的另一分支——数字建筑美学。

9.1.2　信息建筑美学的审美原则

信息建筑美学作为技术美学的一种，是人们在信息技术影响下建筑审美观念的综合体现，它带有数字化时代人们对"真"的认识和"善"的要求，因而体现了新的审美原则，它包括：知识创新和效益优先、交互性与平等性、多元化与个性化等原则。

1）知识创新和效益优先的原则

所谓知识创新的审美价值原则是指强调创新在艺术中的作用，要求建筑创作表述新颖的知识内涵；效益优先指的是强调创新的速度与产生的综合效益的美学原则。

在信息时代，全球竞争日益激烈，最有价值的不是获得资源、设备和资本，而是创新。创新是提高国家竞争力的基础，是实现可持续

发展的有效途径，带有创新内容的知识体系可以激发经济发展的活性，提高市场竞争力，为社会发展营造并提供新的机遇。

同时，由于数字化艺术产品具有无限的可复制性，原作与复制品的界限消失，使原作的价值地位受到极大的挑战。因此，人们进而强调观念的原创和独创，不断追求观念的创新，成为重要的审美需求。由于建筑的美学价值实际上是与使用价值密不可分的，因此，知识创新原则同样是信息建筑美学重要的美学原则。

在信息社会中，技术创新速率的提高和产品生命周期的不断缩短，使速度与效率成为第一生命，也使速度与效益成为一项重要的美学原则。信息时代不只比"谁能创新"，还要比"谁能更快地创新"，首次出现的创意才能创造价值，过时的信息是无效信息。因此，在建筑审美领域，快速体现创新理念和不断推出新的美学创意，是提高审美价值的一个重要手段。

2）交互性与平等性原则

交互性与平等性原则是指摒弃以往单向信息传导的审美方式，强调在建筑艺术欣赏和创作中作者与读者平等对话地位的原则。

在以往的建筑创作中，作者处于主动地位，读者只能被动地接受信息。在信息时代，数字技术使建筑师、用户与软件之间共时态的对话和交流成为可能。在创作中，用户的地位和角色从普通用户转变成既是创作者又是使用者。特别是互联网的出现，使人们的交流变得空前的快捷和实时，它以多媒体直观的形象突破数学或语言的障碍，极大地促进了交流的有效性。同时，网络在本质上不存在任何中心和权威。在网络世界里，人们摆脱了身份、职业以及交

往规范的束缚，这种无中心化趋势的加速发展，打破了传统社会的等级观念，迅速提升了公众在信息接受和传播过程中的地位。

数字化技术的运用也推进了建筑文化交流。借助信息通信技术以及网络技术，各种建筑文化在全球得以迅速传播，降低了建筑技术获得的成本，缩小了落后国家与发达国家的差距，为建筑文化在全球的均衡发展提供了便利条件。而这一切，均确立了交流与对话在信息建筑美学中的地位。

3）多元化与个性化原则

多元化的美学原则是指抛弃非此即彼、机械刻板的审美价值标准，采用"发散"而非"线性"灵活兼容的审美态度，从而表现出多种价值取向。个性化是指强调个人情感，具有个体风格与属性的状态。

传统的一元论强调的是世界的机械统一性，它坚持事物在时间上的永恒性和空间上的不可分性，否认一切差异，反映的是一种封闭、保守的社会观念。

在当代，多元化观念迅速兴起。科技的发展引起了社会生产方式的变革，即从大规模的标准化生产，向"量体裁衣"式的生产转变，它迎合了人们对多样性的更高要求。这些均在思想领域产生了极大的影响。

同时，在科学思维领域，测不准原理、突变理论、耗散结构理论和协同混沌理论等科学理论的出现，都得出稳定性、有序性、线性因果律等仅在一定条件下成立的结论。有限性和非连续性等观念，正日益深入人心，那种用固定不变的逻辑和普遍有效的规律来阐释世界的方式受到了人们的质疑，从而在当代哲

学中，出现反对本质主义的主张，肯定认识论的不确定性、本体论上的不稳定性和多元性的思潮。

个性化的出现也与互联网的飞速发展有关。互联网是以个性化精神为中心的创造平台。在虚拟社会中，每个成员都可以构筑个性化领域。这种发展趋势不可避免地动摇了许多根深蒂固的传统和信仰，它也促使一元论思想的解体。这些均使建筑领域审美观念产生变异，从而出现审美需求个性化、审美情趣多样化和审美标准多元化的局面。

9.1.3　信息建筑美学的内涵拓展

信息建筑美学的内涵拓展包括：形式美学的维度拓展、空间美学的类型变异和技术美学的内涵延伸三个方面的内容。

1）形式美学的维度拓展

传统西方建筑美学以古典的形式美为中心内容，美学理论构筑在三维时空观念的基础上，它以欧氏几何学为理论基础，有着精确的关联点和易于认识的构成方式，并形成黄金分割、对称、均衡、韵律等艺术规律。

信息建筑美学拓展了虚拟时空观念，使非对称、反均衡、分形等新颖的美学概念大量出现，它把形式美拓展到非欧形式美学领域，表现出从三维到分维的审美倾向。

分维几何形状是在母体形状上进行不断添加与之相似的子体而形成的，它不能用传统的欧氏几何的方法（点、线、面）进行描述，其维度不是传统的欧式几何的整数维度，而是介于其间的分数。分维的方法为以数学规律描述自然有机形态提供了方便。分维几何的发展也

带来分形艺术的出现，分形艺术的产生是数学家、艺术家和爱好者探索的结果。分形艺术是一种关心分形——在所有的尺度上用自相似（图形的部分与整体相似）描述的形状或集合，并具有无限细节结构的流派。

2）空间美学的类型变异

从古至今，建筑空间的美学表现一直在变化，即从封闭到开敞、从静止到流动、从分隔到连续。例如，古埃及建筑以空间封闭和阴暗为特征，古希腊建筑空间则表现出单纯和封闭的性质，古罗马建筑空间是静态的多空间对称组合……现代建筑空间是以开放的平面为基础，以流动变化为特点的空间形式。它使隔绝变成连续，使封闭变成渗透。后现代空间以复杂和多视点为追求目标，而解构主义的空间"有意暴露结构的非稳态，以向结构稳定性的设计原则质疑，或打破和谐统一的美学法则，用破碎和不完美的因素去拓展人们陌生的审美领域"（图9-4）。

在信息时代，人类生活世界的拓展不仅表现为真实的地理疆域的扩张，更重要的是导致虚拟时空的出现。随着信息技术的飞速发展，储存、处理与传播信息的能力激增，虚拟场景、

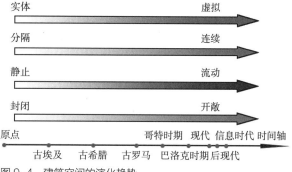

图9-4　建筑空间的演化趋势

网上社区等大量出现，导致了前所未有的信息空间的迅速增长。在数字技术影响下，建筑师不仅追求时空的更迭与流动，也体现真实与虚幻时空的交织。

这种新的空间，一方面，是现实空间的衍生物——世界的信息和数字化投影；另一方面，它又以非现实性的形式，相对独立于现实而存在。它使物理空间与信息空间、物质实体与信息表征、现实存在与虚拟建构之间的交互联系更加紧密，界限渐趋模糊。同时，信息网络的建立深刻地影响到城市结构，使大量的城市经济活动和社会交往，逐渐从物质空间转移至虚拟空间。它日益消解了土地成本、交通区位等城市约束条件，使传统的"距离""位置"和"空间"的概念发生了变化，从而使城市功能分区、用地模式、空间构成和社会构成等方面都将产生巨变，并使建筑设计从"非循环、高耗能、低信息"的单一功能的线性设计，走向"可循环再生、低能耗、高信息"的动态与综合的绿色设计。这些均使空间美学的类型产生变异。

3）技术美学的内涵延伸

在工业时代，随着科技的发展，技术美学也应运而生。在追求实用功能和效率的同时，对机器造型的审美也在建筑领域得以拓展。进入20世纪80年代，是"后高技"美学崭露头角的时期。在此时期，"高技"建筑对自身进行了修正——除了建筑中体现"技术美"外，在建筑节能、环境与生态以及关注情感等方面，也进行了充实与提高。

在信息时代，作为现代化管理与现代科技有机结合的成果，以数字技术为代表的智能空间在建筑与人之间建立起一种全新的联系，这正如表9-1所归纳的那样，信息化使建筑空间形式、结构特征等均发生了很大的变化。我们看到，智能建筑既扩展了建筑的功能，也提升了人的效能，使各种可能性得到了最大的延伸和扩展，它以一种交互式的视觉手段和虚拟的空间图式改变了传统建筑的空间审美体验，并从自身高度的协调性和圆满的角度，体现了数字技术的美学内涵，使技术美学进入了一个全新的阶段。

技术审美的三个阶段比较　　　　　　　　　　　　　　　　　表9-1

	早期高技建筑	后高技建筑	信息化建筑
空间形式	实体空间	实体空间	实体与虚拟空间
环境观念	忽视生态	物质环境生态化	物质、能量与信息的生态平衡
外界反应	对外界无应变	人为控制产生应变	自主应变、调试
结构特征	可装卸的结构体系	智能设备系统	网络、通信多媒体系统
经济观念	忽视经济性	注意经济性	体现信息经济效能
信息交流	被动接收外界信息	单向响应外界信息	互动传输信息
应用技术	机械技术、空调、升降机	电子通信技术、生态技术、再循环和资源替代技术、环保技术	网络技术、通信多媒体技术、虚拟现实技术

9.1.4 审美与艺术创作思维特征

1）中心虚化与信息均衡

如上所述，作为一个古老的美学概念，千百年来"中心"以各种方式出现在艺术中。在理性主义观念的指引下，西方传统美学和现代建筑美学都把明确的主题即中心清晰的信息构成，视为艺术作品的第一生命。因而，表现出追求纯洁，反对含混；追求和谐统一，反对矛盾折中的审美倾向。然而，这一美学原则正面临严峻的挑战。从后现代建筑开始，就企图用含混多元的信息构成来满足不同层次的审美交流。而到了信息社会，这种无中心与均衡的审美趋势更加明显。

在信息社会中，网络成为重要的技术支持手段，随着信息技术的发展，特别是网络的出现，加速了社会无中心化的趋势，社会信息的无中心化传播方式使社会控制从过去那种单一的支配关系慢慢演变成对话关系和互动关系。这就是数字化生存的四个特征中的两个：分权与赋权——社会中心权分散，个人获得更多的自由。

网络"无中心"的特征导致了信息分布的均衡性。网络和信息技术使人突破了时空的局限，进行跨文化、跨地域的信息交流，实现信息分布的均衡原则。网络使人们之间通过全球性的合作来共同创新和发展，人们都置身于一个网络化的虚拟空间，形成网上交往方式，各文化形态之间的相互学习、相互吸引、相互创造。全球知识、文化、资讯的共享，扩展和深化了人与自然界之间以及人与人之间的信息交流及分布的均衡。

事实上，在信息时代，过分强调功能的单一性和信息构成的纯洁性，将会导致文化与情感的疏离。从而导致一些建筑师改变以往所追求的精确、清晰的艺术观念，用多义性审美信息创造内涵丰富的建筑形象。同时，在设计中，从形式和内容的两个方面打破了以"中心"为核心的古典格局，发展了"扁平化""并行性"与深度消失的美学法则。一些建筑师认为，传统建筑讲究几何中心对称、秩序的视觉中心主义布局，忽视了人对建筑的多重体验，建筑不仅应该被看，还应该被触摸、聆听甚至与人互动。进而在建筑中抵抗某种"中心"权威的控制，以实现信息的均衡。

2）形象与逻辑思维的互融

数字化技术使建筑师工作平台从图板过渡到计算机桌面，它极大地提高了建筑师的构想能力。

建筑设计是一种创造性的思维活动，通过建筑师的构思，将抽象与逻辑推理转化为具体的空间布局与形象设计。传统的设计大量使用手工绘制的图形进行方案推敲，建筑师在设计中于画、看、想的同时，达到手、眼、心的相互协调配合，它有助于对建筑空间的理解以及对设计整体性的把握。但是，传统建筑设计中大多依靠设计师的主观判断力以及以往的经验与灵感，而数据分析能力的强弱，相对技术含量的高低，形象思维能力的强弱，往往成为判断建筑师水平高低的重要内容。

在数字化时代，建筑师运用全球定位系统、地理信息系统（GIS）、遥感、遥测，以及虚拟现实等先进的技术手段，同时，运用大量内嵌或外挂数据库，把设计中的有关参数结合在设计文件中，极大地提高了设计的技术含量，增强了方案的合理性。

在当代社会，随着民主意识的提高，公众对于建筑与城市设计有了强烈的参与意识，这就对建筑师提出了更高的要求，不但要能设计出优秀的建筑，更要出色地表达出设计的意图，方能被社会接受。这就要求建筑师应用先进的技术和手段，提高城市规划的科学性，改变过去单纯由专业人员闭门搞规划的做法，注重调查研究，广泛征求各方面专家学者、各有关部门和群众的意见，并进行方案论证，同时还要运用数理统计、系统工程、运筹学等先进科学理论和方法，将定性和定量分析进一步结合，提高规划的综合性、科学性、合理性和可行性。

随着计算机技术的发展，特别是遥感技术的运用，它可以迅速而精确地为城市规划提供大量的自然和人工环境分析数据和形象资料，增加了采集资料的系统性，分析资料的科学性。计算机不仅可以用到城市规划制定、检验、信息处理、反馈、调整、修改的全过程，而且可以在城市规划实施管理的各个工作程序进行辅助管理。

与此同时，数字技术的运用为建筑师展示自己的作品提供了极大的可能性。多媒体技术的使用，网络技术的普及，虚拟现实技术的开发，使建筑师能利用三维模拟设计成果，多角度多侧面地演示设计的全貌，有效地模拟建筑建成后与周边环境的关系。数字化建筑作为艺术的量化形式，完美地阐述了设计构思过程，使公众与业主充分了解设计者的意图，及时实现互动，有效地提高了设计师的工作效率，加强了设计者之间的合作。在这里，逻辑性的思维已成为即时化形体表现，实现了逻辑思维与形象表现的互融。

另外，数字时代的建筑设计日益成为一种各专业配合的系统工程，为了有效地配合工作，有必要对建筑空间的属性与尺度作出描述，为各专业的配合提供条件，以避免设计过程中的前后矛盾，因此，设计知识的逻辑性与精确性日益成为艺术设计的重要前提，它导致美学思维形象与逻辑思维的高度统一。

3）从二元对立到多极互补

在传统社会中，以"物质与精神""客体与主体""人类与自然"等为代表的"二元对立"是人们认识和理解世界的主要方式。

在信息社会，数字技术的发展使虚拟与现实的距离日益缩短，人类的声音、视像甚至思想和行为都被转化为数字信息，随时储存、输送、复制甚至再造。人类在享受信息技术进步所带来的方便和迅捷的同时，作为个体的人在社会面前也变得越来越透明。语言的独立、语言和整个社会生活的关系以及各种社会媒体这些变化促使物质与精神、主体与客体之间对立局面逐渐消失，并导致了人们对工具理性和逻辑思维产生质疑，它导致了二元对立思维模式的解体。

与此同时，数字化技术的广泛运用不仅使对象和创作方式发生变化，而且由于社会生产方式、经济结构的变化，促使建筑设计与城市规划原有依据和预期目标发生了极大的转变，它导致传统建筑观念、创作意图和性质的改变，引导建筑学进入一种异于传统而形式丰富的活跃领域。随着卫星通信大大缩短了传统意义上的时空距离，原有的建筑时空观念也得以改变。

长期以来，古典建筑美学一直在虚与实、真与假、美与丑等二元对立的观念体系中得以构筑，文化观念也在传统与现代、国际性与地方性方面争执不休，到了信息时代，人们的建筑美学已超越和模糊了这些边界，并在多级互补中构筑了新颖的美学体系。

9.1.5 信息建筑美学的审美体验

短暂和过程性的审美、模糊性和非物质化的审美，以及虚拟与图像化的审美，是信息建筑审美情趣的典型特征。

1）短暂和过程性的审美

无论是古典建筑的装饰化造型，现代主义建筑注重空间品质的几何抽象化造型，还是后现代主义建筑的拼贴符号式的形式游戏，它们都表现出了一种以创造形式为中心的设计理念。几何学本身就是研究造型的基础。坚固、永恒、纪念性等依旧是作为建筑本质的重要特征，这样才有了建筑是"凝固的音乐"、是"石头的史书"等说法。形式美原则始终建立在巨大的物质确定和物质聚集之上。

在非物质社会中，建筑中的体量、体积、构成、造型、坚固、永恒等美学原则已被变幻、流动、临时、不确定的理念所取代。前者是建立在物质基础上的，以造型为中心的新式化建筑，而后者是以体现媒体含量，无形的、变幻的虚幻化效果，流动和轻盈为主要特征，它追求建筑内在品质，拓展了短暂和过程性的审美。

尤其是随着信息社会的到来，人们对于文化的需要越来越高，建筑外部形式作为信息的传递中介的功能要求得到加强，信息社会飞速发展的技术手段促进了艺术手段的不断翻新。

在知识经济时代，商品的价值不仅受到劳动价值规律的制约，而且受到知识价值规律的制约，这种价值规律的本质是社会主观意识决定的短暂性价值，它随商品的流行而产生峰值，随流行期的过去而消失。其结果是刺激商品向短暂化和多样化方向发展。在这种信息价值规律的作用下，为了提高自身的价值，建筑的形态从千篇一律向多样化与个性化发展，社会审美也从永恒的美学价值向短暂和过程性的美学品味过渡。

2）模糊与非物质化的审美

数字技术不仅可以对人类行为和生物变化形象的复制和逼真"再现"，它同时也具备将复杂的场景抽象为逻辑关系的转换能力。这就使人与社会的关系与数字化发生极大的联系，先进的数字化技术逐渐模糊了原有设计观念中的物质与数据、真实与虚拟、有机与无机之间的边界，使传统的思维模式不断改变，并使学科的范围不断拓展。

信息社会是服务型社会或者非物质社会。在这个社会中，知识和信息成为社会的轴心原则。社会性质从一种"物质化"逐步向数字化转化，对混沌和复杂性的审美得到广泛的支持。从而，由注重客观、实体研究的美学思想，走向注重虚拟研究的非物质倾向。也就是说，美学境界中的"真""善""美"，在信息时代，"真"已向对立面拓展——"虚"化。受到这种美学观念的影响，信息时代的建筑文化呈现出追求变幻、流动、临时、不确定等非物质化趋势。

20世纪以来的信息革命，促使信息交流的范围不断扩大，随着电子通信和声像媒体的进一步发展，人与世界的关系正逐步受到数字处理信号的控制。声音和视像、思想和行为全都可以加以数字化处理，随时加以储存、输送、复制、再造。信息论和控制论的出现，使理性主义所坚持的以归纳和演绎的方法分门别类地研究知识的弊端越来越明显。这样，多数传统的"两极对立"，如物质与非物质的对立，精神与身体的对立，天与地的对立，主观主义与个人主义的对立等一个个消失了。因此形成了以数字化社会、信息化社会或服务型社会为特征的"非物质社会"。在这个社会里，大众媒介、远程通信和电子技术服务以及其他消费者信息的普及，标志着这个社会已经从一种"硬件形式"转变为一种"软件形式"。从而直接导致了相应的新媒体艺术随之出现。

在信息社会中，人们被各种信息图像、复制商品和仿真环境所包围，逐渐进入了一个由拟像与仿真所主宰的世界。人们以前对"真实"的体验和"真实"的基础认知均发生变化。在数字化技术广泛运用的当今时代，真实不单纯是一些现成之物（如自然风景），也包括人工生产或再生产出的"真实"（如模拟环境），它已成为一种在"虚幻的自我相似"中被精雕细刻的真实。

在《建筑十书》中，维特鲁威说，建筑的三原则是坚固、适用、美观。无论是古典建筑的装饰化造型，现代主义建筑注重空间品质的几何抽象化造型，还是后现代主义建筑的拼贴符号式的形式游戏，它们都表现出了一种以创造形式为中心的设计理念。几何学本身就是研究造型的基础。坚固、永恒、纪念性等依旧作为建筑本质的重要特征，这样才有了建筑是"凝固的音乐"、是"石头的史书"等说法。形式主义的原则始终使建筑体现为一种巨大的物质确定和物质聚集。

在信息技术影响下，建筑美学观念日新月异。建筑中的体量、体积、构成、造型、坚固、永恒等基本原理，已逐步被变幻、流动、临时、不确定、观念、行为等理念所取代。前者建立在物质基础上，以造型为中心，是形式性建筑文化；而后者则体现信息含量，表达不断变幻的生活图景，是以虚幻化、流动和轻盈为主要特征，并追求内在品质的非物质化建筑文化，它有效地瓦解了造型中心主义。

利用计算机仿真表现新颖的艺术形象是当代建筑师的一个流行趋势。例如 R. 皮亚诺（Renzo Piano）从自然界的形式中探索和提取灵感。他设计的关西机场具有明显的、有机的外表，它反映出与皮亚诺早期项目如蓬皮杜中心机械的、装备式零件风格的显著不同（图 9-5、图 9-6）。关西机场不仅完美地展示了皮亚诺广泛探究匹配自然的效率的建筑技术，而且洞察了数学和计算进步在制造方面的可能性。

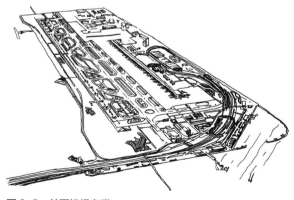

图 9-5 关西机场鸟瞰

努韦尔设计的德国柏林拉法叶购物中心是他完美地体现信息时代建筑的流动与变化的一个实例（图9-7）。他认为建筑自身必须有能力创造出活动。在这里，建筑具有明显的动感——沿街面的地面层由无外墙的自由空间构成，它形成了一个可由街道直接到达的内部广场。无材质感的转角让行人及车辆可以直接看到建筑的中心，发光的圆锥体在彩色光线下闪动。在圆锥体表面，显现出逐层而下的视觉信息，准确地控制信息及影像如雪崩般地压下，投射在两个巨大的荧幕上。将立面印刷上镜面的花样造成光晕，这花样在圆锥体内是三角形，在荧幕上是四方形。白天建筑会呈现光线穿越的效果，在晚上此效果更佳。建筑事实上创造了不同的几何形及光线，并与气候、时间及影像传送的本质相关联。

图 9-6　关西机场内部

3）虚拟与图像化的审美

20世纪80年代以来，随着信息技术的进一步发展，现实世界正在被各种电视、电影、广告、摄影等构成的图像所包围，不断变换图像的电子显示屏（电视、计算机、街头大屏幕）成了人们接受信息和交流信息的主要界面。在城市中随处可见高达数丈的电视墙、巨型广告，由声、光、电和玻璃、不锈钢等材料所交互构成的图像片断，能够快速不断更新信息的电子显示屏及其显示的图像信息，便成了当代建筑师用来凸显"数字化时代"建筑的装饰物（图9-8）。不连贯的碎片影像集合在生活世界中切换、扰乱、错置，构成了人类生存世界真实的反映，人生经历逻辑和时间次序的观念，都变成错乱拼凑的蒙太奇碎片，形成种种虚幻的影像。

图 9-7　拉法叶购物中心

图 9-8　白南淮作品《电子高速公路》（Electronic Superhighway，1995）

伴随新型图像工业（摄影、电影、电视、广告、互联网络）的兴起，西方社会开始进入一个通过图像定义现实，视"外观"优于"存在"的社会。在这样的图像都市文化中，视觉图像引导着人们强烈的物质欲望，也成为人们精神消费的新内容，从而促使社会审美方式也在图像化世界中变异。

法国社会学家盖·德堡（Gay Debord）在1967年提出"奇观的社会"理论。他认为，在"奇观社会"中，视觉上的"出现"要优于现实的"存在"，现实是通过图像来定义的。事实上，以图像为特征的信息化、电子化的视幻表达是当代艺术普遍关注的对象，它已渗透到社会的各个层面。

在这种环境影响下，建筑美学的对象重心由注重实体研究向注重虚拟的非物质倾向转移。使人类在思想上和实践中所追求的理想境界的"真""善""美"出现概念的拓展与"虚"化。这种虚化特征表现为非物质因素的渗透，如建筑中虚拟空间的引入和虚拟现实的应用，网络化社会空间的大量形成，建筑师开始追求审美信息的不断更迭，重视人对建筑的接受过程，注重人在建筑中的体验、感受等心理层面的状况，从而导致建筑艺术永恒价值的消失，以及信息与知识价值的强化。

4）交流与交互式的审美

人类历史上不断出现新技术，推动了艺术形态的进步和发展。而数字技术所产生的艺术作品，不像传统生产"实物"，而是产生艺术交流情景，通过网络广泛传播。它奠定了新型的信息交流美学基础。

今日的艺术家，更准确地说，应该被称为交流艺术家。他们从事的是一种把交流本身视为目的的工作，就是交流美学。这种美学的媒体经常是"非物质"的——它的基质来自无法触摸的信息技术资料。在我们头顶上方的高高蓝天中，这种信息的电子信号一路留下了无形无迹的、强烈的和具有魔力的轨迹。交流艺术家通过他们的实践、思想以及想象，创造出一种建立在信息交流基础上的艺术。信息交流艺术家利用电话、录像、电脑、电传、电视、网络等多媒体技术在虚拟世界中进行的创作，其作品以虚拟的方式存在。[①]

在这种环境下，建筑设计从原来建筑师个人内省式的设计过程走向开放、自由的设计过程，新技术的引入增强了设计过程的交互性、可预见性，加强了建筑师与业主及建筑师之间的交流，体现了网络时代的建筑精神。

这种审美的虚化，在当代更受到虚拟技术的影响。作为信息交流强有力的手段，虚拟现实（Virtual Reality，简称VR），是一种基于信息技术的交互环境。它以计算机技术为核心，生成逼真的视、听、触觉一体化虚拟环境，是一种人可以进入其中的计算机仿真场景，用户借助必要的设备，以自然的方式与虚拟环境中的对象进行交互作用，所谓互动，意味着我们不再仅是场景的观察者而且是事件的参与者，即我们能够在某种程度上影响到场景的展现，从而带给人们全方位的信息交流体验，从而产生亲临真实环境的感受和体验。

虚拟现实以及网络技术等科技的出现，更带来了虚拟时空的审美体验。一方面，虚拟现实是一种人可以进入其中的计算机仿真场景，

① （美）马克·第亚尼. 非物质社会——后工业世界的设计、文化与技术 [M]. 滕守尧，译. 成都：四川人民出版社，1998.

在这里，计算机生成的三维图像和立体声等构成了与人互动的场景。另一方面，在建筑信息审美中，虚拟的视觉真实优于实存的现实。

虚拟现实技术不仅包括图形学、图像处理、模式识别、网络技术、并行处理技术、人工智能等高性能计算技术，而且涉及数学、物理、通信、气象、地理、美学、心理学和社会学等相关内容。使用虚拟现实技术，使得建筑艺术可以脱离土、木、砖、石、钢、玻璃等实体物质而单独存在。就如同当年的雕塑与绘画脱离了建筑而成为"架上艺术"一样，建筑媒体艺术与建筑物的真正分离，将为建筑艺术的发展带来更广阔的空间。

在信息社会，普通大众的信息交流的媒介会更多依赖数字化信息传媒。过去仅仅通过传统信息媒介难于表现建筑艺术独特的空间体验，虚拟现实的应用使这些问题迎刃而解。只要建立一套虚拟现实环境，众多的建筑师可以共享使用这个环境，全尺度地创立和展示虚拟的建筑形象信息。同时，通过信息化传播手段，更多的人将能够领略建筑艺术的魅力。

而建筑师可通过创造独特的虚拟建筑空间，来表达自己的思想与感受，同时也可通过交流给大众以愉悦，也给更多的人参与到建筑艺术创作中创造了机会。此时，艺术的价值将从原作过渡到原创，建筑艺术的表现力将由设计人员的想象力和创造性所决定。

虚拟现实技术的应用还带来一种全方位沉浸式的信息体验。沉浸被通俗地解释为"身临其境"，这意味着参与者将不仅仅是以敏锐的双眼和聪慧的大脑介入建筑的虚拟环境，而是要以完整的生物个体融入虚拟建筑系统。通过

这种融入，作为生物个体的各种活动，如视觉、听觉和触觉等感知行为，以及喜悦、悲伤、紧张与恐惧等心理反应，都将得到全方位的表达。从这种意义上讲，沉浸意味着全身心地体验，意味着建筑逻辑与形象的结合、认知与感知的统一。

在建筑的虚拟现实中，身体与心灵的界限不是清晰的，而是模糊的，身体与心灵之间的关系更重要的不是分离，而是融合与互动。建筑的"虚拟"与"现实"以非常规的方式结合在一起。不但人创造并改变着虚拟建筑，而且虚拟建筑也深刻影响着人们获得客观建筑空间信息的方式。虚拟建筑虽然是虚拟的，但它给予人们的建筑审美体验却是实实在在的。

虚拟现实能够在空间、时间和特定范围内很好地传递感觉。对于虚拟建造技术来讲，它的主要价值是建立一个虚拟的建筑环境，人们在这样的环境里可以得到与真实建筑中一样的感觉效果。正如迈克卢汉讲："新媒介不是人与自然的桥梁，它们就是自然。""新媒介并不是把我们与'真实的'旧世界联系起来，它们就是真实的世界，他们为所欲为地重新塑造旧世界遗存的东西。"[①] 虚拟实在系统就是利用虚拟建筑空间来表现物理空间，甚至能达到这样的程度：在传送各种建筑组成结构的基本特征和表现时，我们总能体验到一种远程的建筑审美体验。

虚拟空间的创作可以直接影响真实空间的创作。从真实空间到虚拟空间的改变，是一种思维方法的改变。随着虚拟现实技术的不断发展，这种"人工经验"与真实经验的差别将越来越小，人们在虚拟建筑中获得的建筑审美体

---

① 张怡，郦全民，陈敬全 . 虚拟认识论 [M]. 上海：学林出版社，2003.

验可以与在现实空间中获得的相媲美。

随着经济的全球化，特别在信息时代，城市之间的联系通过因特网发生着经济、社会、文化与科技交流，城市要想在这一背景下运作，必须在更宽的框架里工作，成为全球经济网络中的一个重要节点，积极开拓国际市场，与其他城市建立广泛的联系。这样，城市体系已超越国家和地区的界限，网络化成为城市发展的重要策略。它也推进了网络化美学观念的形成。

9.2　生态建筑美学

在当代，由于人类对自然环境的破坏和对资源的过度掠夺，使世界面临着严峻的生态危机。因此，改造人类的经济活动方式和价值取向，使其走上可持续发展之路已成当务之急。

可持续发展（Sustainable Development）是 20 世纪 80 年代提出的一个新概念。1987年世界环境与发展委员会在《我们共同的未来》报告中第一次阐述了可持续发展的概念，得到了国际社会的广泛共识。可持续发展是指既满足现代人的需求又不损害后代人满足需求的发展方式。它强调经济、社会、资源和环境保护的协调发展，即：既要发展经济，又要保护好人类赖以生存的自然环境，使子孙后代能够永续发展和安居乐业。

可持续发展对于建筑来说，它包括宏观与微观两个层面的意义。在宏观层面上，它强调对全球环境系统的战略思考，强调着眼于未来，着眼于社会、经济持续发展的全局，解决建筑产业的系统问题；在微观层面上，它研究解决特定时期建筑与环境的实施问题。

随着可持续发展观念的兴起，生态建筑和绿色城市设计理论和设计方法越来越引起建筑师的重视，并得到了全社会的关注。

作为一个新颖的建筑类型，生态建筑学是在人与自然协调发展的原则下，运用生态学原理和方法，把建筑当作一个有生命的健康肌体，既有其自身的良性循环系统，又与周围的自然生态系统保持平衡，从而使人、建筑与自然环境的关系协调，实现建筑与自然共生。[①]

生态建筑设计将建筑整体视为一个人工生态系统，一个自组织、自调节的开放系统，是一个有人参与、受人控制的主动系统，其研究的侧重点不是单纯的形式问题，而是整个建筑系统的能量传递与运动机理，其目标是多元的，并以一种顺应自然的友善态度和展望未来的姿态，合理地协调建筑与人、建筑与生物以及建筑与自然环境的关系。

在当代生态建筑设计中有不同的探索方向——有的建筑师借助绿化或覆土等手段，将自然移植到建筑环境中，最大限度地减少了建筑和人的活动对生态秩序的消极影响。比如赛特事务所设计的西班牙塞维利亚 1992 年世界博览会，以及田纳西 Aqua 中心（Tennessee Aqua Center，Project，1993），P. 林奇设计的水边住宅，E. 库里南设计的西敏斯特小屋等。这类建筑是在满足建筑基本需要的同时，通过自然手段把人工的东西掩藏起来，使建筑成为一种虚拟的自然景观融入环境之中，达到降低能耗、净化空气的目的。

有的建筑师则选择适宜的地段，运用一些易溶解、无污染的自然材料，如设计生土和掩

---

① 荆其敏. 生态建筑学 [J]. 建筑学报，2000（7）：6–11+73–74.

土建筑，最大限度地减少污染和降低能耗。例如，N. 卡里里设计的黏土穹顶建筑，澳大利亚建筑师 S. 巴格斯设计的覆土建筑，美国建筑师巴特·普林斯设计的乔和伊佐科·普里斯住宅等，这类建筑往往借鉴原生态建筑的方式进行设计。因借环境、就地取材、造价低廉，是这类建筑的主要特点。

前两类建筑多少表现出一种回归自然、回归原始的情调，表现了建筑师的技术悲观主义的观念。另一些建筑师则基于技术乐观主义的思想，运用当代科技手段，设计了高技术生态建筑，以解决节能、采光、环境保护和资源的再利用问题。

比如美国第一座运用双层表皮（Double-skin）技术的胡克尔大厦（The Hooker Building），P. 林奇设计的生态住宅，N. 福斯特事务所设计的劝业中心（Duisburg），皮亚诺事务所设计的 IBM 馆（The Pavilion of IBM）、UNESCO 实验室和工厂（UNESCO Laboratory and Workshop）（图 9-9、图 9-10），F. 奥托（Frei Otto）设计的曼海姆音乐厅（The Concert Hall in Mannheim），尼古拉斯·格里姆肖（Nicholas Grimshaw）事务所设计的英国馆舍（British Pavilion）（图 9-11）和盖里设计的西内勃住宅（Schnabel Residence）等，都属于这一类。

在当代生态建筑设计中，出现了"皮与骨"相结合的（Skeleton and Skin）生态设计手法。其基本观念是把建筑视为有机的生物体，其进化与发展取决于建筑躯体内各部分之间适度的协同作用。骨骼是建筑内部的支持结构，表皮是建筑外面的包裹层，生态建筑的皮与骨

图 9-9　UNESCO 实验室和工厂 1

图 9-10　UNESCO 实验室和工厂 2

图 9-11　英国馆舍

等同于有机生物体内在的和谐与统一的关系。①

　　由于生态建筑的设计、建造和使用和评价均与传统的建筑美学观念不同，因此，迅速建构生态建筑美学框架已成当务之急。

9.2.1　生态建筑美学定义与研究内容

　　生态建筑美学是按照生态哲学思想，遵循生态学原理，以探索建筑与环境美的本质规律，分析建筑相关要素之间的审美关系，研究建筑审美经验等为中心内容的美学理论。

　　作为一种美学理论，生态建筑美学同样包括美的哲学、艺术社会学以及审美心理学三个层面的研究内容。

　　在建筑美的哲学层面，生态建筑美学按照生态哲学观念，研究建筑美的起源、构成和发展规律，探索建筑之"美""真""善"三者间

的相互关系等哲学内容。它摒弃"人类中心主义"的思维方式，强调"自然的伦理观"，探索人与大自然的和谐关系，努力保持生态平衡，以自然生态的完整、稳定、和谐为审美评价标准，追求自然美与人工美的完美结合。

　　在"艺术社会学"层面，生态建筑美学遵循生态学原理，研究建筑艺术与审美生态环境——地理、气候等自然环境以及历史、文化、经济、技术等社会环境的相互关系，探索建筑的使用价值与审美价值、经济价值与文化价值、建筑内容与表现形式之间相互关系等方面的内容。

　　在"审美心理学"层面，生态建筑美学依照生态与环境心理学法则，研究各种环境、空间形式和建筑类型中人的审美感受，探索人欣赏建筑艺术及其环境的审美感知、审美理解、审美想象、审美情感等的发生、发展和反馈过程。

　　生态建筑美学以实现人居环境与自然生态和谐一致为美学目的，它遵循自然生态规律，追求建筑与生态环境的协调和共生，把"真、善、美"的标准从人类范畴扩展到生态系统范畴。

　　同时，应用系统论观念，根据生态学原理，从生态圈角度，全面而权衡地对待建筑与城市环境，探索自然与文化传统、宗教习惯、政治法律等的关系。一方面，它关注生态链问题，积极调整生态元的生态位，使之合理化；另一方面，通过对环境中诸生态要素的量化控制，建立足够的"生态参数"，为生态设计提供量化的依据。

　　在设计中，尊重生态行为，加强生态管理，遵循自然设计法则，尽量采用无污染、无公害、

---

① 荆其敏. 生态建筑的新潮——2000 汉诺威世博会建筑评介 [J]. 华中建筑，2001（2）：27-30.

可再生的建筑材料，充分利用太阳能、风能等清洁能源。同时，努力发掘传统与地域性建筑文化中对生态景观有益的美学要素，将传统建筑中适应气候、节约能源，并与自然环境相协调的技术手段巧妙地应用于设计中，创造具有优良生态结构的建筑与城市环境，实现人、社会与自然相依共享、有机协调的目的（表9-2）。

9.2.2　生态建筑美学的本体论解释

对建筑的"真、善、美"及其相互关系的本体论解释，是建筑美学的核心课题之一。千百年来，由于人们对建筑美的本体解释不同，从而形成不同的建筑美学体系。但尽管如此，大多数美学均以"和谐"作为建筑美之本体，并将和谐统一作为主要的美学原则。

例如，西方古典形式美学以和谐为美，认为"美来自杂多的和谐统一"。这种和谐是"形式"或"数理"方面的和谐，以形式方面的和谐构成作为主要目的。中国传统建筑美学也以"和谐"为美，但这种和谐多侧重于社会和伦理关系方面的和谐。东方传统园林美学强调的是人对自然的依从，并表现出建筑与自然的和谐统一为美的特点。同样，我们可以发现，现代建筑美学将功能作为形式塑造的逻辑起点，并认为建筑美来自于功能与形式表现的和谐统一，从而提出"形式追随功能"的口号。

与上述建筑美学理论相同的是，生态建筑美学也强调建筑美来自于和谐。但是，这种"美的和谐说"不仅体现为与其他美学的和谐要素与和谐内容的不同，而且更重要的是：在生态哲学的影响下，它对建筑美的理解充分体现在系统的和谐观方面。即与其他建筑美学相比，它强调综合的和谐观，要求建筑美体现系统整体和谐原则，而其他美学往往只强调其中的某一个侧面。

这种系统和谐的美学观认为，建筑美来自建筑与自然环境的和谐，强调建筑作为人居环境，不仅其布局、形态应与自然环境协调统一，而且建筑功能特点、技术和能源使用等，均顺应生态环境发展规律，体现人与自然协调发展的总原则，如美国NREI太阳能研究所的设计（图9-12、图9-13）。

同时，这种系统的和谐观，既包括经济、社会与环境发展的和谐，也包括人与自然的和谐以及人际关系的和谐。它还认为，建筑作为一种文化，必须与人类文明发展目标相协调，

各种美学的异同　　　　　　　　　　　　　　　　　　　表9-2

美学类型 哲学特征	形式美学	自然主义美学	机器美学	信息美学	生态美学
本体论特征	数理本体论	万物有灵论	心物二元论	信息的生态均衡论	有机本体论
认识论特征	消极反映论	心物一体论	机械反映论	科学的认识论	辩证反映论
方法论特征	分析方法	直觉方法	逻辑方法	数理方法	系统方法
价值观特征	理性中心论	自然中心主义	人类中心主义	知识价值论	生态价值论
科技观特征	机械的技术观	排斥性的技术观	狂热的技术观	理性的技术观	辩证的技术观
发展观特征	线性的发展观	循环的发展观	无限制的发展观	可持续的发展观	可持续的发展观

图 9-12　美国 NREI 太阳能研究所阶梯状的太阳能实验室

实现与政治、经济、文化等环境的和谐统一，强调建筑美是建筑文化和谐构成与运作的一种理想状态，必须充分反映建筑文化发展的可持续性，是人与社会和谐目标的最佳实现，也是人与自然和谐共生的本质反映。它还认为，建

筑美来自于人居环境与社会发展的协调统一，在经济发展的同时，环境得到有效保护，社会关系良性运行，充分体现可持续发展观念。因此，这种和谐是建筑、社会与生态环境的协调作用、相互适应和相互统一，是人类—居住—环境这一生态系统的和谐发展与理想的有机统一（表9-3）。

在过去相当长的时间里，人类过多地强调了经济和技术力量，不仅破坏了城市和人类赖以生存的自然环境，而且也使人类社会自身出现了异化，使人与自然的关系紧张，且人与人之间的关系也失去和睦。生态型审美文化正是要改变这种状况，从而营造环境优美、文化气氛浓郁、富有生机和活力这样一种满足人类可持续发展的良好环境。

图 9-13　美国 NREI 太阳能研究所为了节能，实验室后部与小山丘结合为一体

生态建筑美学与自然主义美学的异同 表 9-3

美学类型 哲学特征	自然主义美学	生态美学
本体论特征	万物有灵论	有机本体论
认识论特征	心物一体论	辩证反映论
方法论特征	直觉方法	辩证系统方法
价值论特征	自然中心主义	生态价值论
技术论特征	反科学技术	肯定科学技术

9.2.3 生态建筑的审美原则

作为一种美学体系，生态建筑具有自身特点的美学审美原则，它包括审美系统整体性原则、多样性与有序性原则、生态循环与持续最佳原则，以及无废物与集约化原则。

1）系统整体性原则

系统整体性是生态系统最重要的特征，也是生态建筑美学的最重要原则和根本观点。系统论中的整体协同思想认为，整体表现大于部分之和，整体性原则是自然界各种物质的构成原则。

同样，生态建筑美学否定单纯追求造型优美或环境和谐的观点，它强调社会、经济和环境三者的整体效益，不仅重视经济发展与生态环境的协调，更注重对人类生活质量的提高，它强调各系统的整体协调统一，在整体协调的新秩序下寻求发展。在环境、社会、文化、经济与技术等系统要素的关系中，它认为自然环境的生态与可持续发展是基础，社会的生态与可持续发展是目的，文化的生态与可持续发展是灵魂，经济与技术的生态与可持续发展是动力。

事实上，建筑是一个包含了自然、社会、政治、经济、文化等诸多内容的复杂系统，在建筑创作中，必须坚持系统整体性原则，对自然、社会、经济环境进行全面、细致地分析。自然环境分析是指对设计地段相关的自然条件如地形、地貌、水文、气候等，景观资源，动、植物种类与分布的综合分析。社会环境分析是指对设计地段的社区结构、民俗习惯、文化传统、价值观及历史文脉的分析。经济环境分析包括经济投资计划、设计方案的经济性等方面的分析。

同时，还必须运用系统论的观点，对建筑的功能关系进行科学的分析——分析系统内各构成要素间的物流、能量流与信息流等，并对不同功能之间的连接、兼容、并列、叠合、分离等关系做出判断，确定合理的功能配置。只有充分运用系统整体的观念，通过对系统的全面分析，方能把握事物间的内在联系，认识生态美的规律，设计出符合可持续发展的最优化方案。

2）多样性与有序性原则

多样性原则是美学的重要内容。古典美学强调多样统一，即形式构成、虚实对比、材料与色彩等方面的多样统一；同样，生态学也强调多样统一，认为必须具有丰富多样的物种，才能满足生态系统的生命循环。生态美学则认为，多样统一是自然界生物群落中的普遍规律，美是多因素协调中的和谐统一，和谐是美的本体。

在生态建筑审美观念体系中，它认为建筑作为一个艺术生态系统，其构成也必须具有文化种类的多样性，充分体现审美系统的多层次性、审美功能的多元性、审美情趣的多元性、审美信息的丰富性、审美时空的复杂性，以及审美理想的多维性，并体现有机共生的特点，认为在审美文化的生态演化中，那些不能有机共生的要素，就不可能有长久的生命力。因此，它反对文化单一化和文化趋同，认为建筑文化系统可以通过文化传播、文化交流、文化融合等实现建筑文化的转化和再生，进而实现审美文化生态系统结构和功能的转化和再生，达到创造永恒生命力的目的。

同时，生态建筑美学还强调审美系统的有序性，强调以清晰的生态结构模式，有序的和有机的美学关系，实现其艺术功能。生态建筑美学认为，建筑审美生态系统是一个有机系统结构，它由环境系统、文化系统、经济系统以及技术支持系统等组成，形成相互关联、不同等级的审美子系统。这种结构通过有序组织，实现了审美体系的功能运转；不同组织层次的美学关联和相互作用，构成了审美功能的有序性以及审美结构与功能的整体性，从而在审美思维方式上，表现与强调分析、还原的西方古典美学和现代主义机器美学很大的不同。

3）生态循环与持续最佳原则

所谓生态循环原则是指：在生态建筑审美体系中，人类、居住与环境作为一个生态系统，生态循环是其基本特征。通过循环使环境资源转化和再生，进而使整个生态系统的结构和功能得以维持和发展。没有循环，就不可能有生态系统的生命力，因此，循环是生态系统的"生存法则"。从这一原则出发，生态建筑美学认为，审美系统的生命力在于发展与运动。因此，强调在全球化环境中，运用跨文化交流手段，在全球性文化与地域性文化交融中，形成新的地域或全球性建筑文化，使建筑与城市在新陈代谢中保持永恒的生命力。

从发展观念来看，工业文明的发展观是"无限制"的发展观，它忽视自然资源对人类发展的制约，追求物质财富的高速增长。生态建筑美学摒弃了这种发展模式，力求体现持续最佳的发展原则。

现代主义建筑观强调经济要素在建筑审美

中的重要地位。事实上，现代建筑以逻辑推理的方式追求万物之本原，用精确的定义、清晰的思路和几何数理规律去把握设计程序。而这种设计观念的产生，与其追求的经济的理性目标是紧密相关的。近代工业文明强调"时间就是金钱，效益就是生命"。因此，标准化、专业化、同步化成为工业生产的法则。精确的时间单位，通用的空间度量，这些都使数理规律与逻辑在更大范围内适用。现代建筑的机械美学正是建立在这一切的基础之上的。由于建筑构件与机械生产紧密相连，因此，美学法则就必须与数理规律和几何秩序相适应。简洁、明确的几何体形，意味着人力资源的节约；机械化程度的提高，也意味着能取得更大的经济效益。因此，机械美学积极遵从这种数理规律，并强化这种逻辑的秩序，使之成为重要的美学原则之一。

同样，在现代主义规划理论中，它以经济增长为唯一目标，以经济与社会、经济与环境的分离和对立为主要特征。农业区位理论、工业区位理论、中心地理论等，无一不是以"理性的经济人"作为逻辑推导的原点。但是，这种以经济发展为第一的观念，是把经济发展这样复杂的整体还原为单一的因素，同时，否认了经济结构的动态性，表现出经济、社会和环境分离和对立的特征（表9-4）。

事实上，经济只是社会结构的一个方面，社会、经济、文化与环境是相互关联的价值体系，它们相互作用、相互影响。尽管人们可以集中力量，追求城市经济、社会、环境等某一方面的最佳效益，在较短时期内实现某一目标，但这种单目标追求不仅会使经济增长难以持

生态建筑美学与其他美学的美学特征比较 表9-4

美学内涵 ＼ 美学类型	古典美学	自然主义美学	机器美学	生态美学
审美理想	形式和谐	自然和谐	功用和谐	生态和谐
美学标准	数理规范	环境标准	功能标准	多元标准
构成特征	形式—艺术美	环境—艺术美	功能—艺术美	生态—艺术美
形式特征	静态平衡	自然有机	动态平衡	动态与系统发展

续，也使社会发展和环境保护失去保障，最终会危及预期目标，使生态环境失去基本价值。

与之相反，生态建筑强调可持续发展观念，把自然、生态和社会作为一个完整的系统，追求各要素可持续性的有机统一，认为只有使多种价值体系得以有机协调，才能达到生态建筑美学的追求目的。同时，强调人与自然的相互依赖和和谐共存，推崇"可承受性"的发展观念，把是否有利于持续发展作为审美判断标准，公平地满足后代在发展和环境方面的需要，不因眼前的利益而用"掠夺"的方式取得暂时繁荣，也不为自身的发展而破坏生态环境，而是强调社会发展的协调、健康和可持续性，保护自然环境，维护生态物种的多样性和生命的支持系统，合理配置资源，保护其自我更新能力（图9-14）。

基于这观念，生态建筑美学的价值观不仅重视经济增长的数量，更追求经济发展的质量。它要求摒弃经济优先的发展模式，改变传统的生产和消费观念，摒弃过去那种高消耗、高投入的粗放型发展模式，走技术进步、提高效益、节约资源的集约型发展模式，努力实现经济发展、社会平等和环境保护等多方面的美学目标，不断提高环境质量和生活质量，推动社会发展和良性运行，实现持续最佳的发展目标。

4）无废物与集约化原则

在自然生态系统中，任何无论是生命体还是无生命的物体、有机体还是无机物，均是生命支持体系的一环。在实际中，生态系统某种有机体排出的"废物"，恰恰是另一种有机体的养料，如动物呼出的二氧化碳，成为植物光合作用的养料，而植物排出的氧气，又是动物的

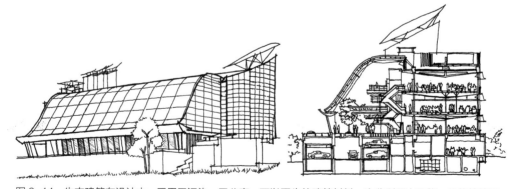

图9-14 生态建筑在设计中，采用无污染、无公害、可以再生的建筑材料，充分利用太阳能、风能等能源

图 9-15　汉诺威世博会日本馆室内　　图 9-16　汉诺威世博会日本馆外观

生命之源。它表明了生态体系中各元素有用性与无废物的原则。从这一原理出发，生态建筑美学要求建筑与城市中的任何元素均必须发挥一定的作用，充分体现审美系统中无虚假和冗余信息的原则。

这种创作观念导致在工业生产中出现了基于循环经济的生态型产业链的布局模式。它在建筑创作中孕育了"零废料"的设计观念。例如，在 2000 年汉诺威世博会上，日本馆展厅内部是由废纸制作的空心纸筒网格组成的拱形大空间，外表覆以白色的膜结构表皮层。这是日本建筑师坂茂（Shigeru Ban）的"零废料"（zero Waste）生态设计概念的体现（图 9-15、图 9-16）。这座迷人的建筑空间的支撑骨架要素是用废纸制作的纸筒网格壳，当博览会结束之后，这些材料仍可回收再利用。[①]

另外，集约化作为充分利用能源和资源的一种方法，充分体现在当代生态建筑的设计中。它包括资源和能源利用的集约化，以及在设计中应用 3R 原则，即减少使用（Reduce）、重复使用（Reuse）和循环使用（Recycle）。在能源问题上，它认为走软能源道路才能摆脱能源危机，即更有效地保护和利用能源资源，理智地使用再生能源作为过渡燃料，加快利用可再生能源的步伐。

在城市规划与设计中，集约化也包括土地利用的集约化。如倡导"紧凑型"城市建设，反对过分的分散布局，通过对三维空间的集约利用，充分开发城市地下空间，使城市地上、地面、地下空间连成有机的协调发展的立体网络，通过合理的交通规划，减少出行距离，实现建筑与城市的立体化发展，达到节约土地这一不可再生资源的目的。同时，减少水资源的消耗，鼓励个人作为消费者承担生态责任，保护生物资源和自然资源，保护环境。

9.2.4　生态建筑美学的艺术观念

生态建筑美学观念包括：生态关联与生态伦理观念、生态选择与生态适应观念、生态循环与适宜技术观念等。

---

① 荆其敏. 生态建筑的新潮——2000 汉诺威世博会建筑评介 [J]. 华中建筑，2001（2）: 27-30.

1）生态关联与生态伦理观念

生态关联观念表明，生物圈里各种生物之间的关系并不是简单的线性关系，而是呈现出相互交叉的网状关系。在生态系统中，每一物种均与其他事物相互依赖和相互影响，任何物体均是生命支持体系的一环，它们在各自生态链条中发挥作用，作为地球生态环境组成部分的人类自身，本身是生态系统的一部分，同环境、动物、植物间有着不可分割的联系，环境资源这些并不是任我们随意掠夺的"资源"，这是生态关联的观念。

从这一原理出发，生态建筑美学要求运用系统观念，体现自然、社会和建筑相互关联的审美法则，同时，努力体现生态伦理观念，反对人类中心主义，对自然万物保持宽容和仁厚的心态，坚持无伤害原则，实现对自己欲望的克制，提倡人类与其他生态物种之间的生存共享精神，实现生态系统的可持续性。

2）生态选择与生态适应观念

自然界留存的均是有用的，这是"生态智慧"选择的结果。生态发展规律表明，生态系统通过漫长岁月的生态选择，从低级到高级，发展成为顶极群落；从简单的单极生态系统，发展成为复杂的二极和三极生态系统。因此，生态建筑美学推崇"生态选择"原则，强调在建筑审美文化的生态演化中，通过新陈代谢，保持审美文化永恒的生命力。

生态适应则是生物的"生存智慧"，在审美文化的生态演化中，同样必须强调适应观念。适应是建筑文化与环境的相互调节和制约，它包括适应和使之适应，适应与使之适应是建筑生态主体与建筑生态客体的统一，它强调生态系统的相互作用和协调发展。因此，生态建筑美学强调通过运用生态规律，使建筑文化成为和谐、协调发展以及不断循环再生的反馈系统，这样，不仅获得稳态机制和动态平衡的发展，而且导致审美文化的进化，使它成为优秀的审美文化系统。

3）生态循环与适宜技术观念

现代工业生产是线性的非循环模式，它以"原料—产品—废料"的运动模式为典型特征，在过程中产生大量废料，造成资源破坏和环境污染。生态建筑美学强调应用生态规律，使人类生存环境的创造成为物质、能量以及信息的循环利用系统，实现废物还原和废物利用，体现可持续发展的战略。

为了使建筑产业逐步摆脱对非再生能源和资源的过分依赖，形成合理、高效利用能源和资源的良性局面，唯一途径就是要建立建筑与社会、经济以及其他产业之间的新型的、多方位的关联。只有将建筑的物态构成加入到社会、经济的多产业的物质大循环中，使建筑业与其他方面相互融合、渗透，并最终构成类似食物链的生态循环体系，才有可能为将来的建筑发展寻求到新的能源、材料途径，并为超过使用寿命期的建材提供物尽其用的降解渠道。

在建筑审美文化中，生态建筑美学引入了非线性生态循环观念，认为建筑审美文化系统可以通过文化传播、文化交流、文化融合等实现建筑文化的转化和再生，进而实现系统结构和功能的转化和再生，达到创造永恒生命力的目的。如日本建筑师提出的新陈代谢城市设想，通过对生命周期和循环的分析，探求一种将不断更新变化的设备部分和能够长期使用的巨大结构体分开的设计方法，其经济效益和美学价值是不言而喻的。

另外,适宜技术观念也是重要的生态建筑的美学观念之一。所谓适宜技术观念是指适应当地经济与技术条件的一种技术策略,是与生态经济学模式相适应的技术观念。

事实上,生态建筑美学并不刻意追求大型化和复杂化的技术,并对高技术的未来前景持审慎态度。它提倡人性化的技术路线,倾向使用生态友好型技术。生态适宜技术观念以"因地制宜"为特征,侧重于技术的经济性与有效性,通过精心设计的建筑细部,提高对能源和资源的利用效率,减少不可再生资源的耗费。

例如,杨经文在设计中把维护地区生态平衡作为重要的前提加以考虑,按照建筑所在气候区的生物气候特征对朝向、位置、立面处理、绿化以及遮阳等因素进行综合分析(图9-17)。

埃及建筑师哈桑·法赛更是对埃及的地方做法和建筑形式作了深入的调查,其设计的建筑颇有地域特色(图9-18)。印度建筑师查尔斯·柯里亚则以当地的炎热气候为研究对象,提出了"形式跟随气候"的口号(图9-19)。在这里,建筑运用了经过提炼和进化的传统地方材料,并运用了适宜技术的手段。

我国有别于西方发达国家,无疑应走以适宜技术为主的可持续发展道路,应充分了解和掌握本国传统地方建筑形式,在空间、布局和构造上采用适宜技术的措施,以改善建筑环境,实现微气候环境下建筑的可持续发展。为达到这一目的,建筑师应熟悉特定地域的技术和材料,把握施工特点及其美学表现力,同时,发挥主观能动性,巧妙使用一般性技术和材料,创造具有时代特征的建筑作品。

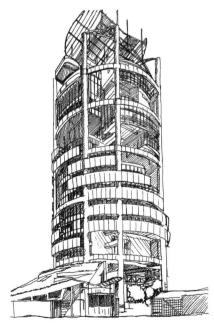

图9-17 杨经文设计的梅纳拉 TA1 大厦

图9-18 哈桑·法赛设计的 House at Sidi Krier

图9-19 查尔斯·柯里亚设计的天文及天体物理中心

编号	图名	图片来源
	**第1章　建筑美学的定义与范畴**	
1-1	建筑美学理论体系的四个层次	作者自绘
1-2	建筑美学的类别及其构成	作者自绘
1-3	有中国特色的建筑基础美学理论的构成	作者自绘
1-4	有中国特色的建筑美学之哲学内涵	作者自绘
1-5	有中国特色的建筑艺术社会学基本内容	作者自绘
1-6	有中国特色的建筑美学史的基本内容	作者自绘
1-7	有中国特色的应用类建筑美学理论构成略举	作者自绘
	第2章　建筑美的哲学定位	
2-1	黄金分割图示	作者自绘
2-2	达·芬奇的维特鲁威人	傅朝卿.西洋建筑发展史话——从古典到新古典的西洋建筑变迁[M].北京：中国建筑工业出版社，2005：302.
2-3	勒·柯布西耶在米兰三年展中的"模度"展板	（瑞士）W.博奥席耶.勒·柯布西耶全集 第五卷·1946—1952[M].牛燕芳，程超译.北京：中国建筑工业出版社，2005：173.
2-4	清北京故宫三大殿平面图	潘谷西.中国建筑史（第七版）[M].北京：中国建筑工业出版社，2015：120.
2-5	颐和园某建筑	作者自摄
2-6	红砖博物馆	作者自摄
2-7	夏特尔教堂雕塑细部	曾坚，蔡良娃.建筑美学[M].北京：中国建筑工业出版社，2010：26.
2-8	央视CCTV大楼	作者自摄
	第3章　建筑美的形态特点	
3-1	夏特尔府邸细部装饰	（英）罗杰·斯克鲁顿.建筑美学[M].刘先觉，译.北京：中国建筑工业出版社，2003：196.
3-2	罗马万神庙平面、剖面	Frank D.K.Ching、Mark M. Jarzonbek、Vikramaditya Prakash. A Global History of Architecture[M]. New Jersey：John Wiley & Sons，Inc，2005：192.
3-3	留园入口处平面分析	彭一刚.中国古典园林分析[M].北京：中国建筑工业出版社，1986：27.
3-4	巴塞罗那世博会德国馆平面	Frank D.K.Ching、Mark M. Jarzonbek、Vikramaditya Prakash.A Global History of Architecture[M].New Jersey：John Wiley & Sons，Inc，2005：697.

续表

编号	图名	图片来源
3-5	科隆大教堂	作者自摄
3-6	R.Bofill 使用绿色玻璃设计成多立克柱式	
3-7	"桥"文化中心	刘先觉.现代建筑理论[M].北京：中国建筑工业出版社，2002：附录.
3-8	建筑地域性相关因素分析	作者自绘
3-9	原广司设计的"大和世界"	
3-10	旧金山现代艺术博物馆	旧金山现代艺术博物馆[J].世界建筑，2001（9）：34.
3-11	古希腊爱奥尼柱式	Frank D.K.Ching、Mark M. Jarzonbek、Vikramaditya Prakash.A Global History of Architecture[M].New Jersey：John Wiley&Sons，Inc，2005：124.
3-12	贝聿铭设计的美秀美术馆	作者自摄
3-13	丑公爵夫人	昆汀·马西斯（约 1466—1530 年）绘制
3-14	昌迪加尔法院门廊	（瑞士）W. 博奥席耶.勒·柯布西耶全集 第七卷·1957—1965[M].牛燕芳，程超，译.北京：中国建筑工业出版社，2005：73.
3-15	埃菲尔铁塔	作者自摄
3-16	天津五大道	作者自摄
3-17	道密纽斯酒厂立面	A+u，2002（2）：273.
3-18	郑板桥《柱石图》	郑板桥（约 1693—1766）绘制
3-19	米拉公寓屋顶细部	作者自摄
3-20	保留了原有厂房元素与表皮材质的棉三创意街区	作者自摄
3-21	蓬皮杜艺术文化中心	Douglas Dacis.The New Museum Architecture[M]. New York：Abbeville Press Publishers，2006：36.
3-22	贝纳通艺术研究中心柱列	王建国，张彤.安藤忠雄[M].北京：中国建筑工业出版社，1999：268.
3-23	自然界中崇高的形象	作者自摄
3-24	巴比伦通天塔	彼得·勃鲁盖尔（约 1525—1569）绘制
3-25	空中花园	张冠增.西方城市建设史纲[M].北京：中国建筑工业出版社，2011：19.
3-26	芝加哥家庭保险大楼	朱金良.20 世纪的摩天楼[J].时代建筑，2005（4）：18.
3-27	包括上海环球金融中心大厦在内的陆家嘴金融区	作者自摄
3-28	意大利广场	刘先觉.现代建筑理论[M].北京：中国建筑工业出版社，2002：附录.
3-29	意大利广场平面	刘先觉.现代建筑理论[M].北京：中国建筑工业出版社，2002：附录.
3-30	新德里美国驻印度大使馆	邹德侬，戴路.印度现代建筑[M].郑州：河南科学技术出版社，2003：彩页.
3-31	新德里美国驻印度大使馆局部	邹德侬，戴路.印度现代建筑[M].郑州：河南科学技术出版社，2003：彩页.
3-32	西雅图世博会科学馆	西雅图二十一世纪博览会：太空时代的人类（1962 年 4 月 21 日至 10 月 21 日）
3-33	安迪·沃霍尔作品	安迪·沃霍尔（1928—1987）绘制
3-34	下楼梯的裸女	马赛尔·杜尚（1887—1968）绘制
3-35	杜尚的作品小便器	马赛尔·杜尚（1887—1968）绘制

续表

编号	图名	图片来源
3-36	草地上的午餐	爱德华·马奈（1832—1883）绘制
3-37	拉斯韦加斯街景	作者自摄
3-38	卡特·蒂广告代理公司总部大楼	James Steele. Architecture Today[M]. London：Phaidon Press Limited，1997：104.
3-39	鱼舞餐厅	宋坤，李姝，张玉坤. 波普建筑 [J]. 建筑学报，2002（12）：67.
3-40	天子大酒店	畅言网. 天子大酒店 [EB/OL]. http：//www.archcy.com/votes/2010/new/32.
3-41	马赛公寓	（瑞士）W. 博奥席耶. 勒·柯布西耶全集 第五卷·1946—1952[M]. 牛燕芳，程超，译. 北京：中国建筑工业出版社，2005：190.
3-42	马赛公寓通风塔细部	（瑞士）W. 博奥席耶. 勒·柯布西耶全集 第五卷·1946—1952[M]. 牛燕芳，程超，译. 北京：中国建筑工业出版社，2005：205.
3-43	由木模板和金属模板浇筑的议会大厦门廊	（瑞士）W. 博奥席耶. 勒·柯布西耶全集 第七卷·1957—1965[M]. 牛燕芳，程超，译. 北京：中国建筑工业出版社，2005：85.
3-44	萨克生物研究所	作者自摄
3-45	耶鲁大学建筑与艺术系大楼	
3-46	美国佛罗里达州迪士尼集团总部	James Steele. Architecture Today[M]. London：Phaidon Press Limited，1997. 358.
3-47	米老鼠爱奥尼	宋坤，李姝，张玉坤. 波普建筑 [J]. 建筑学报，2002（12）：68.
3-48	热狗住宅	刘先觉. 现代建筑理论 [M]. 北京：中国建筑工业出版社，2002：附录.
3-49	美国加利福尼亚州迪士尼总部大楼	宋坤，李姝，张玉坤. 波普建筑 [J]. 建筑学报，2002（12）：68.
3-50	赫尔辛基文化宫	
3-51	巴西议会大厦	Photographies de Jordi Colomer.Brasilia，L'echelle humaine[J].L'architecture d'aujourd'hui，2007（373）：75.
3-52	罗西的奥洛拉公寓	刘先觉. 现代建筑理论 [M]. 北京：中国建筑工业出版社，2002：附录.
3-53	康定斯基《第一幅水彩抽象画》	瓦西里·康定斯基（1866—1944）绘制
3-54	高更作品	保罗·高更（1848—1903）绘制
3-55	梵高《星夜》	文森特·威廉·梵高（1853—1890）绘制
3-56	拉·维莱特公园	Douglas Dacis.The New Museum Architecture[M].New York：Abbeville Press Publishers，2006：200.
3-57	京都人脸住宅	刘先觉. 现代建筑理论 [M]. 北京：中国建筑工业出版社，2002：附录.
3-58	古希腊建筑中山墙细部设计	（古罗马）维特鲁威. 建筑十书 [M]. 陈平，译. 北京：北京大学出版社，2012.
3-59	朗香教堂南立面内侧正视图	（瑞士）W. 博奥席耶. 勒·柯布西耶全集 第六卷·1952—1957[M]. 牛燕芳，程超，译. 北京：中国建筑工业出版社，2005：38.
3-60	赛特集团	刘先觉. 现代建筑理论 [M]. 北京：中国建筑工业出版社，2002：附录.
3-61	N.O. 鲁德所描绘的废墟	
3-62	盖里加州圣莫尼卡自宅	James Steele.Architecture Today[M].London：Phaidon Press Limited，1997：398.
第 4 章　西方古代建筑的艺术观念与美感特征		
4-1	古希腊爱奥尼柱头	作者自绘
4-2	希波丹姆斯模式	张京祥. 西方城市规划思想史纲 [M]. 南京：东南大学出版社，2005.
4-3	古希腊建筑的局部	作者自摄
4-4	古希腊三种柱式	作者自绘

续表

编号	图名	图片来源
4-5	多立克柱式分解图	作者自绘
4-6	雅典卫城	作者自绘
4-7	雅典卫城鸟瞰	
4-8	雅典卫城帕提农神庙额枋浮雕	傅朝卿.西洋建筑发展史话——从古典到新古典的西洋建筑变迁 [M].北京：中国建筑工业出版社，2005：71.
4-9	科林斯柱头	傅朝卿.西洋建筑发展史话——从古典到新古典的西洋建筑变迁 [M].北京：中国建筑工业出版社，2005：52.
4-10	伊瑞克提翁神庙的女郎柱像	作者自摄
4-11	尼姆城输水道	作者自绘
4-12	古罗马万神庙	作者自摄
4-13	古罗马卡拉卡拉浴场	作者自绘
4-14	古罗马角斗场与城市复原图	刘丹.世界建筑艺术之旅 [M].北京：中国建筑工业出版社，2002.
4-15	古希腊与古罗马柱式比较	作者自绘
4-16	古罗马科林斯柱头	作者自绘
4-17	君士坦丁凯旋门	作者自摄
4-18	古罗马帝国时期广场平面图	傅朝卿.西洋建筑发展史话——从古典到新古典的西洋建筑变迁 [M].北京：中国建筑工业出版社，2005：115.
4-19	米兰大教堂立面	作者自摄
4-20	哥特教堂内部	作者自绘
4-21	哥特教堂占据城市最高的位置	作者自绘
4-22	哥特教堂在中世纪城市中的统治地位	刘丹.世界建筑艺术之旅 [M].北京：中国建筑工业出版社，2002.
4-23	维纳斯的诞生	桑德罗·波提切利（1446—1510）绘制
4-24	佛罗伦萨育婴院	刘丹.世界建筑艺术之旅 [M].北京：中国建筑工业出版社，2002.
4-25	西斯庭圣母	拉斐尔·桑西（1483—1520）绘制
4-26	巴齐礼拜堂	傅朝卿.西洋建筑发展史话——从古典到新古典的西洋建筑变迁 [M].北京：中国建筑工业出版社，2005：284.
4-27	曼图亚·圣安德亚教堂	作者自绘
4-28	坦比哀多	傅朝卿.西洋建筑发展史话——从古典到新古典的西洋建筑变迁 [M].北京：中国建筑工业出版社，2005：304.
4-29	圆厅别墅平面图与剖面图	傅朝卿.西洋建筑发展史话——从古典到新古典的西洋建筑变迁 [M].北京：中国建筑工业出版社，2005：328.
4-30	圣卡罗教堂立面曲线	作者自绘
4-31	圣卡罗教堂平面	作者自绘
4-32	圣卡罗教堂室内	作者自绘
4-33	马德里皇宫室内装饰	傅朝卿.西洋建筑发展史话——从古典到新古典的西洋建筑变迁 [M].北京：中国建筑工业出版社，2005：425.
4-34	巴黎苏俾士府邸公主沙龙	作者自绘

续表

编号	图名	图片来源
4-35	凡尔赛宫平面	作者自绘
4-36	巴黎歌剧院	作者自绘
第5章 现代建筑的审美拓展与当代建筑的审美变异		
5-1	古根海姆博物馆剖面	作者自绘
5-2	法古斯工厂	作者自绘
5-3	流水别墅	Jonathan Glancey.20th Architecture [M]. London：Phaidon Press Limite，1998：176.
5-4	西塔里埃森	
5-5	萨伏伊别墅	作者自摄
5-6	古罗马卡拉卡拉浴场	（英）丹·克鲁克香克．弗莱彻建筑史（英文版）[M]. 北京：知识产权出版社、中国水利水电出版社，2000，174.
5-7	高迪的圣家族教堂	作者自摄
5-8	巴塞罗那世博会德国馆	作者自摄
5-9	留园入口处平面	
5-10	胚胎学住宅	AD
5-11	柯布西耶标准化住宅设想（1923-1924）	（瑞士）W. 博奥席耶．勒·柯布西耶全集 第一卷·1952—1957[M]. 牛燕芳，程超，译．北京：中国建筑工业出版社，2005：63.
5-12	"光辉城市"的城市模型	（瑞士）W. 博奥席耶．勒·柯布西耶全集 第一卷·1952—1957[M]. 牛燕芳，程超，译．北京：中国建筑工业出版社，2005：109.
5-13	亚历山大对城市复杂性的表述	张京祥．西方城市规划思想史纲 [M]. 南京：东南大学出版社，2005：152.
5-14	黑川纪章设计的中银舱体大厦	Images 出版集团．黑川纪章 [M]. 北京：中国建筑工业出版社，2004.
5-15	拉·维莱特公园	作者自摄
5-16	文丘里夫妇设计的伦敦国家美术馆塞恩斯伯里展览室	Katherine Allen. 文丘里夫妇"塞恩斯伯里展览馆"，将成为 AIA25 年奖评奖场所 [EB/OL]. 庄力，译 .https：//www.archdaily.cn/cn/909461/venturi-scott-brown-she-ji-de-sai-en-si-bo-li-zhan-lan-shi-rong-huo-mei-guo-jian-zhu-shi-xie-hui-ji-nian-jiang?ad_source=search&ad_medium=search_result_all
5-17	扎哈·哈迪德的《（89°）世界》	扎哈·哈迪德（1950—2016）绘制
5-18	蓝天组设计的深圳当代艺术与城市规划馆	作者自摄
5-19	拉·维莱特公园分析图	
5-20	克拉克大学图书馆采用了"雕塑"以及"节奏夸张"的手法	Clark University[EB/OL].https：//www.youvisit.com/tour/clarku?pl=v
5-21	香港汇丰银行	作者自绘
5-22	摩洛哥某博物馆与文化中心方案	Erik Giudice Architects 建筑师事务所方案
5-23	文丘里设计的美国普林斯顿大学胡应湘堂，把西方古典与中国古典建筑元素拼贴在一处	
5-24	伦敦金巷住宅区规划	伦敦金巷住宅区规划，史密森夫妇
5-25	克雷斯格学院	Charles Moore.Kresge College[EB/OL].http：//www.bluffton.edu/homepages/facstaff/sullivanm/moorekresge/kresge.html

续表

编号	图名	图片来源
5-26	槙文彦"螺旋"大厦内部引用了"奥"的模式	
5-27	哈迪德罗马当代艺术中心草图	罗马当代艺术中心,罗马,意大利 [J]. 世界建筑,2007（11）：32.
5-28	圣迭戈当代艺术博物馆庭院柱廊	Architects petition to save Venturi Scott Brown's San Diego art museum[EB/OL]. https://www.dezeen.com/2018/07/31/architects-petition-save-venturi-scott-brows-museum-contemporary-art-san-diego-extension-selldorf-architects/
5-29	丹佛中心图书馆	（西）Patrica Bueno，Marta Eiriz，Martha Torres.1990—2000 建筑大师名作 [M]. 黄艳,译. 北京：中国水利水电出版社,2005：217.
5-30	丹佛中心图书馆室内	（西）Patrica Bueno，Marta Eiriz，Martha Torres.1990—2000 建筑大师名作 [M]. 黄艳,译. 北京：中国水利水电出版社,2005：217.
5-31	名古屋市立现代美术馆	Douglas Dacis.The New Museum Architecture[M]. New York：Abbeville Press Publishers，2006：100.
5-32	增谷医院	吴耀东 . 日本现代建筑 [M]. 天津：天津科学技术出版社,1997：153.
5-33	藤井博已利用"图—底反转法",在多重空间中留下"不出场"的标记	
5-34	维也纳屋顶改造	James Steele.Architecture Today[M]. Phaidon Press Limited，1997：201.
5-35	柯布西耶迦太基别墅草图	（瑞士）W. 博奥席耶 . 勒·柯布西耶全集 第一卷·1910—1929[M]. 牛燕芳, 程超,译. 北京：中国建筑工业出版社,2005：165.
5-36	原广司设计的"大和世界"充分展示了光影的魅力	
5-37	广州南越王墓博物馆	曾坚,蔡良娃,曾鹏 . 传承、开拓与创新——何镜堂先生极其建筑团队的创作思想与艺术手法分析 . 新建筑 [J].2008（5）：12.
5-38	松尾神社	作者自绘
5-39	美国洛杉矶现代艺术博物馆	作者自绘
5-40	阿拉伯世界文化中心	作者自摄
5-41	印度昌迪加尔城规划	（瑞士）W. 博奥席耶 . 勒·柯布西耶全集 第六卷·1952—1957[M]. 牛燕芳, 程超,译. 北京：中国建筑工业出版社,2005：51.
5-42	巴西利亚规划	张京祥 . 西方城市规划思想史纲 [M]. 南京：东南大学出版社,2005：121.
5-43	筑波中心	刘先觉 . 现代建筑理论 [M]. 北京：中国建筑工业出版社,2002：附录 .
5-44	群马县近代美术馆	作者自绘
5-45	富士乡村俱乐部	作者自绘
5-46	相田武文的仿骰子住宅	（日）相田武文 . 积木之家：日本建筑家相田武文建筑创作录 [M]. 路秉杰, 路海君,译. 上海：同济大学出版社,2001.
5-47	盖里用碎塑料片制成的鱼灯	
5-48	德国魏尔维特家具博物馆	作者自绘
5-49	加州航天博物馆	作者自绘
5-50	Best 超级商场	Jonathan Glancey.20th Architecture [M]. London：Phaidon Press Limite，1998：289.
5-51	Schullin 珠宝店用裂纹将磨得光亮如镜的花岗岩断为两段来装饰店面	

续表

编号	图名	图片来源
5-52	高松伸的"织阵"	James Steele.Architecture Today[M]. London：Phaidon Press Limited，1997：460.
5-53	哈迪德设计的解构主义室内装饰，表现了扭曲与畸变的审美特征	
5-54	东京工业大学百年纪念馆	Museum and Centennial Hall building[EB/OL].https：//www.titech.ac.jp/english/outreach/community/museum.html
5-55	埃森曼的韦克斯纳视觉艺术中心	作者自绘
5-56	汉堡媒体天际线大楼	
5-57	1956 年在 CIAM X 展示的关于"识别、联合、建筑组群、流动性"的声明	
5-58	插入式城市	Jonathan Glancey.20th Architecture [M]. London：Phaidon Press Limite，1998：393.
5-59	行走城市	Jonathan Glancey.20th Architecture [M]. London：Phaidon Press Limite，1998：394.
5-60	索尼公司大楼	作者自绘
5-61	安藤忠雄巧借光和影以追求时空变化之美	
5-62	江户—东京博物馆	作者自绘
5-63	慕尼黑 1972 年奥林匹克体育场的轻质帐篷结构	
5-64	西萨·佩里设计的福冈海鹰酒店屋顶和墙面的曲线参照了建筑周围环境中的两个元素：空气和水	
5-65	盖里自宅	
5-66	杂乱而疯狂的街景艺术，在这里怪异、动态取代了完美永恒的古典艺术	
第 6 章　传统建筑美学理论		
6-1	柏拉图体	作者自绘
6-2	万神庙和圣彼得大教堂平面	作者自绘
6-3	圆厅别墅	http：//vr.theatre.ntu.edu.tw/fineart/architect-wt/palladio/rotonda-02x.jpg
6-4	美国亚特兰大桃树中心广场旅馆中庭	石铁茅，李志明.外国著名建筑师丛书第一辑 约翰·波特曼 [M]. 北京：中国建筑工业出版社，2003：彩页.
6-5	美国亚特兰大桃树中心广场旅馆中庭平面图	作者自绘
6-6	不来梅高层公寓平面图	作者自绘
6-7	巴西议会大厦的直线和曲线对比	Photographies de Jordi Colomer.Brasilia，L'echelle humaine[J]. L'architecture d'aujourd'hui，2007（373）：74.
6-8	代代木体育馆	作者自摄
6-9	虚实对比的萨伏伊别墅	作者自摄
6-10	江南园林中的各种材质对比	作者自摄
6-11	荷兰声音与影像协会	Philip Jodidio.ARCHITECTURE NOW[M]. Köln：TASCHEN，2007：379.

续表

编号	图名	图片来源
6-12	对帕提农神庙所作的几何分析	中国大百科全书 建筑 园林 城市规划 [M]. 北京：中国大百科全书出版社，1988：258.
6-13	对巴黎凯旋门所作的几何分析	中国大百科全书 建筑 园林 城市规划 [M]. 北京：中国大百科全书出版社，1988：258.
6-14	相同比率（利用对角线平行或垂直调节立面设计）	中国大百科全书 建筑 园林 城市规划 [M]. 北京：中国大百科全书出版社，1988：258.
6-15	柯布西耶模度图示	（瑞士）W. 博奥席耶. 勒·柯布西耶全集 第五卷·1946-1952[M]. 牛燕芳，程超. 译. 北京：中国建筑工业出版社，2005：169.
6-16	不同尺度的门	中国大百科全书 建筑 园林 城市规划 [M]. 北京：中国大百科全书出版社，1988：259.
6-17	紫禁城	作者自摄
6-18	圣彼得大教堂及广场俯瞰	傅朝卿. 西洋建筑发展史话——从古典到新古典的西洋建筑变迁 [M]. 北京：中国建筑工业出版社，2005：367.
6-19	避暑山庄烟雨楼的不对称布局	中国大百科全书 建筑 园林 城市规划 [M]. 北京：中国大百科全书出版社，1988：257.
6-20	纽约肯尼迪机场美国环球航空公司候机楼的动态平衡	作者自绘
6-21	具有稳定感的埃及金字塔	作者自绘
6-22	突破传统稳定观念的 CCTV 大楼	作者自摄
6-23	芝加哥马里纳大楼的韵律和节奏	作者自摄
6-24	建筑立面上的连续韵律	作者自摄
6-25	嵩岳寺塔渐变的韵律	作者自绘
6-26	悉尼歌剧院的起伏韵律	Jonathan Glancey.20th Architecture [M]. London：Phaidon Press Limite，1998：223.
6-27	具有交错韵律的莱比锡 Glass Hall 拱顶	李华东. 高技术生态建筑 [M]. 天津：天津大学出版社，2002：53.
6-28	坎特伯雷大教堂平面上相同大小和形状的重复	作者自绘
6-29	坎特伯雷大教堂拱肋结构的屋顶	作者自绘
6-30	相同形状的重复与再现（西班牙莱勒会议中心）	MANSILLA+TUNON[J]. GA，2006（91）：118.
6-31	范斯沃斯住宅的室内外空间渗透	作者自摄
6-32	利用玻璃围护建筑求得内外空间渗透（Glass House）	Jonathan Glancey.20th Architecture[M]. London：Phaidon Press Limite，1998：185.
6-33	多层次空间渗透效果（Eames House）	作者自绘
6-34	中国古典园林中的多层次渗透（狮子林荷花厅向南看园内景色）	彭一刚. 中国古典园林分析 [M]. 北京：中国建筑工业出版社，1986：61.
6-35	上下层空间互相渗透的效果（华盛顿国家美术馆东馆）	作者自摄
6-36	北京紫禁城宫殿中轴线的空间序列组织	中国大百科全书 建筑 园林 城市规划 [M]. 北京：中国大百科全书出版社，1988：261.
6-37	包豪斯学校	作者自绘

续表

编号	图名	图片来源
6-38	清东陵图，建筑群布局与自然环境融为一体	王其亨.风水理论研究 [M].天津：天津大学出版社，1992：147.
6-39	江南水乡河、街、桥、廊、码头、住宅的相互关系	陈从周，潘洪萱，路秉杰.中国民居 [M].上海：学林出版社，1997：74.
6-40	台阁春光图中建筑与环境情景交融	王其钧.中国古代绘画中的建筑与环境 [M].北京：中国建筑工业出版社，2006：227.
6-41	中国古代理想都城图（三礼图）	王其亨.风水理论研究 [M].天津：天津大学出版社，1992：305
6-42	颐和园	作者自绘
6-43	颐和园平面图	http://www.bjlyw.com/bj/jingdianhuizong/UploadFiles/200505/20050520171601718.jpg
6-44	赵孟頫《重江叠嶂图》	赵孟頫（1254—1322）绘制
6-45	南宋临安与周边环境关系示意图	江德华.中国城市规划史纲 [M].北京：中国建筑工业出版社，2005：70.
6-46	苏堤春晓	曾坚，蔡良娃.建筑美学 [M].北京：中国建筑工业出版社，2010：165.
6-47	唐长安复原图	李德华.城市规划原理 [M].北京：中国建筑工业出版社，2001：16.
6-48	合八风虚实邪正图	出处《黄帝内经·灵枢》
6-49	县治城外东南图	王其亨.风水理论研究 [M].天津：天津大学出版社，1992：62.
第 7 章　现代建筑美学及相关流派		
7-1	伦敦水晶宫	http://tech.163.com/07/0401/15/3B0L30M2000924MF.html
7-2	莫里斯设计的布料花纹	http://www.artsycraftsy.com/morris/blue_acanthus.html
7-3	路斯的芝加哥论坛报大厦方案	作者自绘
7-4	罗马小体育宫	陈朝晖.建筑力学与结构选型（第二版）[M].北京：中国建筑工业出版社，2020：288.
7-5	密斯设计的伊利诺伊理工大学克朗楼	作者自摄
7-6	芝加哥平面图	（意）曼弗雷多·塔夫里、弗朗切斯科·达尔科.现代建筑 [M].刘先觉，译.北京：中国建筑工业出版社，2003.
7-7	伊甸园项目的 ETFE 材料构成的穹顶	作者自绘
7-8	日本札幌天穹体育场可移动屋面	作者自绘
7-9	英国西方晨报公司总部玻璃幕墙与支撑体细部	李华东.高技术生态建筑 [M].天津：天津大学出版社，2002：71.
7-10	密斯设计的 IBM 大厦	作者自摄
7-11	劳埃德大厦	作者自绘
7-12	英国滑铁卢火车站新站房	James Steele.Architecture Today[M]. London：Phaidon Press Limited，1997：91.
7-13	朗香教堂彩色玻璃窗细部	Jonathan Glancey.20th Architecture[M]. London：Phaidon Press Limite，1998：101.
7-14	光的教堂	James Steele.Architecture Today[M]. London：Phaidon Press Limited，1997：116.
7-15	旧金山现代艺术博物馆	James Steele.Architecture Today[M]. London：Phaidon Press Limited，1997：51.
7-16	罗比住宅立面的水平线条	作者自绘

续表

编号	图名	图片来源
7-17	约翰逊制腊公司	作者自绘
7-18	古根海姆美术馆	作者自摄
7-19	赖特 Storer House 中的石材装饰	Jonathan Glancey.20th Architecture [M]. London：Phaidon Press Limite，1998：27.
7-20	赖特广亩城市平面示意	张京祥．西方城市规划思想史纲 [M]. 南京：东南大学出版社，2005：128
7-21	爱因斯坦天文台	作者自绘
7-22	菲斯特林作品	
7-23	柏林大剧院内部	Jonathan Glancey.20th Architecture [M]. London：Phaidon Press Limite，1998：82.
7-24	悉尼歌剧院	作者自绘
7-25	纽约 TWA 候机楼	作者自绘
7-26	柏林爱乐乐厅	作者自绘
7-27	悬吊的构成	
7-28	第三国际纪念碑	Frank D.K.Ching、Mark M. Jarzonbek、Vikramaditya Prakash.A Global History of Architecture[M]. New Jersey：John Wiley&Sons，Inc，2005：680.
7-29	维特拉消防站	作者自绘
7-30	拉·维莱特公园	作者自绘
7-31	伊利亚与《未来主义宣言》同时发表的设计图纸	桑·伊利亚绘制 ANTONIO SANT'ELIA 1888—1916[EB/OL].http：//eng. antoniosantelia.org/.
7-32	伊利亚的车站设计方案	桑·伊利亚绘制 ANTONIO SANT'ELIA 1888—1916[EB/OL].http：//eng. antoniosantelia.org/.
7-33	菲利普·约翰逊设计的电话电报大楼有着三段式的构图关系	作者自摄
7-34	斯东的美国驻新德里大使馆设计	
7-35	珊纳特赛罗市政中心	
7-36	珊纳特赛罗市政中心室内	
第8章 当代建筑美学理论及其流派		
8-1	盖里的构思草图	建构高技术的蛮荒——盖里新作"体验音乐工程"中的艺术与技术 [J]. 世界建筑，2001（7）：76.
8-2	蓝天组设计法国里昂汇流博物馆的草图	Wolf.d.Prix 绘制
8-3	斯格的"凯旋门"，在这里庄严的主题已被滑稽的形象代替	
8-4	拉斯韦加斯 MCA City 的外墙	作者自绘
8-5	采用滑稽、幽默等方法与手段来提高建筑的"表现力"	作者自绘
8-6	福林特住宅立面设计	作者自绘
8-7	"热狗"商店	作者自绘
8-8	埃森曼设计的解构艺术品	
8-9	阿伦诺夫设计和艺术中心	阿伦诺夫设计和艺术中心，辛辛那提，俄俄亥俄州，美国 [J]. 世界建筑，2004（1）：46.

续表

编号	图名	图片来源
8-10	利用计算机生成的复杂分形几何形状	
8-11	纽约电报大楼	作者自绘
8-12	格雷夫斯的波特兰大厦设计草图	迈克尔·格雷福斯（1934—2015）绘制
8-13	斯特林设计的斯图加特州立美术馆新馆	作者自绘
8-14	赛特设计集团设计的法兰克福现代艺术博物馆，企图用残垣断壁表明世卜不存在永恒的美学原型	作者自绘
8-15	1960年，艺术家伊夫·克莱因举行了一场绘画表演，女模特全身涂满蓝色颜料，身体在画布上滑动作画	凤凰艺术 {EB/OL}.http：//art.ifeng.com/2017/0118/3229099.shtml.
8-16	埃里克·欧文·莫斯设计的具有破损、残缺特质建筑	作者自绘
8-17	波特兰大厦入口正门表现图	Original drawing of the Portland Building. Image courtesy of Michael Graves Studio
8-18	柏林社会公寓	作者自绘
8-19	象设计集团设计的名护市市厅，用地方材料塑造了适应冲绳气候、有浓郁地方特色、亲切平等的政府形象	
8-20	温岭石塘民居	http：//www.dawenling.com/images/about/shuguang5.jpg
8-21	新疆喀什民居	荆其敏，张丽安.中外传统民居 [M]. 天津：百花文艺出版社，2004：彩页.
8-22	景洪竹楼	荆其敏，张丽安.中外传统民居 [M]. 天津：百花文艺出版社，2004：彩页.
8-23	棠樾村清懿堂大门砖雕	作者自绘
8-24	宏村中心月沼	单德启，等.中国民居 [M]. 北京：五洲传播出版社，2003：17.
8-25	京都龙安寺枯山水	作者自摄
8-26	韩国民居	
8-27	中国云南干栏式建筑	
8-28	以水平线条为主的罗比住宅	作者自摄
8-29	尤拉勒度假村草图与实景	
8-30	拉兹·里沃尔设计的国家免疫学院，借助庭院组织空间，纵横框架有效的遮阳，从建筑对气候的适应中发掘地方性文化内涵	作者自绘
8-31	典型的江南园林	作者自绘
8-32	意大利台地园兰特庄园	作者自绘
8-33	帕提农神庙	作者自绘
8-34	江浙民居	作者自绘

续表

编号	图名	图片来源
8-35	敦煌榆林窟	作者自绘
8-36	陕北窑洞	荆其敏，张丽安．中外传统民居 [M]．天津：百花文艺出版社，2004：彩页．
8-37	福建永定县福裕楼	单德启，等．中国民居 [M]．北京：五洲传播出版社，2003：118．
8-38	水岸山居内部	在库言库 [EB/OL].http：//www.ikuku.cn/waterfall.php?image_data=single&ID=170477
8-39	水岸山居夯土墙细部	DINZ．中国美术学院象山校区水岸山居 [EB/OL].http：//www.dinzd.com/work/detail?link_name=wangshu01
8-40	Firki Studio 设计的砖幕办公楼	archdaily.'砖幕'办公楼 [EB/OL].https：//www.archdaily.cn/cn/902892/zhuan-mu-ban-gong-lou-firki-studio/5b8feaccf197cc711d00054d-brick-curtain-office-firki-studio-image
8-41	安藤忠雄的六甲集合住宅	安藤忠雄の梦构想 [M] 东京：朝日新闻社，1995：30．
8-42	艾里兹作品中材料的对比	https：//www.wielaretsarchitects.com/en/projects/utrecht_university_library/2919
8-43	捕风塔	
8-44	穹顶与风挡是哈桑用于提高空气流动速度的建筑要素	http：//whc.unesco.org/en/activities/637/ 联合国教科文组织网站
8-45	临水而建的徽州民居	
8-46	龙津风雨桥	
8-47	开平碉楼	
8-48	丽江古城街道与商铺	作者自绘
8-49	徽州棠樾村牌坊群	单德启，等．中国民居 [M]．北京：五洲传播出版社，2003：24．
8-50	印度桑奇大塔（Great Stupa at Sanchi）	作者自绘
8-51	佛教中的曼陀罗	作者自绘
8-52	敦煌经卷古星图中北极星被众星拱卫	出自《敦煌经卷》
8-53	《水经注》中展示的中原与九州的关系	
8-54	四合院	作者自绘
8-55	四合院组群中的绿化	作者自绘
8-56	婺源延村	陈从周，潘洪萱，路秉杰．中国民居 [M]．上海：学林出版社，1997.51．
8-57	玛丽亚别墅	作者自绘
8-58	珊纳持塞罗市政中心	作者自绘
8-59	阿尔托夏季别墅	作者自绘
8-60	阿尔托夏季别墅的实验墙	作者自绘
8-61	新德里亚运村	作者自绘
8-62	圣安东尼奥图书馆	作者自绘
8-63	格雷夫斯设计的地区图书馆，高高低低的屋顶，各式各样的窗户及院落使之像一个防守严密的小村庄，表现了浓郁的地方特色	作者自绘

编号	图名	图片来源
8-64	矶崎新设计的武藏丘陵乡村俱乐部，带有仿粗石木构式建筑风格，充满乡土气息	作者自绘
8-65	圆厅住宅	作者自绘
8-66	新德里教育学院庭院	作者自绘
8-67	坎达拉玛酒店立面图	archdaily.Remembering Bawa[EB/OL].https：//www.archdaily.com/460721/remembering-bawa
8-68	严迅奇所设计巴黎国家歌剧院的国际竞赛模型	
8-69	威尼斯浮动剧场	Aldo Rossi, Building and Projects, Essays by Vincent Scully and Rafael Moneo[M].New York：Rozzoli International Publications, Inc., 1991.
8-70	亚利桑那科学中心	Arizona Science Center[EB/OL].http：//www.predock.com/ASC/asc.html
8-71	亚利桑那科学中心采光天井	Arizona Science Center[EB/OL].http：//www.predock.com/ASC/asc.html
8-72	马那瓜新都会教堂	
8-73	潘兴广场	
8-74	巴拉干公寓	Megan Sveiven. 巴拉干公寓 / 路易斯·巴拉干 [EB/OL]. 韩爽，译 .https：//www.archdaily.cn/cn/886860/ad-jing-dian-ba-la-gan-gong-yu-lu-yi-si-star-ba-la-gan
8-75	哈桑·法塞设计的 The Ball-Eastaway House	作者自绘
8-76	柯里亚的"管式住宅"	
8-77	上海方塔园茶室	http：//www.treemode.com/case/154
8-78	奇芭欧文化中心	作者自绘
8-79	巴黎阿拉伯世界研究中心	作者自摄
8-80	Aqua Tower	作者自摄
8-81	单一的晶体系统分析	西班牙当代建筑实践：重构自然 - 山峦 媒介 建筑 [M]. 蓝青，译 .武汉：华中科技大学出版社，2008：27.
8-82	Denia Mountain	西班牙当代建筑实践：重构自然 - 山峦 媒介 建筑 [M]. 蓝青，译 .武汉：华中科技大学出版社，2008：27.
8-83	Qatar Petroleum Complex	卡塔尔石油综合体，多哈，卡塔尔，世界建筑 [J]，2008（5）：48.
8-84	广义地域性建筑创新途径略举	作者自绘
8-85	神奈川县立近代美术馆	作者自绘
8-86	美秀（MIHO）博物馆室内	作者自绘
8-87	中央邦议会大厦	作者自绘
8-88	德国汉诺威 2000 年世界博览会墨西哥馆	作者自绘
8-89	伦敦市政厅外观	作者自绘
8-90	伦敦市政厅环保策略示意	李华东 . 高技术生态建筑 [M] 天津：天津大学出版社，2002：163.
8-91	拱形结构搭建	RhinoVAULT. Designing funicular form in Rhinoceros[EB/OL].https：//block.arch.ethz.ch/brg/content/tool/rhinovault/introduction

续表

编号	图名	图片来源
8-92	日照分析图	作者自绘
8-93	伦敦劳埃德大厦	James Steele.Architecture Today[M].London：Phaidon Press Limited，1997：75.
8-94	关西机场	James Steele.Architecture Today[M].London：Phaidon Press Limited，1997：104.
8-95	法国里昂国际城	作者自绘
8-96	莱比锡玻璃厅夜景	李华东．高技术生态建筑 [M].天津：天津大学出版社，2002：54.
8-97	莱比锡玻璃厅钢结构细部	作者自绘
8-98	大阪博览会中银舱式住宅	《大师》编辑部．黑川纪章 [M].武汉：中国华中科技大学出版社，2007：95.
8-99	香港汇丰银行	作者自绘
8-100	西扎设计的蛇形画廊	A+u《建筑与都市》中文版发行三周年纪念特别专辑 塞西尔·巴尔蒙德 Cecil Balmond[M].北京：中国电力出版社，2008：33.
8-101	蛇形画廊内部	A+u《建筑与都市》中文版发行三周年纪念特别专辑 塞西尔·巴尔蒙德 Cecil Balmond[M].北京：中国电力出版社，2008：33.
8-102	计算机生成的蛇形画廊模型	A+u《建筑与都市》中文版发行三周年纪念特别专辑 塞西尔·巴尔蒙德 Cecil Balmond[M].北京：中国电力出版社，2008：29.
8-103	蓬皮杜文化艺术中心立面	作者自绘
8-104	蓬皮杜文化艺术中心细部	作者自绘
8-105	卡地亚现代艺术基金会	作者自绘
8-106	巴黎的玻璃之家	Glowing from past[EB/OL].http：//forgemind.net/phpbb/viewtopic.php?t=13305&view=next
8-107	西方晨报公司总部	James Steele.Architecture Today[M].London：Phaidon Press Limited，1997：89.
8-108	托莱多艺术博物馆玻璃厅	ANAA 建筑师事务所再一件日本以外设计案完成 [EB/OL].http：//forgemind.net/phpbb/viewtopic.php?t=8963
8-109	慕尼黑奥林匹克中心	
8-110	东京都住宅	作者自绘
8-111	SANAA 事务所设计的 Dior 表参道店	作者自绘
8-112	秋叶台文化体育馆	作者自绘
8-113	秋叶台文化体育馆屋顶	SD 编辑部．现代建筑家 桢文彦 [M].东京：鹿岛出版会，1987：36.
8-114	巴黎卢浮宫	Douglas Dacis.The New Museum Architecture[M].New York：Abbeville Press Publishers，2006.13
8-115	柏林博物馆犹太分馆	作者自绘
8-116	香港顶峰俱乐部模型	作者自绘
8-117	俄亥俄大学韦克斯纳视觉艺术中心	作者自绘
8-118	大哥伦布会议中心	作者自绘
8-119	西班牙毕尔巴鄂的古根海姆博物馆	Jonathan Glancey.20th Architecture [M].London：Phaidon Press Limite，1998：321.
8-120	印度新德里巴赫伊教礼拜堂	作者自绘

续表

编号	图名	图片来源
8-121	屈米设计的拉·维莱特公园	作者自绘
8-122	藤井设计的 Mizoe 宾馆模型	作者自绘
第9章　信息与生态技术影响下的建筑美学理论		
9-1	信息建筑美学哲学层面的内涵	作者自绘
9-2	信息建筑美学以信息能量与无知的均衡为美的本体	作者自绘
9-3	不同建筑的信息量与建筑美学关注点分析	作者自绘
9-4	建筑空间的演化趋势	作者自绘
9-5	关西机场鸟瞰	作者自绘
9-6	关西机场内部	作者自摄
9-7	拉法叶购物中心	Richard C. Levene and Fernando Marquez Cecilia. 金 奴佛作品集 [M]. 李翾，薛皓东，译 . 台北：圣文书局股份有限公司，1999.
9-8	白南淮作品《电子高速公路》（Electronic Superhighway，1995）	王秋凡 . 西方当代新媒体艺术 [M]. 沈阳：辽宁画报出版社，2002：6.
9-9	UNESCO 实验室和工厂 1	李华东 . 高技术生态建筑 [M]. 天津：天津大学出版社，2002：168.
9-10	UNESCO 实验室和工厂 2	作者自绘
9-11	英国馆舍	作者自绘
9-12	美国 NREI 太阳能研究所阶梯状的太阳能实验室	李华东 . 高技术生态建筑 [M]. 天津：天津大学出版社，2002：172.
9-13	美国 NREI 太阳能研究所为了节能，实验室后部与小山丘结合为一体	李华东 . 高技术生态建筑 [M]. 天津：天津大学出版社，2002：173.
9-14	生态建筑在设计中,采用无污染、无公害，可以再生的建筑材料，充分利用太阳能、风能等能源	作者自绘
9-15	汉诺威世博会日本馆室内	超级纸屋——日本馆 [J]. 世界建筑，2000（11）：28.
9-16	汉诺威世博会日本馆外观	超级纸屋——日本馆 [J]. 世界建筑，2000（11）：27.
9-17	杨经文设计的梅纳拉 TA1 大厦	作者自绘
9-18	哈桑·法赛设计的 House at Sidi Krier	James Steele.Architecture Today[M].London：Phaidon Press Limited，1997：228.
9-19	查尔斯·柯里亚设计的天文及天体物理中心	James Steele.Architecture Today[M].London：Phaidon Press Limited，1997：245.

补充说明：本教材在编写过程中，选用了部分优秀案例的精彩图片，因无法获得有效的联系方式，仍有个别图片未能联系上原作者，请图片作者或著作权人见书后及时与编写者联系沟通（cailw@163.com）。

[1]   曾坚.当代世界先锋建筑的设计观念[M].天津:天津大学出版社,1995.

[2]   彭一刚.建筑空间组合论(第三版)[M].北京:中国建筑工业出版社,2008.

[3]   张钦楠,张祖刚.现代中国文脉下的建筑理论[M].北京:中国建筑工业出版社,2008.

[4]   李泽厚.美学三书[M].天津:天津社会科学出版社,2003.

[5]   陈志华.外国建筑史(19世纪末叶以前)(第四版)[M].北京:中国建筑工业出版社,2010.

[6]   张京祥.西方城市规划史纲[M].南京:东南大学出版社,2005.

[7]   刘先觉.现代建筑理论[M].北京:中国建筑工业出版社,1999.

[8]   梁思成.中国建筑史[M].天津:百花文艺出版社,1998.

[9]   李泽厚.美的历程[M].天津:天津社会科学院出版社,2001.

[10] 万书元.当代西方建筑美学[M].南京:东南大学出版社,2001.

[11] 张法.美学导论[M].北京:中国人民大学出版社,1999.

[12] (意)布鲁诺·赛维.建筑空间论——如何品评建筑[M].张似赞,译.北京:中国建筑工业
      出版社,2006.

[13] 侯幼彬.中国建筑美学[M].哈尔滨:黑龙江科学技术出版社,1997.

[14] 佘正荣.中国生态伦理传统的诠释与重建[M].北京:人民出版社,2002.

[15] 北京大学哲学系外国哲学史教研室.古希腊罗马哲学[M].北京:商务印书馆,1961.

[16] 北京大学哲学系美学教研室.西方美学家论美和美感[M].北京:商务印书馆,1980.

[17] 邹德侬,戴路.印度现代建筑[M].郑州:河南科技出版社,2002.

[18] (英)罗杰·斯克鲁登.建筑美学[M].刘先觉,译.北京:中国建筑工业出版社,1992.

[19] 邓焱.建筑艺术论[M].合肥:安徽教育出版社,1991.

[20] 张怡,郦全民,陈敬全.虚拟认识论[M].上海:学林出版社,2003.